[英]唐纳德·温尼科特（D. W. Winnicott） 著
唐婷婷 主译
赵丞智 主审

The Maturational Processes and
the Facilitating Environment:

成熟过程与促进性环境

情绪发展理论的研究

Studies in the Theory
of Emotional Development

华东师范大学出版社
·上海·

图书在版编目(CIP)数据

成熟过程与促进性环境：情绪发展理论的研究/(英)温尼科特著；唐婷婷等译. —上海：华东师范大学出版社，2017
(精神分析经典著作译丛)
ISBN 978-7-5675-6341-4

Ⅰ.①成… Ⅱ.①温…②唐… Ⅲ.①情绪—研究
Ⅳ.①B842.6

中国版本图书馆 CIP 数据核字(2017)第 066529 号

本书由上海文化发展基金会
图书出版专项基金资助出版

精神分析经典著作译丛
成熟过程与促进性环境
情绪发展理论的研究

著　者　唐纳德·温尼科特
主　译　唐婷婷
主　审　赵丞智
策划编辑　彭呈军
审读编辑　朱婉灵
责任校对　王丽平
装帧设计　上海介太文化艺术工作室

出版发行　华东师范大学出版社
社　　址　上海市中山北路3663号　邮编 200062
网　　址　www.ecnupress.com.cn
电　　话　021-60821666　行政传真 021-62572105
客服电话　021-62865537　门市(邮购)电话 021-62869887
地　　址　上海市中山北路3663号华东师范大学校内先锋路口
网　　店　http://hdsdcbs.tmall.com

印 刷 者　常熟市文化印刷有限公司
开　　本　787毫米×1092毫米　1/16
印　　张　17.75
字　　数　304千字
版　　次　2017年11月第1版
印　　次　2024年11月第11次
书　　号　ISBN 978-7-5675-6341-4/B·1074
定　　价　45.00元

出 版 人　王　焰

(如发现本版图书有印订质量问题，请寄回本社客服中心调换或电话 021-62865537 联系)

翻译团队名单

主　译：唐婷婷

主　审：赵丞智

译　者：唐婷婷　赵丞智　郝伟杰　魏晨曦
　　　　崔界峰　赵小蓁　孟繁蕾

THE MATURATIONAL PROCESSES AND THE
FACILITATING ENVIRONMENT

by
D. W. WINNICOTT

Copyright © 1965 FIRST PUBLISHED BY THE HOGARTH PRESS LTD,
1984 THIS COLLECTION BY THE WINNICOTT TRUST
This edition arranged with THE MARSH AGENCY LTD
through Big Apple Agency, Inc. , Labuan, Malaysia.
Simplified Chinese edition copyright
© 2017 EAST CHINA NORMAL UNIVERSITY PRESS Ltd
All rights reserved.

上海市版权局著作权合同登记　图字: 09 - 2015 - 442 号

通过译著学习精神分析

通过译著来学习精神分析

绝大多数关于精神分析的经典著作都不是用中文写就的。这是中国人学习精神分析的一个阻碍。即使能用外语阅读这些经典文献，也需要花费比用母语阅读更多的时间，而且有时候理解起来未必准确。精神分析涉及人的内心深处，要对个体内在的宇宙进行描述，用母语读有时都很费劲，更不用说要用外语来读。通过中文阅读精神分析的经典和前沿文献，成为很多学习者的心声。其实，这个心声的完整表述应该是：希望读到翻译质量高的文献。已有学者和出版社在这方面做出了很多努力，但仍然不够。有些书的翻译质量不尽如人意，有些想看的书没有被翻译出版。

和心理咨询的其他流派相比，精神分析的特点是源远流长、派别众多、著作和文献颇丰，可谓汗牛充栋。用外语阅读本来就是一件困难的事情，需要选择什么阅读使得这件事情更为困难。如果有人能够把重要的、基本的、经典的、前沿的精神分析文献翻译成中文，那该多好啊！如果中国读者能够没有语言障碍地汲取精神分析汪洋大海中的营养，那该多好啊！

CAPA翻译小组的成立就是为了达到这样的目标：选择好的精神分析的书，翻译成高质量的中文版，由专业的出版社出书。好的书可能是那些经典的、历久弥新的书，也可能是那些前沿的、有创新意义的书。这需要慧眼人从众多书籍中把它们挑选出来。另外，翻译质量和出版质量也需要有保证。为了实现这个目标，CAPA翻译小组应运而生，而第一批被精挑细选出的译著，经过漫长的、一千多天的工作，由译者精雕精琢地完成，由出版社呈现在读者目前。下面简要介绍一下这个过程。

CAPA 第一支翻译团队的诞生和第一批翻译书目的出版

既然这套丛书冠以 CAPA 之名,首先需要介绍一下 CAPA。CAPA(China American Psychoanalytic Alliance,中美精神分析联盟),是一个由美国职业精神分析师创建于 2006 年的跨国非营利机构,致力于在中国进行精神健康的发展和推广,为中国培养精神分析动力学方向的心理咨询师和心理治疗师,并为他们提供培训、督导以及受训者的个人治疗。CAPA 项目是国内目前少有的专业性、系统性、连续性非常强的专业培训项目。在中国心理咨询和心理治疗行业中,CAPA 的成员正在成长和形成一支注重专业素质和临床实践的重要专业力量[①]。

CAPA 翻译队伍的诞生具有一定的偶然性,但也有其必然性。作为 CAPA F 组的学员,我于 2013 年开始系统地学习精神分析。很快我发现每周阅读英文文献花了我太多时间,这对全职工作的我来说太奢侈,而其中一些已翻译成中文的阅读材料让我节省不少时间。我就写了一封邮件给 CAPA 主席 Elise,建议把更多的 CAPA 阅读文献翻译成中文。行动派的 Elise 马上提出可以成立一个翻译小组,并让我来负责这件事情。我和 Elise 通过邮件沟通了细节,确定了从人、书和出版社三个途径入手。

在人的方面,确定的基本原则是:译者必须通过挑选,这样才能确保译著的质量。第一步是 2013 年 10 月在中国 CAPA 学员中招募有志于翻译精神分析文献的人。第二步为双盲选拔:所有报名者均须翻译一篇精神分析文献片断,翻译文稿匿名化,被统一编码,交给由四位中英双语精神分析专业人士组成的评审组。这四位人士由 Elise 动用自己的人脉找到。最初的二十多位报名者中,有十六位最终完成了试译稿。四位评委每人审核四篇,有些评委逐字逐句进行了修订,做了非常细致的工作。最终选取每一位评委评出的前两名,一共八位,组成正式的翻译小组。后来由于版权方要求安娜·弗洛伊德的 *The Ego and the Mechanism of Defense* 必须直接从德文版翻译,临时吸收了一位德文翻译。第一批翻译小组的成员有九位,后来参与到具体翻译工作中的有七位:邓雪康、唐婷婷、王立涛、叶冬梅、殷一婷、张庆、吴江(德文)。后来由于有成员因个人事务无法参与到翻译工作中,又搬来救兵徐建琴。

在书的方面,我们先列出能找到的有中译本的精神分析的著作清单,把这个清单

---

① 更多具体信息可参看网站:http://www.capachina.org.cn

发给了美国方面。在这个基础上，Elise 向 CAPA 老师征集推荐书单。考虑到中文版需要满足国内读者的需求，这个书单被发给 CAPA 学员，由他们选出自己认为最有价值、最想读的 10 本书。通过对两个书单被选择的顺序进行排序，对排序加权重，最终选择了排名前 20 位的书。这个书单确定后，提交给华东师范大学出版社，由他们联系中文翻译版权的相关事宜。最终共有 8 本书的中文翻译版权洽谈进展顺利，这形成了译丛第一批的 8 本书。

出版社方面，我本人和华东师范大学出版社有多年的合作，了解他们的认真和专业性。我非常信任华东师范大学出版社教育心理分社社长彭呈军。他本人就是心理学专业毕业的，对市场和专业都非常了解。经过前期磋商，他对系列出版精神分析的丛书给予了肯定和重视，并欣然接受在前期就介入项目。后来出版社一直全程跟进所有的步骤，及时商量和沟通出现的问题。他们一直把出版质量放在首位。

CAPA 美国方面、中方译者、中方出版社三方携手工作是非常重要的。从最开始三方就奠定了共同合作的良好基调。2013 年 11 月 Elise 来上海，三方进行了第一次座谈。彭呈军和他们的版权负责人以及数位已报名的译者参加了会议。会上介绍和讨论了已有译著的情况、翻译小组的进展、未来的计划、工作原则等等。翻译项目由雏形渐渐变得清晰、可操作起来。也是在这次会议上，有人提出能否在翻译的书上用"CAPA"的 logo。后来 CAPA 董事会同意在遴选的翻译书上用"CAPA"的 logo，每两年审核一次。出版社也提出了自己的期待和要求，并介绍了版权操作事宜、译稿体例、出版流程等。这次会议之后，翻译项目推进得迅速了。这样的座谈会每年都有一次。

在这之后，张庆被推为翻译小组负责人，其间有大量的邮件往来和沟通事宜。她以高度的责任心，非常投入地工作。2015 年她由于过于忙碌而辞去职务，徐建琴勇挑重担，帮助做出版社和译者之间的桥梁，并开始第二支翻译队伍的招募、遴选，亦花了大量时间和精力。

精神分析专业书籍的翻译的难度，读者在阅读时自有体会。第一批译者知道自己代表 CAPA 的学术形象，所以翻译过程中兢兢业业，把翻译质量当作第一要务。目前的翻译进度其实晚于我们最初的计划，而出版社没有催促译者，原因之一就是出版社参与在翻译进程中，了解译者们是多么努力和敬业，在专门组建的微信群里经常讨论一些专业的问题。翻译小组利用了团队的力量，每个译者翻译完之后，会请翻译团队里的人审校一遍，再请专家审校，力求做到精益求精。从 2013 年秋天至今，在第三个秋天迎来丛书中第一本译著的出版，这本身说明了译者和出版社的慎重和潜心琢磨。

期待这套丛书能够给大家充足的营养。

第一批被翻译的书：内容简介

以下列出第一批译丛的书名（在正式出版时，书名可能还会有变动）、作者、翻译主持人和内容简介，以飨读者。其内容由译者提供。

书名：心灵的母体（*The Matrix of the Mind：Object Relations and the Psychoanalytic Dialogue*）

作者：Thomas H. Ogden

翻译主持人：殷一婷

内容简介：本书对英国客体关系学派的重要代表人物，尤其是克莱茵和温尼科特的理论贡献进行了阐述和创造性重新解读。特别讨论了克莱茵提出的本能、幻想、偏执—分裂心位、抑郁心位等概念，并原创性地提出了心理深层结构的概念，偏执—分裂心位和抑郁心位作为不同存在状态的各自特性及其贯穿终生的辩证共存和动态发展；以及阐述了温尼科特提出的早期发展的三个阶段（主观性客体、过渡现象、完整客体关系阶段）中称职的母亲所起的关键作用、潜在空间等概念，明确指出母亲（母—婴实体）在婴儿的心理发展中所起的不可或缺的母体（matrix）作用。作者认为，克莱茵和弗洛伊德重在描述心理内容、功能和结构，而温尼科特则将精神分析的探索扩展到对这些内容得以存在的心理—人际空间的发展进行研究。作者认为，正是心理—人际空间和它的心理内容（也即容器和所容物）这二者之间的辩证相互作用，构成了心灵的母体。此外，作者还梳理和创造性解读了客体关系理论的发展脉络及其内涵。

书名：让我看见你——临床过程、创伤与解离（暂定）（*Standing in the Spaces-Essays on Clinical Process，Trauma and Dissociation*）

作者：Philip Bromberg

翻译主持人：邓雪康

内容简介：本书精选了作者二十年里发表的18篇论文，在这些年里作者一直专注于解离过程在正常及病态心理功能中的作用及其在精神分析关系中的含义。作者发现大量的临床证据显示，自体是分散的，心理是持续转变的非线性意识状态过程，心理问题不仅是由压抑和内部心理冲突造成的,更重要的是由创伤和解离造成的。解离作为一种防御,即使是在相对正常的人格结构中也会把自体反思限制在安全的或自体存在所需的范围内,而在创伤严重的个体中,自体反思被严重削弱,使反思能力不至于彻底丧失而导致自体崩溃。分析师工作的一部分就是帮助重建自体解离部分之间的连接,为内在冲突及其解决办法的发展提供条件。

书名:婴幼儿的人际世界(*The Interpersonal World of the Infant*)

作者:Daniel N. Stern

翻译主持人:张庆

内容简介:Daniel N. Stern 是一位杰出的美国精神病学家和精神分析理论家,致力于婴幼儿心理发展的研究,在婴幼儿试验研究以及婴儿观察方面的工作把精神分析与基于研究的发展模型联系起来,对当下的心理发展理论有重要的贡献。Stern 著述颇丰,其中最受关注就是本书。

本书首次出版于1985年,本中译版是初版15年后、作者补充了婴儿研究领域的新发现以及新的设想所形成的第二版。本书从客体关系的角度,以自我感的发育为线索,集中讨论了婴儿早期(出生至十八月龄)主观世界的发展过程。1985年的第一版中即首次提出了层阶自我的理念,描述不同自我感(显现自我感、核心自我感、主观自我感和言语自我感)的发展模式;在第二版中,Stern 补充了对自我共在他人(self with other)、叙事性自我的论述及相关讨论。本书是早期心理发展领域的重要著作,建立在对大量详实的研究资料的分析与总结之上,是理解儿童心理或者生命更后期心理病理发生机制的重要文献。

书名:成熟过程与促进性环境(*The Maturational Processes and the Facilitating Environment*)

作者:D. W. Winnicott

翻译主持人:唐婷婷

内容简介:本书是英国精神分析学家温尼科特的经典代表作,聚集了温尼科特关于情绪发展理论及其临床应用的23篇研究论文,一共分为两个主题。第一个主题是关于人类个体情绪发展的8个研究,第二个主题是关于情绪成熟理论及其临床技术使用的15个研究。在第一个主题中,温尼科特发现了在个体情绪成熟和发展早期,罪疚感的能力、独处的能力、担忧的能力和信赖的能力等基本情绪能力,它们是个体发展为一个自体(自我)统合整体的里程碑。这些基本能力发展的前提是养育环境(母亲)所提供的供养,温尼科特特别强调了早期母婴关系的质量(足够好的母亲)是提供足够好养育性供养的基础,进而提出了母婴关系的理论,以及婴儿个体发展的方向是从一开始对养育环境的依赖,逐渐走向人格和精神的独立等一系列具有重要影响的观点。在第二个主题中,温尼科特更详尽地阐述了情绪成熟理论在精神分析临床中的运用,谈及了真假自体、反移情、精神分析的目的、儿童精神分析的训练等主题,其中他特别提出了对那些早期创伤的精神病性问题和反社会倾向青少年的治疗更加有效的方法。

温尼科特的这些工作对于精神分析性理论和技术的发展具有革命性和创造性的意义,他把精神分析关于人格发展理论的起源点和动力推向了生命最早期的母婴关系,以及在这个关系中的整合性倾向,这对于我们理解人类个体发展,人格及其病理学有着极大的帮助,也给心理治疗,尤其是精神分析性的心理治疗带来了极大的启发。

书名:自我与防御机制(*The Ego and the Mechanisms of Defense*)

作者:Anna Freud

翻译主持人:吴江

内容简介:《自我与防御机制》是安娜·弗洛伊德的经典著作,一经出版就广为流传,此书对精神分析的发展具有重要的作用。书中,安娜·弗洛伊德总结和发展了其父亲有关防御机制的理论。作为儿童精神分析的先驱,安娜·弗洛伊德使用了鲜活的儿童和青少年临床案例,讨论了个体面对内心痛苦如何发展出适应性的防御方式,以及讨论了本能、幻想和防御机制的关系。书中详细阐述了两种防御机制:与攻击者认同和利他主义,对读者理解防御机制大有裨益。

书名:精神分析之客体关系(*Object Relations in Psychoanalytic Theory*)

作者:Jay R. Greenberg 和 Stephen A. Mitchell

翻译主持人:王立涛

内容简介:一百多年前,弗洛伊德创立了精神分析。其后的许多学者、精神分析师,对弗洛伊德的理论既有继承,也有批判与发展,并提出许多不同的精神分析理论,而这些理论之间存在对立统一的关系。"客体关系"包含个体与他人的关系,一直是精神分析临床实践的核心。理解客体关系理论的不同形式,有助于理解不同精神分析学派思想演变的各种倾向。作者在本书中以客体关系为主线,综述了弗洛伊德、沙利文、克莱茵、费尔贝恩、温尼科特、冈特瑞普、雅各布森、马勒以及科胡特等人的理论。

书名:精神分析心理治疗实践导论(*Introduction to the Practice of Psychoanalytic Psychotherapy*)

作者:Alessandra Lemma

翻译主持人:徐建琴　任洁

内容简介:《精神分析心理治疗实践导论》是一本相当实用的精神分析学派心理治疗的教科书,立意明确、根基深厚,对新手治疗师有明确的指导,对资深从业者也相当具有启发性。

本书前三章讲理论,作者开宗明义指出精神分析一点也不过时,21世纪的人类需要这门学科;然后概述了精神分析各流派的发展历程;重点讨论患者的心理变化是如何发生的。作者在"心理变化的过程"这一章的论述可圈可点,她引用了大量神经科学以及认知心理学领域的最新研究发现,来说明心理治疗发生作用的原理,令人深思回味。

心理治疗技术一向是临床心理学家特别注重的内容,作者有着几十年带新手治疗师的经验,本书后面六章讲实操,为精神分析学派的从业人员提供了一步步明确指导,并重点论述某些关键步骤,比如说治疗设置和治疗师分析性的态度;对个案的评估以及如何建构个案;治疗过程中的无意识交流;防御与阻抗;移情与反移情以及收尾。

书名:向病人学习(*Learning from the Patients*)

作者:Patrick Casement

翻译主持人:叶冬梅

内容简介:在助人关系中,治疗师试图理解病人的无意识,病人也在解读并利用治疗师的无意识,甚至会利用治疗师的防御或错误。本书探索了助人关系的这种动力性,展示了尝试性认同的使用,以及如何从病人的视角观察咨询师对咨询进程的影响,说明了如何使用内部督导和恰当的回应,使治疗师得以补救最初的错误,甚至让病人有更多的获益。本书还介绍了更好地区分治疗中的促进因素和阻碍因素的方法,使咨询师避免先入为主的循环。在作者看来,心理动力性治疗是为每个病人重建理论、发展治疗技术的过程。

作者用清晰易懂的语言,极为真实和坦诚地展示了自己的工作,这让广大读者可以针对他所描述的技术方法,形成属于自己的观点。本书适应于所有的助人职业,可以作为临床实习生、执业分析师和治疗师及其他助人从业者的宝贵培训材料。

严文华

2016年10月于上海

目录

中文版推荐序 / 1

导言 / 6

致谢 / 8

简介 / 9

第一部分 关于发展

1. 精神分析和罪疚感 / 3

2. 独处的能力 / 17

3. 亲子关系理论 / 25

4. 儿童发展中的自我整合 / 43

5. 健康和危机状态下的儿童供养 / 51

6. 担忧能力的发展 / 60

7. 个体发展中"从依赖朝向独立" / 69

8. 道德与教育 / 79

第二部分 理论和技术

9. 直接婴儿观察对精神分析的贡献 / 93

10. 潜伏期儿童的分析 / 99

11. 分类学:精神分析对精神病学的分类有贡献吗? / 108

12. 由真假自体谈自我扭曲 / 124
13. 绳子：一种沟通的技术 / 137
14. 反移情 / 142
15. 精神分析的目的 / 149
16. 对克莱茵学派贡献的个人之见 / 154
17. 沟通与非沟通导致的某些对立面的研究 / 162
18. 儿童精神病学的训练 / 176
19. 性格障碍的心理治疗 / 185
20. 在你受理范围内的精神疾病 / 198
21. 由婴儿成熟过程谈精神障碍 / 211
22. 青少年住院补充性照护密集心理治疗 / 224
23. 婴儿照护，儿童照顾和精神分析设置中的依赖 / 231

参考文献Ⅰ / 241
参考文献Ⅱ / 245
译者后记 / 259

中文版推荐序

温尼科特：哲学—科学—艺术—神学的炼金者

李孟潮（自由执业者）

先谈谈本书英文原版出版前后的历史背景：恰好就是在那段时期，温尼科特研读了荣格传记，他一方面大赞荣格，认为他补充了弗洛伊德的不足，另一方面提出荣格的问题在于没有面对人类攻击性。（Winnicott，1964）温尼科特本人，当然是深入探索儿童攻击性的先驱之一，他认为攻击性和爱一样，是重要的潜能，若得到促进性环境的支持，则会让儿童生命活出真我风采。（郗浩丽，2007）

温尼科特理论中有一个暗黑之处——他认为，主体之诞生，必经阶段之一是摧毁客体。那么作为促进性环境的提供者，合格的母亲这一客体，当然要能承接儿童的攻击性飞毛腿，保证这些投射认同的导弹可以精确打击目标，30%—50%的命中率，而母亲又不能被打死。（Winnicott 著，卢林等译，2016a，2016b）

但是要是母亲们不想被攻击呢？要是母亲们自己的主体没有诞生，要通过摧毁婴儿才能诞生？要是母亲们认为，女人们已经受了儒家社会几千年压迫，好不容易才推翻族权、神权、夫权三座大山，凭什么剥夺妇女劳动权？……

咨询师们要把温尼科特式英国"期望"放到当代中国母亲们身上，难免期望变幻想，幻想变妄想，妄想变科幻。于是乎合格母亲变足够好母亲，足够好母亲变恰好母亲，恰好母亲才是最好母亲，最好母亲当然是无条件爱你的母亲，当然也有可能是无条件恨你的托儿所阿姨的反向形成。

中国当代的母亲们，一要忍受饥荒战乱、天灾人祸之痛苦，二要承受婚姻迫于生计之苦恼，三要接受科学育儿和妇女解放理论之骚扰。终于磕绊跟跄人到老年上网闲逛，梦醒时分发现子女们正在哭喊控诉——你们这些当妈的，当年怎么不提供抱持、容器，还有足够好的母爱给我？

母性乃文明之基，父权社会无伟大母亲支持必然倒台，正如《红楼梦》所预示。面对母性毁损，共情能力灰飞烟灭也是情理之中。只看云断成飞雨，愁思怅望意难平。

正当我们饱含热泪仰望天安门城楼的那年，温尼科特写下了他的代表性名篇《反移情中的恨》(Winnicott,1949)。他终于开始直面母亲—治疗师的愤怒、攻击与毁灭欲望,而不再盯着儿童攻击性不放。但是见证并讲述一代代母亲们毁灭婴儿欲望,这一艰巨的革命任务,仍然需要新长征路上的摇滚精神助力。

如今,我们终于迎来了阅读温尼科特原著的机会——这本《成熟过程与促进性环境》。要知道,温尼克特的临床经验主要来自儿科病人、边缘个案、反社会少年和精神病人。其作品也围绕这些主题展开,本书前半部分讨论的内疚感、依赖、独处、担忧、攻击性、母婴关系等议题都紧扣发展心理学,而研究正常儿童发展是为了让我们更加深入地理解心理病理学,从而提高诊断效度、预后评估和规划治疗技术,本书后半部分就在讨论这些临床工作议题——反移情、治疗目标、绳子技术、住院治疗、治疗师培训,等等。

温尼科特的主流语言风格仍然是让婴儿们难以下咽的医学—科学范式。但是,如果你用纯粹的医学—科学的标准来评价他,大概会给他点上150个差评!因为他几乎没有引用任何来自科学心理学、神经生物学的研究,其论证证据全部来自临床个案和个人感悟。但就是这么一个不足够科学的温尼科特,却是精神分析主流数据库PEP(Psychoanalytic Electronic Publishing)上最受欢迎的作者,甩科学主义者Kernberg几条街。这又是为什么?

春雨断桥人孤独,双飞燕子几时回。温尼科特不仅不足够科学,他也不像拉康那样足够哲学,不像荣格那样足够神学,不像亚隆那样足够文艺,更不像开药学派那样足够医学。但是他也不是足够不科学,足够不哲学,足够不神学,足够不文艺,以及足够不医学。

他就是这么游走医学、科学、哲学、神学、艺术等话语范式之间,把精神分析玩成了过渡性空间。

正如Ogden所提出的,温尼科特的文风,恰恰是他最吸引人的东西,他那文风不仅仅是理论建构,而是直接传达出了精神分析治疗过程的恍惚入神(reverie)心态。(Ogden,1986,2001,奥格登,2017,91—128)

一般而言,心理治疗都有四大话语范式:医学范式、科学范式、艺术范式和神学范式。精神分析的叙述多游走于这四大范式之间。

医学范式秉承医学实用主义精神,目标是有病治病、没病防病,其价值取向是"这技术有用还是没用?",治疗关系配对是医生与病人,有病看病,没病走人。而在治疗技术上则追求最有效、最经济的技术手段,无论它属于什么流派,不管白猫黑猫能治病的猫就拿来做药。

科学范式的认识论大多是实证主义,目标是用科学研究的手段来发现真理,对事物追问"这是真的还是假的?",建构出科学家和科学研究对象的关系。治疗技术当然也要经过随机对照试验等科学检测才能发行上市。

艺术范式则追求治疗过程的美感,随机性和自由性。真假与否,是否实用,则不是艺术家们关心的内容,只追求那一次次的冲动和诗意。只追问"这究竟是美的还是丑的"。

神学范式,又可以称为哲学—宗教范式,则从人生终极问题——"人为什么活着而不自杀"出发,探询人生的意义,一个治疗是美是丑,有效无效,科学还是伪科学的,都无关紧要。关键的是你是否心中有神,这心中真神是否帮助你发现了人生的意义、终极的存在,从而让你可以淡定地迈向死亡。

当一个人能够慷慨赴死,那什么依恋关系、人格障碍,失恋离婚、没钱看病,蛙星人进攻、太阳系毁灭,岂不都是小事一桩?

Kernberg 就是医学、科学范式的典型代表,而亚隆则是艺术、神学范式的大师。弗洛伊德则较为复杂,他早期的著作大部分是医学、科学主义的,同时他也写了大量的艺术、文化评论,其行文也有浓厚的文学气息。而在他晚年,则开始研究文明、宗教、死亡等哲学话题。荣格和弗洛伊德的路径也类似。但他们性格一个外倾思维,一个内倾直觉,恰好是克星。温尼科特则是外倾情感,正好是他们两位的和解药。

所以从 1964 年温尼科特开始批评荣格,一直到现在,荣格派分析师一直持续不断地要和温尼科特隔空对话,有说他误解荣格的,有说他其实是需要荣格派治疗的,还有认为温尼科特和荣格理论上互补的。(Meredith-Owen, 2011a, 2011b, 2014, 2015; Morey, 2005; Saban, 2016; Sedgwick, 2008)

医学、科学、艺术、神学四大学科,正好对应感觉、情感、理智、直觉四大功能。一般来说,每个心理治疗师,在其职业发展过程中,这四大元素都会保持一个辩证平衡的发展。比如说,科学模式一般用于研究精神疾病的诊断学、病因病理学、预后评估、各种治疗模式的性价比比较,精神卫生政策的制定等方面;医学模式一般用于探索各种治疗技术的组合,发明新技术,检验各种技术的适应症和禁忌症,预防疾病发生,制定个体化治疗方案等;艺术模式则一般用于建构各种治疗关系,探索如何艺术性地运用各种技术,治疗师写作、培训新人传递自己的体悟;而神学—哲学模式者多用于治疗师的心性修养,洞见人生。

最理想的治疗师当然是医师、科学家、艺术家和巫师四大合体,自性圆满。而温尼科特的一生,正是熔铸这四大元素的历程。他在自性化炼金过程中,最大的阻碍和资源当然就是母性。在这一点上,他求助于艺术。

最后,我想以他写的一首诗,来结束本文,诗的名字叫做《The tree》,据说是悼念母亲之死亡的,有几个闪光的句子:

> Thus I knew her
>
> Once, stretched out on her lap
>
> as now on a dead tree
>
> I learned to make her smile
>
> to stem her tears
>
> to undo her guilt
>
> to cure her inward death
>
> To enliven her was my living
>
> (故我知她
>
> 曾经,在她膝上舒展
>
> 而今,只能在死亡之树上
>
> 我学会了逗她笑
>
> 抹去她泪水
>
> 打消她内疚
>
> 疗愈她心中之死
>
> 让她鲜活
>
> 是我的生涯)

参考文献

安妮·拉弗尔著,严和来译.(2015).百分百温尼科特.漓江出版社.
郗浩丽.(2007).客体关系理论的转向.(博士论文,南京师范大学).
郗浩丽.(2007).儿童攻击性的精神分析式解读——温尼科特的攻击性理论.南京师大学报(社会科学版)(5),111—115.

罗德曼(Rodman)著,吴建芝等译.(2016).温尼科特传.世界图书出版公司.
奥格登著,殷一婷译.(2017).心灵的母体——客体关系与精神分析对话.华东师范大学出版社.
申荷永.(2015).抱持.心理分析,(1),96—98.
祝士媛.(1959).徐水人民公社幼儿园考察报告.北京师范大学学报(社会科学版)(1),29—36.
Winnicott 著,卢林等译.(2016a).婴儿与母亲.北京大学医学出版社.
Winnicott 著,卢林等译.(2016b).家庭与个体发展.北京大学医学出版社.
Beyda, A. (2005). *Playing and ultimate reality: dialectics of experience in Jung and Winnicott*. Psy. D dissertation. Wright Institute Graduate School of Psychology.
Meredith-Owen, W. (2011a.) 'Winnicott on Jung: destruction, creativity and the unrepressed unconscious'. *Journal of Analytical Psychology*, 56, 1, 56 - 75.
—— (2011b). 'Jung's shadow: negation and narcissism of the self'. *Journal of Analytical Psychology*, 56, 5, 674 - 91.
—— (2014). 'On revisiting the opening chapters of Memories, Dreams, Reflections'. Ch. 1. In *Transformations: Jung's legacy and clinical work today*. Eds. A. Cavalli, L. Hawkins & M. Stevens. London: Karnac.
—— (2015). Winnicott's invitation to 'further games of jung-analysis'. *Journal of Analytical Psychology*, 60(1), 12 - 31.
Morey, J. R. (2005). Winnicott's Splitting Headache: Considering the Gap Between Jungian and Object Relations Concepts. *J. Anal. Psychol.*, 50:333 - 50.
Ogden, T. H. (1986). The Matrix of the Mind.. *Object Relations and the Psychoanalytic Dialogue*. Northvale, NJ: Aronson; London: Karnac.
Ogden, T. H. (2001). Reading Winnicott. *Psychoanal Q.*, 70:299 - 323.
Saban, M. (2016). Jung, winnicott and the divided psyche. *Journal of Analytical Psychology*, 61(3), 329 - 49.
Sedgwick, D. (2008). Winnicott's Dream: Some Reflections on D. W. Winnicott and C. G. Jung. J. Anal. Psychol. ,53:543 - 60.
Winnicott, D. W. (1969). 'The use of an object'. Int. *J. Psycho-Anal.*, 50, 711 - 16.
Winnicott, D. W. (1949). Hate in the Counter-Transference. International *Journal of Psycho-Analysis*, 30:69 - 74. [Also in: Collected Papers, 1958a (pp. 194 - 203).]
Winnicott, D. W. (1964). Memories, Dreams, Reflections: By C. G. Jung. (London: Collins and Routledge, 1963. p. 383. 45s.). *Int. J. Psycho-Anal.*, 45:450 - 5.

导言

温尼科特

这本论文集的主题把我们带回到了弗洛伊德婴儿期理论的应用。弗洛伊德告诉我们，精神—神经症的起源点在第一段成熟了的人际关系中，这个起源点属于学步时期。我对以下这个观点的探索起到了一定的作用：那些精神病院的精神障碍与婴儿期情绪发展的失败有关系。在这样的方式下，那些精神分裂性疾病表现出了可以被追溯到细节的某种消极的成熟过程，这正如在正常个体的婴儿期和童年早期的某种积极的成熟过程也可以被追溯到一样。

在婴儿发展早期，依赖是一个事实，而在本书的这些文章中，我尝试着把依赖恰当地纳入到人格成长的理论中去。我们只有牢牢地基于依赖这一事实，基于对婴儿期的研究，以及基于对原始心理机制和心理过程的研究，自我心理学才有意义。

自我浮现的开端，首先必定需要近乎绝对依赖于母亲形象（mother-figure）的支持性自我，也必定需要近乎绝对依赖于母亲小心谨慎却仍逐渐形成的适应性失败。这就是我称之为"足够好的母亲养育"之部分含义；通过这样的方式，环境在其他依赖的本质特征中占有了一席之地，在这种环境之中，婴儿正在逐渐发展着，并且正在使用着原始的心理机制。

由于环境失败而造成的自我浮现（ego emergence）紊乱，其中某一方面的表现就是解离（dissociation），我们会在"边缘性案例"中看到这种解离现象表现为真和假自体的形式。我用自己的方式发展了这个主题，这种解离的代表性个体也可以在健康的人群中和健康的生活中被看到［为亲密关系所保留的私有自体（private self），和为适应社会化所产生的公共自体（public self）］，并且我也检验了同等状态下的病理学。在极端的病例中，我发现，真自体是潜在的、隐藏的，以及被顺从性假自体所保护的，而假自体就成为了基于自我装置的各种功能和自我照顾技能的一种防御机制。这种现象与观察性自我的概念有关。

紧接着就是关于婴儿最早期绝对依赖的观点,我提出一种看待分类学的新方式。在这里,我的意图与其说是给人格类型贴标签,不如说是为了促进对精神分析技术的某些方面的思考和研究,而精神分析技术的这些方面主要是指,如何在分析性关系和情景中去满足病人的依赖需求。

我还讨论了反社会倾向的起源。我假设反社会倾向是对剥夺的一种反应,而不是匮乏的结果;如此一来,反社会倾向的起源就属于相对(而不是绝对)依赖期的问题了。在儿童发展过程中,反社会倾向的起源点甚至可能是在潜伏期,这个时期儿童的自我已经建立起了自主性,因此那时的儿童可能会受到精神创伤,而不会造成有关自我功能的扭曲。

就此推论,更多的精神病性障碍被认为与环境因素紧密相关,与之相反,精神—神经症在很大程度上本来就是自然的事情,是个人冲突的一种结果,即使是令人满意的养育也无法避免。随后,我进一步讨论了在对边缘性个案的治疗中,这些新的考量是如何找到实际应用的,这样的治疗确实为理解婴儿期和依赖的婴儿提供了最为丰富和精确的资料。

致谢

温尼科特

　　首先，我想向我的那些从事精神分析的同道们致谢。我已经成长为这个团体中的一员，然而，在那么多年的互通有无（inter-relating）后，此刻对我来说却无法知道我究竟学到了什么，以及我贡献出了什么。我们中的任何一个人的文章，从某种角度来说都一定是一种对他人思想的剽窃。尽管如此，我认为，我们没有照搬照抄；即便是有证据可以表明，我们的发现在之前就已经被发现过了，但我们确实是一直在工作、观察、思考和发现着。

　　通过与那些在精神分析、精神科、儿科和教育背景下工作的人，还有不同于伦敦所学的社会团体之间讨论我的观点，我发现出国旅行具有极大的价值。

　　我想要感谢我的秘书 Joyce Coles 女士，她精准的工作一直是每篇文章最初诞生时的重要组成部分。我也很感谢 Ann Hutchinson 小姐，她整理了所有要出版的文章。

　　最后，我要谢谢编辑者 Masud Khan 先生，是他给予了我动力，最终才使得这本书得以出版。Khan 先生为编辑这本书献出了大量私人时间。他也提出了不可计数的有价值的修改建议，而且大部分我都采纳了。无论是过去，还是现在，是他让我逐渐看到自己的工作和其他分析师工作之间的关系。我尤其要感谢他为索引部分所做的工作。

（唐婷婷　翻译）

简介

本书是英国精神分析学家温尼科特的经典代表作，聚集了温尼科特关于情绪发展理论及其临床应用的23篇研究论文，一共分为两个主题。第一个主题是关于人类个体情绪发展的8个研究，第二个主题是关于情绪成熟理论及其临床技术使用的15个研究。在第一个主题中，温尼科特发现了在个体情绪成熟和发展早期，罪疚感的能力、独处的能力、担忧的能力和信赖的能力等基本情绪能力，它们是个体发展为一个自体（自我）统合整体的里程碑。这些基本能力发展的前提是养育环境（母亲）所提供的供养，温尼科特特别强调了早期母婴关系的质量（足够好的母亲）是提供足够好养育性供养的基础，进而提出了母婴关系的理论，以及婴儿个体发展的方向是从一开始对养育环境的依赖，逐渐走向人格和精神的独立等一系列具有重要影响的观点。在第二个主题中，温尼科特更详尽地阐述了情绪成熟理论在精神分析临床中的运用，谈及了真假自体、反移情、精神分析的目的、儿童精神分析的训练等主题，其中他特别提出了对那些早期创伤的精神病性问题和反社会倾向青少年的治疗更加有效的方法。

温尼科特的这些工作对于精神分析性理论和技术的发展具有革命性和创造性的意义，他把精神分析关于人格发展理论的起源点和动力推向了生命最早期的母婴关系，以及在这个关系中的整合性倾向，这对于我们理解人类个体发展，人格及其病理学有着极大的帮助，也给心理治疗，尤其是精神分析性的心理治疗带来了极大的启发。

第一部分

关于发展

1. 精神分析和罪疚感[①](1958)

在这篇演讲中,我对罪疚的陈述将不会比 Burke 更加深刻,Burke 在 200 年前写到:罪疚(guilt)存在于意图中(the intention)。然而,大师们的直觉光芒,以及甚至是诗人和哲学家们精巧的描述,都缺乏临床的实用性;精神分析已经可以被社会学和个体心理治疗所使用,而在以前这些领域更多是被诸如 Burke 这样一类大师的思想和话语锁定着。

精神分析认为,就成长来说,罪疚主题出现的时间在于一个人具有了思考习惯的时期,就人类个体的演进和发展来说,这个时期的个体已经成为了一个完整的人,而且已经能够与环境建立关系了。罪疚感(sense of guilt)的研究对于分析师来说,意味着对个体情绪成长的研究。这篇文章我将试图研究罪疚感受(guilt-feeling),而不是在向大家灌输知识,但可以作为对人类个体发展一个方面的探索。文化影响当然是重要的,而且是极其重要的;但是这些文化影响本身有可能作为无数个人模式的重叠被研究过了。换句话说,社会和群体心理学的线索其实就是个体心理学。持有"道德需要被灌输"观点的那些人教小孩子们知识,却放弃了在他们的孩子中观察道德自然发展的快乐,如果为这些孩子提供一种适合个人和个体成长的好环境,他们就能茁壮成长,包括道德也会自然成长。

我不需要去检查人类体质方面的变异。我们确实没有清晰的证据来说明,那些没有心智缺陷的人本质上不能发展出道德是非感。然而,在另一方面,我们确实发现了,在道德是非感的发展中,有着各种程度不同的成功和失败现象。我将尝试解释这种发展中的变异性。毋庸置疑,确实就存在有罪疚感缺陷的儿童和成年人,而这种缺陷并不特别地与智力能力的高或低相关。

---

① 本演讲是纪念弗洛伊德诞辰 100 周年纪念会一系列论文中的一篇,该纪念会于 1956 年 4 月在弗洛伊德故居举行。本论文首次发表于:*Psycho-Analysis and Contemporary Though*,ed J. D. Sutherland。(London:Hogarth,1958)

如果我把我要考察的问题划分为几个主要部分,那将会简化我的论述:
(1) 那些已经发展出和建立了罪疚感受能力的个体之罪疚感。
(2) 在个体情绪发展线中靠近罪疚感受能力起源点的罪疚感。
(3) 在某些特定个体发展中,由罪疚感受能力缺乏作为显著特征的罪疚感。
在本章结尾的时候,我将会谈到有关罪疚感受能力的丧失和恢复的问题。

1. 罪疚感受能力的假设

罪疚的概念是怎样出现在精神分析理论中的?我认为这样说是恰当的,弗洛伊德在这个领域的早期工作与被认为理所当然就有罪疚感受能力的那些个体身上的罪疚感变迁有关系。因此,我将先说一说弗洛伊德关于健康人群中无意识罪疚意义的观点,以及罪疚感的精神病理学。

弗洛伊德的工作展现了真实的罪疚感是如何存在于意识及无意识的意图中的(in unconscious intention)。实际的犯罪并不是产生罪疚感的原因;相反,实际犯罪恰恰是严重罪疚感的结果——那种属于犯罪意图的罪疚。只有法律的罪疚(legal guilt)指向犯罪;道德的罪疚(moral guilt)指向内在现实。弗洛伊德是能搞清楚这个悖论的。在他的早期理论构想中,他关心的是"本我"(id),通过本我他谈及了本能驱力和"自我"(ego),也谈及了与环境相关联的整个自体的那一部分。自我去改变环境,为的是本我需要的满足;自我抑制本我冲动,为的是环境提供的东西能被利益最大化地使用,仍然是为了本我需要的满足。稍后一段时期(1923),弗洛伊德开始使用术语"超我"(superego)来指定那些被自我所接受并用在本我—控制中的东西。

这里,弗洛伊德是根据经济学(economics)来处理人性的(human nature),并且为了建立理论构想,故意简化了问题。在所有这些工作中,都隐含着决定论的思想,假设人性是能够被客观检查的,而且能够适用于众所周知的物理学所适用的法则。就自我—本我(ego-id)而言,罪疚感要比特质性焦虑(anxiety with a special quality)稍微多一些,焦虑是由于爱与恨之间的冲突才被感受到的。罪疚感意味着对两价性体验的容忍。我们接受"罪疚与因爱恨交加而产生的个人冲突之间存在密切关系"这一观点并不困难,但弗洛伊德非要追寻冲突的根源,并表明这些感受都与那些本能生命(instinctual life)有关。

正如大家所知,弗洛伊德在成年人(神经症而不是精神病病人)的精神分析中发现，他要定期地返回到病人童年的早期阶段，返回到无法容忍的焦虑，以及返回到爱与恨的碰撞中去。在俄狄浦斯情结(Oedipus complex)这个最简单合适的术语中，一个健康的男孩达成了与其母亲的一种关系，在这个关系中，本能被卷入了，男孩梦想占有与母亲相爱的关系。这就会导致父亲死亡的梦想，反过来这会导致对父亲的恐惧，以及对父亲有可能摧毁孩子本能潜力(instinctual potential)的恐惧。这被称之为阉割—情结(castration-complex)。同时，还存在男孩对父亲的爱和对父亲的钦佩。男孩的冲突一方面来自于让他产生恨和想伤害父亲的本性，另一方面也来自于他爱父亲的本性，这个冲突使男孩卷入了罪疚感受。罪疚意味着男孩发展出能够容忍和处理这种爱与恨冲突的能力，实际上这种冲突是一种内在固有的冲突，一种属于健康生命的冲突。

这确实是非常简单的事情，只不过通过弗洛伊德我们才认识到，在健康的情况下，焦虑和罪疚发展达到顶峰是有一个时期的；更确切地说，有一个最初的极其重要的环境——由生物本能决定的小孩子生活在家庭中，并体验最初的三角人际关系的环境。（这个陈述是故意简单化了的，在这里我将不会对兄弟姐妹关系层面上的俄狄浦斯情结作任何的引用，也不会对那些远离父母或在机构里面被养育的孩子的俄狄浦斯情结作任何等价的陈述。）

在早期精神分析的陈述中，爱的冲动只有一点点涉及了摧毁的目的，或者涉及了那种在健康情况中已经完全与性欲融合了的攻击驱力。所有这些陈述都需要最终进入到罪疚起源的理论中，而我之后将会研究这方面的发展。在最早的陈述中，罪疚起源于爱与恨的碰撞，如果爱是去容纳属于它的本能元素的话，则这种碰撞是不可避免的。这一原型在学步年龄阶段有其现实性。

所有的精神分析师都熟悉，在他们的工作中，经常通过更加正常发展的罪疚感，以及通过幻想内容不断增加的意识觉察和接纳，来替换各种症状，而这些幻想内容则使得罪疚感的产生符合逻辑。罪疚感似乎看起来是多么不符合逻辑！在 Burton 的《忧郁症的解剖》(*Anatomy of Melancholy*)一书中，收集了一组很好的案例表明了罪疚感受的荒谬性。

在长程和深入的分析中，患者会对一切事情感到罪疚，甚至对早期环境中被我们很容易就判别为是偶然现象的不利因素也会感到罪疚。这里我给出一个简单的例证说明：

一个八岁的男孩，最近感到越来越焦虑，最后开始逃离学校。我们发现他正在遭受着无法忍受的罪疚感的痛苦，原因是在他出生前几年，他的一位哥哥死去了。他最近才听说了这个事情,而其父母并不知道这个孩子对这个消息感到深深的不安。在这个个案中,其实没有必要让这个孩子做长程分析。经过几次治疗性访谈之后,他发现了针对兄长死亡的这种具有严重损害性的罪疚感是俄狄浦斯情结的一种置换。他是一个相当正常的男孩,在这种有效的帮助下,他能够返回学校学习,而且他的其他症状也随之消失了。

超我

超我(superego, 1923)概念的引入,使得精神分析元心理学在难免进展缓慢的情况下向前迈了一大步。弗洛伊德独自完成了这项先驱的工作,当他把注意力引向儿童的本能生命,而使这个世界感到不安的时候,他首当其冲承受着打击。逐渐地,其他工作者通过使用技术获得了体验,然后,到弗洛伊德开始使用"超我"这个术语的时候,他有了许多同事。利用弗洛伊德创造的这个新术语,他表明,自我(ego)为了应对本我(id),使用了与其名称相配的某些力量。儿童逐步地获得了控制力量。在过分简单化的俄狄浦斯情结中,男孩内射(introjected)了既钦佩又恐惧的父亲,因此也就携带了基于男孩知觉到和感受到的、来自父亲的控制力量。这个内射的父亲—形象(father-figure)具有高度的主观性,而且是被儿童对父亲—形象而不是实际父亲的体验所渲染,也被家庭的亚文化模式所渲染。[术语"内射"只是意味着精神和情绪接纳,而且这个术语避免了术语"合并"(incorporation)的更多功能性含义。]因此,罪疚感就意味着自我与超我达成了妥协。相应地,焦虑也就成熟地应运而生,并进入到了罪疚之中。

在这里超我的概念可以被看作是这样的主张:罪疚的起源是一种内在现实,或者罪疚存在于意图(intention)中。这也是与手淫和普遍的自体性欲活动相关的罪疚感受的最深层原因。手淫本身不是罪恶,但是在手淫的全部幻想中聚合了全部意识和无意识的意图(intention)。

从这个关于男孩非常简单的心理学陈述开始,精神分析能够在男孩和女孩中研究和探索超我的发展,以及确实存在于男性和女性中的有关超我构想的差异,超我构想的性别差异可能在道德模式和罪疚感受能力的发展这两方面都是存在的。在超我这个概念之外,已经发展出了大量的观点。"父亲—形象(father-figure)内射(introjection)"这样的观点最终显得太简单了。在每一个个体身上,都有一个超我的早期发展史:内射可能变成人类的和父亲般的,但是在早期阶段,超我内射是用来控制本我冲动(id-impulses)和本我产物(id-products)的,此时超我是亚人类(subhuman)

的，且实际上无论如何都是原始的。因此，我们发现，我们自己在研究每个个体婴儿和孩子的罪疚感，尽管它的发展是从原始的恐惧，到关系同源的恐惧，再到对某个人类的敬畏，此人也仍是能够被理解和原谅的人类。（已有人指出，在个体儿童中超我的成熟与在早期犹太史中所描述的一神教的发展之间存在着平行的关系。）

一直以来，每当对作为罪疚感基础的过程进行概念化时，我们要牢牢记住这样的事实：即使是无意识和明显非理性的罪疚感，都意味着一定程度的情绪性成长、自我健康和希望。

罪疚感的精神病理学

我们经常会发现，有人被罪疚感困扰着，甚至被罪疚感束缚着。如同《天路历程》(Pilgrim's Progress)中基督徒后背上的负担一样，他们背负着罪疚感生活着。我们知道这些人都有建设性努力的潜能。有时候，当他们发现一个建设性工作的适当机会时，罪疚感就不再妨碍他们了，而且他们会干得异常出色；但是，一个机会的失败可能会导致强烈的罪疚感卷土重来，变得无法容忍且非常令人费解。在这里我们正在处理的就是超我的异常。在针对那些被罪疚感压迫个体的成功分析案例中，我们发现这种罪疚负担渐进性地减轻了。罪疚感负担的这种减轻紧随着就是压抑的减轻，或者患者朝向俄狄浦斯情结的靠近，以及由此涉及的全部恨和爱的责任都能被患者所接纳。这种情况并不意味着患者丧失了罪疚感的能力（除非是在某些个案中，可能存在着虚假超我，这种虚假超我是基于早年生命环境中异常的养育方式而发展出来的，而这种养育方式往往与非常强大的权威势力的侵入有关）。

我们可以在那些被认为是正常的人，和确实可以在那些最有价值的社会成员的个体中，去研究这些过度的罪疚感受。然而，我们很容易就会认为这是疾病，而且一定会考虑到以下这两种疾病：精神忧郁症(melancholia)和强迫性神经症(obsessional neurosis)。在这两种疾病之间存在着一种交互作用，我们发现这些患者交替表现出忧郁症和强迫症。

在强迫性神经症中，患者总是试图要去纠正什么事情（把事情做对）；但是所有的旁观者都很清楚，也许患者也是清楚的，那就是患者的这种企图将不会成功。我们知道麦克白夫人(Lady Macbeth)无法抹去过去做的事情，也不可能通过洗手来摆脱她那些邪恶的意图。在强迫性神经症中，我们有时候会看到一种类似宗教的、夸张讽刺的行为仪式，似乎宗教的神已经死了或暂时不能被利用了。强迫性思考可能会表现出这样一个特征,每次出现一个想法很快就被出现的另一个想法试图否定并取消,但这个过程一直不会成功。在整个过程的背后是一种混乱(confusion),患者再怎么整理也不能改变这种混乱,因为这种混乱状态被维持住了;这是被患者无意识维持的,目的是隐藏一些非常单纯的东西。也就是,恨比爱更加强大的事实,而这一事实处于患者意识不到的一些特定情境中。

我会引用一个案例:一个女孩儿不能去海边,因为她一到海边就看到海浪里面有人哭喊着救命。一种无法忍受的罪疚感使她花费很多无意义的时间,来准备和安排如何观察海水里面有没有人,并准备如何去营救他们。这种极端非理性的症状,甚至可以表现为她无法忍受一张有着海滨照片的明信片这一事实。如果她在商店的橱窗中碰巧看到了印着海滨照片的图片,她必须要去搞清楚这照片的拍摄者是谁,因为她在照片中看到有人被海水淹没了,她必须要去组织救援,尽管她也完全知道事实并非如此糟糕,而且也知道照片可能是数月或数年之前拍摄的事实。这个病得非常严重的女孩最终经过努力,能够过上一个相当正常的生活,而非理性的罪疚感受也很少折磨她了,然而她必然接受了持续很长时间的心理治疗。

精神忧郁症(melancholia)是抑郁心境的一种组织形式,几乎所有的人都会表现出忧郁症的倾向。一个精神忧郁症患者有可能会因罪疚感而瘫痪,他可能会什么都不干,只是坐在家里,花好几年指责和控诉他自己,指控他自己是引发世界大战的元凶。与他争辩无论如何都不会有任何效果。当有可能对这类案例进行精神分析的时候,你就会发现,这种聚集在一起对全世界所有人感到罪疚的自体,在治疗中将会让步于患者对"恨将远远大于爱"的恐惧。这种疾病就是患者去尝试一些不可能的事情。患者荒唐地声称要为一般灾难负责任,但是在这样做的时候,他就回避了靠近自身的个人毁灭。

一个五岁的小女孩表现出很强烈的抑郁情绪,作为对其父亲在一次意外事件中死亡的反应。在小女孩正处于既恨父亲同时又爱父亲的年龄阶段,她的父亲买了一辆轿车。实际上,小女孩那时刚好做了一个有关父亲死亡的梦,当父亲提要开车出去兜风的时候,她恳求父亲不要出去。她父亲坚持要出去,因为孩子在这个年龄阶段很容易做这样的噩梦,这也是很自然的情况。于是,全家就开车出去兜风了,而碰巧他们就遭遇了车祸;轿车翻了,小女孩是唯一一个没有受伤的人。她爬起来走向躺在马路上的父亲,并用脚踢他想让他起来。但是,她的父亲已经死亡了。我从头到尾观察了这个孩子的严重抑郁性疾病,她几乎完全处于情感漠然和无兴趣状态。她在我的房间中站了几个小时，什么也没做。有一天，她站在墙边用一只脚轻轻地踢着墙角，踢墙的脚就是她曾经想踢醒已经死去父亲的那只脚。我替她表达了她想让她爱着的父亲醒来的愿望，尽管她用脚踢他其实也表达了对父亲的愤怒。从她踢墙的那一时刻起，她逐渐地恢复了生活，大约一年之后，她又开始上学了，并且重新掌控了自己的生活。

抛开精神分析，我们有可能对未经解释的罪疚、强迫观念和忧郁性疾病进行直觉性理解。然而，我们说，只有弗洛伊德的精神分析手段及其派生方法，才能让我们有可能去帮助那些背负着罪疚感负担的个体，并帮助他们在他们自己的性格特质中发现罪疚感的真正起源，这大概也是真实的。用这种方法来看，罪疚感是矛盾两价性相关焦虑(anxiety associated with ambivalence)的一种特殊形式，或者说，是爱恨共存相关焦虑的一种特殊形式。但是，矛盾两价性以及个体对矛盾两价性的容忍能力，意味着个体相当程度的成长和健康。

2. 罪疚感受能力起源点的罪疚

现在我想起了对这种罪疚感受能力起源点的研究，这个起源点存在于每个个体的发展过程中。梅兰妮·克莱茵(1935)把精神分析师的注意力引向了一个非常重要的情绪发展阶段，她给这个阶段命名为"抑郁位"(the depressive position)。她关于人类个体的罪疚感受能力起源所做的工作是继续运用弗洛伊德方法的结果。鉴于本文的长度，我们不可能充分讨论"抑郁位"概念的复杂性，但是我愿意尝试对这个概念作一个简短的陈述。

我们应该注意到，鉴于精神分析早期的工作都是基于爱与恨之间的冲突，特别是在三元(three-body)或三角关系情境中，而梅兰妮·克莱茵更主要是发展出了在婴儿与母亲单纯的二元关系(two-body relationship)中冲突的思想，这种冲突起源于伴随着爱的冲动的摧毁性想法(destructive ideas)。当然，在个体发展过程中，这个阶段(抑郁位)的起源时期要早于俄狄浦斯情结的时期。

后来，我们关注的重点发生了变化(the accent changes)。之前，工作的关注重点是婴儿从本能体验中获得满足。现在，工作的关注重点向目标(aim)上转移，目标是逐渐呈现出来的。这时克莱茵夫人说，婴儿的目标在于无情地(ruthlessly)攻破并进入母亲，以便拿取母亲内部的、自己感觉好的任何东西，当然她不会否认本能性体验产生满足感这样一个简单的事实。也不是说在早期精神分析的构想中完全忽视了目标

(aim)。然而，克莱茵已经发展出了这样的思想：原始爱的冲动(the primitive love impulse)具有攻击性目标；由于原始的爱是冷酷无情的(ruthless)，所以原始的爱携带着各种各样的摧毁性想法，而这些摧毁性想法并不伴随着担忧(不受担忧的影响，unaffected by concern)(译者注：原始的爱其实就是对母亲的冷酷无情的攫取和摧毁)。这些原始爱的想法可能在一开始就非常的严苛，但我们所观察和照护的婴儿其实过不了几个月，我们就可以确定，我们知觉到他们开始担忧了——担忧(concern)属于对母亲的发展性的爱(the developing love of the mother)本能性出现(或潜能被发展出来了)那一刻的结果。(译者注：有两种爱：原始的爱，发展性的爱，primative love and developing love)如果母亲的行为是以高度适应的方式自然而然表现出来的，那么她就有能力给予婴儿足够多的时间，来与其无情攻击的客体是母亲这一事实达成妥协，母亲是负责提供全部婴儿照护情境的同一个人(译者注：既是婴儿攻击的客体，又是为婴儿提供照护情境的主体，是同一个人)。显而易见，婴儿有两个担忧点；一个涉及攻击母亲产生的结果是什么，另一个涉及婴儿自己的自体按照是满足感占优势，还是挫折感和愤怒占优势所造成的结果。[我一直在使用"原始爱的冲动"这一表述，但在克莱茵的著作中所提到的都是与"挫折"(frustrations)相关的"攻击"(aggression)。随着婴儿开始被现实的要求所影响，本能性满足就会不可避免受到阻碍。这就造成了克莱茵所说的挫折。]

在这里我们有很多假设。例如，我们假设儿童正在发展成为一个单元(unit)，而且也正在变得能够把母亲知觉为一个人(a person)。我们也假设儿童出现了一种能力，能够把攻击性与情欲性本能成分组织并集合起来，形成一种施虐性体验；也假设儿童出现了能够在本能兴奋的顶峰时期发现客体的能力。所有这些发展过程中的成就都有可能在他们的更早期阶段出现问题，那些阶段属于出生后婴儿生命最初开始发展的时期，这些发展阶段完全依赖于母亲，并且取决于母亲自然(天生)地对她的婴儿的照护。当我们谈到罪疚感能力的起源时，我们假设个体在其早期阶段有着健康的发展。在所谓的抑郁位，婴儿不再那么依赖母亲单纯的抱持能力了，这个能力是在婴儿发展早期阶段其母亲的特征；在这个早期发展阶段中的各个时间段内，婴儿正是依靠母亲抱持住婴儿——照护情境的能力(ability to hold the infant-care situation)，才有可能经历和处理各种复杂的体验。如果(母亲给予的)每个时间段是足够的——可能是些许小时——婴儿就能够解决(修通)各种本能体验造成的结果。母亲，她一直就在那里，随时准备好接受和理解婴儿是否有自然冲动需要释放或修复。在这个阶段中最关键的是,婴儿无法处理不断更换看护者或母亲持续很久缺席的情境。如果口欲期施虐被还不成熟的自我(the immature ego)所接受,那么婴儿就需要机会进行修复和恢复,这是克莱茵对这个领域的第二大贡献。

Bowlby(1958)一直对这个问题特别地感兴趣:他让大家普遍意识到,外在关系在一定程度上是可靠的和连续的,这是每一个小孩子的需要。在17世纪,Richard Burton列举出了忧郁症(melancholy)的发生原因:"非必需的(non-necessary),外在的,外来的,或意外的原因:源自于看护者。"他在一定程度上考虑到了来自保姆(看护者)喂养牛奶时传递了一些有伤害的事情,但并不完全是那样的。例如,他引用自Aristotle写道"……那些没有把孩子完全交给看护者(保姆)养育,而是每个母亲都亲自养育,这也是她曾经经历过的环境条件;……母亲将会比任何保姆,或诸如此类的雇佣看护者,更加仔细和周到,更加有爱和及时出现;这是所有人都认可的事实……"

在儿童或成年人的精神分析中,对担忧(concern)能力的起源进行观察,要比在直接的婴儿观察中有着更好的效果。当然,在构想这些理论时,我们确实需要考虑到来源于精神分析情境中固有的回顾性报告所具有的歪曲性和世故性。然而,我们能够在我们的工作中,获得关于人类个体这个最重要发展阶段的一种观察,那就是罪疚感受能力的起源。逐渐地,随着婴儿发现母亲能够幸存,并接受了恢复的姿态(restitutive gesture),这样婴儿就变得能够开始为那些丰富的本能冲动的全部幻想承担责任,而这些本能冲动在以前都是冷酷无情的。冷酷无情(ruthlessness)转为同情(ruth),漠不关心转为担忧(unconcern to concern)。(这些术语指的是早期发展的情况。)

在分析中,我们可以说:"一点也不关心"(couldn't care less)转为罪疚感受。在治疗进程中,这是一个重要的阶段(点),朝向这个阶段的建立是一个渐进的过程(译者注:这个点的建立意味着来访者开始发展出了能够容忍原始爱中的攻击元素,也就开始感受到罪疚了)。在分析性治疗中,等待分析师的没有比观察到个体对原始爱的冲动中,对攻击元素的容忍能力逐渐建立而更好、更迷人的体验了(fascinating experience)。就像我曾经说过的,这个过程涉及对事实和幻想之间差异的逐渐识别和认知,涉及对母亲于本能需求时刻幸存能力(mother's capacity to survive the instinctual moment)的逐渐识别和认知,因此,在这一阶段(点)存在着对其真正修复姿态(he true reparative gesture)的接受和理解。

这个重要的发展阶段是由遍布于一段时间内的无数次重复而构成的。这一点是很容易被理解的,这是一种以下情况的良性循环(a benign circle of):(i)本能的体验;(ii)对责任的接纳,这一责任被称为罪疚感;(iii)修通;(iv)真正的恢复姿态(a true restitutive gesture)。如果在这段时间内任何一点上出现了某种发展(养育)性错误,良性循环有可能被反转为一种恶性循环(malign circle),在这种个案中,我们会看到一种对罪疚感受能力的抵消,以及罪疚感受能力被本能抑制或一些其他的原始性防御形式所置换,诸如把客体分裂为好的和坏的,等等。这样的问题一定会被提出来:在正常儿童的发展中,哪个年龄阶段可以被认为开始建立起了罪疚感受能力?照我看来,我们正在讨论的是婴儿生命的第一年,事实上是在讨论婴儿拥有与母亲清晰的人类两元关系(human two-body relationship)的整个时期。所以,根本就没有必要声称这些事情在很早就会发生,尽管存在这种可能性。大概发展到了六个月大时,婴儿可以被认为拥有了高度复杂的心理状态,而且在这个年龄时期,抑郁位的开端(the *beginnings* of the depressive position)有可能被建立了。在正常发展的婴儿中,想去确定罪疚感受能力起源的具体日期是非常困难的,尽管我们有很大的兴趣想去寻求这个问题的答案,但是,实际的分析性工作是不会受这个问题所影响的。

关于这个问题,克莱茵有大量的进一步工作,我不可能在这篇文章中把它们都描述出来,尽管这些都是相关的工作。尤其是她丰富了我们对幻想与弗洛伊德"内在现实"概念之间复杂关系的理解,内在现实的概念很明显地来源于哲学。克莱茵一直在研究婴儿根据自体内部的各种力量或客体所感受到的善意或恶意(benign or malevolent)的相互作用。她在这个特定领域中所作出的这第三个贡献,探及到了人类内心世界中永远挣扎(eternal struggle)的问题。通过对婴儿成长和儿童内在现实的研究,我们看见了为什么在宗教和艺术中,那些揭示他们自己的各种最深层次的冲突与抑郁心境或忧郁性疾病(the depressed mood or melancholic illness)之间存在关系的原因。她的关键思想是值得怀疑的,怀疑之处在于善意和邪恶的各种力量之间争斗的结果,或者用精神病学的术语来说,是在人格之内或之外良性和迫害性元素之间争斗的结果。(译者加:温尼科特认为)在婴儿或患者情绪发展中的抑郁位,我们看到了依照本能体验是满足或受挫而建构起来的好和坏。那些好的被保护起来不受那些坏的侵犯,而高度复杂的个人模式(personal pattern)则作为一种防御系统被建立起来了,用以抵抗内在和外在的混沌和混乱(chaos)。

从我个人的立场和观点来看,克莱茵的工作已经让精神分析理论开始包含关于个体价值(individual's *value*)的观点了,然而,在早期精神分析中,我们是用健康和神经症性不健康（health and neurotic ill-health）来表述这个观点的。价值与罪疚感受的能力是紧密关联的。

3. 由于罪疚感受能力缺失导致过分的罪疚感

现在我讲到了本讲座的第三部分内容，在这一部分中，我将首先简单地提及一下道德感缺失的情况。毋庸置疑，有一定比例的人是缺乏罪疚感受能力的。这种担忧无能（incapacity for concern）的极端情况一定是罕见的。但那些仅仅在某种程度上健康发展的个体不是很少见，以及那些在某种程度上没能达成担忧或罪疚感受（concern or guilt-feeling），或者甚至是悔恨感的个体也不是很少见。在这里具有吸引力的解释是退回到体质因素上，当然这些体质因素是永远不能被忽视的。然而，精神分析提供了另一种解释。这个解释就是，那些缺乏道德感的人，在他们发展的早期阶段，一直缺乏一种情绪和躯体的环境，而这种环境能够激活罪疚感受能力的发展。

我不否认每个婴儿都带着一种发展出罪疚感的倾向，这个观点应该能够被理解。如果能够给予一定程度的躯体和照护条件，随着时间的推移，婴儿就能发展出走路和讲话的能力。然而，就罪疚感受能力的发展来说，必要的环境条件有着更加复杂的秩序，实际上包括了在婴儿和儿童的照护环境中全部的自然性和可靠性。在个体情绪发展的最早期阶段，我们一定不能去寻找罪疚感。那时候的自我还不是足够的强壮，也不具有组织性，以至于不能承担接受本我—冲动的责任，此时婴儿的依赖性（dependence）近乎绝对。如果婴儿在其生命的最早期阶段能有满意的发展，那就会达到并出现一种自我整合状态（ego integration），这种自我整合状态有可能促成担忧能力（capacity for concern）发展的开始。然后，逐渐地，在养育顺利的环境中，罪疚感受能力在个体与母亲的关系中逐步建立，而且这与修复的机会紧密相关。在担忧能力被建立之后，个体就开始能够有机会体验俄狄浦斯情结了，就开始能够容忍后期阶段内在固有的矛盾两价性（ambivalence）了，在这个后期阶段，如果儿童是成熟的，儿童就会被卷入到作为完整人类间的三角关系中。

在这样的背景下，我能做的要比只是承认以下的事实更多一些：在一些人中，或者一些人中的某部分人，在他们生命的最早期阶段存在着情绪发展的受阻和障碍，最后导致了道德感的缺乏。哪里有个人道德感的缺乏，哪里就需要植入道德准则，但生成社会化的结果则是不稳定的。

创造性艺术家

有趣的是我们注意到了,有创造性的艺术家能够达到某社会化,这种社会化排除掉了罪疚感受的需要,以及与其相关的修复性和恢复性活动,他们排除掉的这些需要和功能活动恰恰是构成普通建设性工作的基础。事实上,创造性艺术家或思想家有可能不理解,或者甚至可能鄙视担忧的感受(the feelings of concern),这种担忧感受只会激发较少具有创造性的人的积极性(译者注:对于高创造性的人来说,担忧感受只会妨碍其创造性的表现,而担忧感受恰恰是低创造性人积极工作的激发物,如"知耻而后勇",如此可以理解中国文化某种程度上是一种羞耻感文化,以此来激励低创造性的人进行工作);关于艺术家们,可能会这样说,一些艺术家没有感受罪疚的能力,他们仍然能够通过他们的杰出才艺而获得社会化。通常,有负罪感受的人会发现这是一件令人困惑的事情;然而,他们会偷偷摸摸地尊重无情和冷酷,事实上他们也偷偷摸摸地做一些无情无义的事情,以此获得比靠罪疚感驱动的劳动更多的成就。

罪疚感的丧失和恢复

在我们对反社会儿童和成人的管理中,我们能观察到罪疚感受能力的丧失或恢复现象,而且我们经常有机会评估产生这些影响的环境可靠性变量。正是在此时此刻,我们可以研究行为不良者和惯犯(delinquency and recidivism)道德感的丧失和恢复。弗洛伊德在1915年(主要指青少年和青春期前的一些行为,诸如偷盗、欺诈和纵火,有这些行为的人最终都变得社会适应了)写道:"分析工作……带来了惊人的发现,此类行为之所以被完成,主要是*因为*(我的斜体字)这些行为是被禁止的,同时也因为这些行为的执行伴随着它们的行为者在心理上的轻松。他们正在遭受着沉重罪疚感的折磨,他们并不知道这种罪疚感的根源是什么,在他们把违法的冲动付诸行动之后,这种沉重的压迫感就被减轻了。这时他们的罪疚感至少与某种事情牵连上了"(Freud, 1915, p. 332)。(译者注:反社会倾向者一开始发展出了罪疚感受能力,只是后来丧失了。)虽然在此弗洛伊德指的是发展中更晚的阶段,但是他写的这段话也适用于儿童。

在分析工作中,我们大体上能把反社会行为分成两种类型。第一类是常见的,与健康儿童平常的顽皮和淘气有着紧密关联。就行为而言,主要被大人抱怨为偷窃、说谎、搞破坏、和尿床。我们反复地发现,这些行动都是儿童在无意识中尝试理解内疚感受而完成的。儿童和成年人不能达到无法忍受的罪疚感的源头(不能彻底到达罪疚感体验),因此罪疚感无法被解释这一事实造成了一种疯狂的感受(a feeling of madness)。反社会的人通过策划有限的犯罪行为来让自己感到轻松,这种有限的犯罪只是属于原始俄狄浦斯情结被压抑幻想中的,一种具有犯罪性质的伪装方式。这是反社会的人能够发展到达的、最靠近俄狄浦斯情结矛盾两价性的地方。最初,替代性犯罪或不良行为是无法给行为不良的人带来满足感的,但当这些不良行为被强迫性重复并获得继发性获益的特征时,就变得可以被自体接受了。在这种机制下,出现了更加普遍的各种各样的反社会行为,这样在解释罪疚感的幻想中就没有那么多被压抑的罪疚感了。

相比之下,在更加严重和更加少见的反社会发作(antisocial episodes)中,恰恰是罪疚感受的能力丧失了。这时我们就看到了最邪恶的犯罪行为。我们看到了罪犯在绝望中进行犯罪来尝试着感受和理解罪疚。他们不见得永远能成功。为了发展出罪疚感受能力,这种人一定会找到一个特殊类型的环境;实际上,我们必须为他们提供与不成熟婴儿的正常需要相一致的环境。众所周知,提供这样的环境是困难的,这种环境必须有能力经受得住无情和冲动所带来的所有紧张和压力。我们发现自己在应付一个婴儿,但是这是一个有着力气的、诡诈的老儿童或成年人。

在对更加常见类型的反社会行为的个案管理中,我们经常能够通过对环境的重新调整来产生治疗效果,我们所做的事情是基于弗洛伊德已经提供给我们的理解。

我将举一个例子,这是一个在学校总是偷东西的男孩。校长没有去惩罚这个男孩,他意识到这个男孩可能是患病了,所以建议他去看精神科的咨询门诊。

这是一个九岁的男孩,在寄宿学校学习,他正在应对早期年龄阶段遭受过的剥夺,而且他所需要的是在家里待一段时间。他回到了家里和爸爸妈妈团聚在一起,这给了他新的希望。我发现这个男孩一直有一种偷窃的冲动,他能听到一种差遣他的声音,那是一个男巫师发出的声音。男孩在家里病了,像一个婴儿,依赖别人,尿床,冷漠,无动于衷。他的父母满足他的各种需要,并容许他处在疾病状态。最后男孩以自发性痊愈回报了他的父母。一年之后,男孩就能够返回寄宿学校继续上学,而且这种痊愈的结果是持久的。

把这个孩子从带给他康复的路径上转移开来是一件很容易的事情。他当然不能意识到隐藏在他疾病背后无法容忍的孤独和空虚,这让他利用男巫来替代更加自然形成的超我组织;这种孤独属于他与家庭分离时的感受,那时他才五岁。如果男孩一直被伤害,或者如果校长教训了他,并认为他的行为是不道德的,他可能会变得强硬起来,并发展出一个对男巫更加充满认同的组织;然后,他将会变得专横跋扈,变得肆无忌惮,最终变成一个反社会的人。这在儿童精神病学临床中是一种常见的个案类型,我之所以选择这个案例,仅仅因为这是一个发表过的案例,关于这个案例大家可以找到更加详细的材料(温尼科特,1953)。

我们不能希望去治愈许多已经变成行为不良的人,但是我们希望去理解如何预防并阻止反社会倾向的发展。我们至少能够规避掉对母亲和孩子之间发展性关系的打断和干扰。另外,把这些原则应用到普通的儿童养育过程中,我们就能够看到,在对还拥有原始和不成熟(still primitive and crude)罪疚感儿童的管理中需要一定的严格性;通过有限的禁止,我们赋予了儿童我们认为健康的、有限的顽皮和淘气的机会,而在这顽皮和淘气之中其实包含着儿童更多的自发性。

弗洛伊德的工作超过了任何其他人,他为理解"反社会行为和犯罪是一种无意识罪恶意图的结局(sequel),以及是对儿童照护失败的一种症状"这一点铺平了道路。照我看来,在提出这些思想并展示我们如何检验和使用这些思想的过程中,弗洛伊德为社会心理学作出了贡献,而这将带来深远的影响。

(赵丞智　翻译)

2. 独处的能力①（1958）

我想要检验和研究一下人类个体独处的能力（the capacity of the individual to be alone），本研究所依据的假设是：独处能力是情绪发展过程中成熟的一个最重要标志。

几乎在所有精神分析治疗当中，都会出现某个时刻，此刻独处能力对于患者来说显得尤为重要。在临床上患者可能表现为沉默一段时间，或者患者在整个会谈中都表现为沉默。我认为这种沉默不仅不是阻抗的表现，反而是由患者达成的某种能力。很可能从这个时刻开始，患者才在人生当中第一次能够真正地独处了。而患者在分析性治疗中的这种独处所表现出相关的移情，正是我想要引起大家注意的。

说实在的，在精神分析文献中，更多的研究是关于"害怕独处"或者"渴望独处"，而对"独处能力"的研究少之又少；还有相当多的研究是关于退缩状态（withdrawn state）的，这是一种暗示着迫害预期的防御性组织。在我看来，早已经到了把独处作为一个积极的能力来讨论的时候了。在精神分析文献中可能曾经有一些特定的尝试提到过独处能力，但我并没有找到这些文献。我希望大家可以参考一下弗洛伊德（1914）的"情感依附关系"（anaclitic relationship）这个概念（参见 Winnicott，1956a）。

三元关系与二元关系

Rickman 最先向我们提出了三元关系和二元关系的思想。我们通常所说的俄狄浦斯情结所处的发展阶段，其实就是三元关系主导的背景下所发生的各种体验。任何企图根据二元关系来描述俄狄浦斯情结的尝试必定会失败。然而，二元关系却又是的的确确存在的，只不过它属于个体发展史中更早期的发展阶段。原初的二元关系是婴

---

① 基于 1957 年 7 月 24 日英国精神分析学会特别科学会议的发言稿修改而成，首次发表于《国际精神分析杂志》，39，pp. 416 – 20。

儿与母亲或母亲替代者之间的关系，在这个原初阶段，婴儿还不能够区分出母亲的任何特质，也没有形成"父亲"的概念。克莱茵的抑郁位概念也是基于二元关系来描述的，或许我们也可以说，二元关系是抑郁位这个概念的一个本质特征。

在思考了二元关系和三元关系之后，我们自然会难掩兴奋地去思考比它们更早期的发展阶段，以及必定会谈到一元关系（one-body relationship）！一眼看上去似乎自恋状态就是一元关系，不管是继发性自恋的早期形式，还是原始性自恋本身。我必须要说，要是我们把思考方向从二元关系跳到一元关系上的话，事实上我们必须要背离很多基于我们临床分析工作（案例）和直接的母婴观察所获得的大量现有知识。

事实上的独处

需要强调的是，事实上的独处并不是我正在讨论的内容。一个人可能被单独拘禁，而他仍然没有独处的能力，这时他所遭受的痛苦是无法想象的。然而，有一些人在孩童时代就能够享受一个人的独处状态，他们甚至把这种独处状态当成是一种只属于自己的最宝贵的享受。

独处的能力，或者是一个人的发展在进入了三元关系建立之后阶段所达成的一种高度复杂的现象，抑或是一个人更早期发展阶段的一种生命现象，这种更早期的独处能力值得我们的特殊关注和研究，因为它是更高级独处能力被建立的基础。

悖论

我现在可以陈述我发现的要点了。尽管许多类型的体验都对独处能力的建立有所贡献，但有一种体验却是最重要和最基础的，如果没有这种充分的体验，独处能力就无法产生；这种体验就是：母亲在场情况下，婴儿和幼儿独处的体验。因此，独处能力建立的基础是个悖论，也就是说，它是有其他人在场时，一个人独处状态的一种体验。

这里指的是一种相当特殊类型的关系，这是独处的婴儿或幼儿与事实上确实在场的（即使是暂时由一个小床，抑或一个婴儿车，抑或直接环境的总体气氛象征性可靠在场的）母亲或母亲代替者之间的一种关系。我想提议要给这种特殊类型的关系命名。

我个人想要使用"自我—关联性"（ego-relatedness）这个术语，它的方便之处在于能与术语"本我—关联"(id-relationship)相当清晰地区分开来,而本我—关联是可能被称为自我生活(ego life)的反复出现的并发症。"自我—关联性"指的是两个人之间有着这样的关系:在这两个人当中,至少有一个人是独处的;或许两个人都是独处的,但其中一个人的在场对另一个人是至关重要的。我考虑到,如果我们比较一下术语"喜欢"(like)的意义和术语"爱"(love)的意义之间的区别,我们可以看到,"喜欢"(liking)是一种"自我—关联性"(ego-relatedness),而"爱"(loving)更多的是一种"本我—关联"(id-relationship),无论是原始的形式,还是升华的形式。

在进一步用我的方式发展这两个观点之前,我想提醒大家如何把"独处能力"这个术语有可能运用到传统的精神分析用语当中。

性交之后的独处

或许这样说是公平的,在令人满意的性交之后,每个伴侣都是独处的,并且对这种独处感到满足。能够与另一个也处在独处状态的人一同享受这种独处,其本身就是健康的体验。本我—张力(id-tension)的缺乏可能产生焦虑,但是人格已获得的时间整合能力能够允许个体等待本我—张力(id-tension)的回归,并且同时享受这种"共享的孤寂感"(enjoy sharing solitude)。也就是说,这种"孤寂感"已经相对地脱离了我们常称为"退缩"(withdrawal)的性质。

原初情景

可以说,个体的独处能力取决于他(她)处理被原初情景所唤起的各种感受的能力。在原初情景中,儿童感知(到)或想象到了父母之间的兴奋关系。健康的孩子能够接受这种兴奋关系,能够掌控他的恨意,并将这种恨意整合,以供自慰之用。在自慰中,作为三元关系或三角关系中的第三者,个体儿童接受了意识或潜意识幻想的全部责任。在这些情况下,能够独处意味着性欲发展的成熟,意味着达成了一种生殖器潜能或者与之相称的女性容受性;这也意味着攻击冲动(或想法)与爱欲冲动(或想法)的融合,也意味着对矛盾两价性的容忍;与此同时,就个体来说也自然地发展出了与父亲或母亲某一方认同的能力。

对这个问题的如此陈述,或任何说明都将会变得万分复杂,因为独处能力几乎是情绪成熟的同义词。

好的内在客体

现在我试着使用一种不同的语言来谈这个问题,这是梅兰妮·克莱茵的工作语言。独处的能力取决于个体心理现实中好客体的存在。好的内在乳房或阴茎,或者好的内在关系一定要很好地被建立,并被保护,这才能让个体(至少暂时性的)对现在和未来产生自信感。个体与其内在客体的关系,加上个体对于这种内在关系的信心,让个体的自然生存感到游刃有余,以至于即使在外部客体和刺激缺席的情况下,个体也能暂时得到满意的休息。成熟与独处的能力意味着,个体已经通过足够好的照护建立了对于良性环境的信念。这种信念的建立是通过不断重复令人满意的本能满足而实现的。

在这种语言里我们发现,我们所指的都是个体发展的更早期阶段,而不是经典俄狄浦斯情结所支配的阶段。而且,我们预先假设自我(ego)已达到相当的成熟度。同样的,也假设个体已经整合成为了单元状态(unit),否则"内在"和"外在"也就无从谈起了,或者也没就必要强调什么内在幻想。用消极的术语来说:个体要能够从迫害性焦虑中相对解脱出来才行。用积极的术语来说:好的内在客体已经存在于个体个人的内在世界中,并且这个好客体在适当的时刻能够被投射出去。

在不成熟状态中独处

在此时,我们不禁要问:如果处于发展早期的自我(ego)还不够成熟,以至于上述基于成熟自我独处能力的描述都不能适用,处于早期阶段的婴儿或儿童还能够独处吗?我的主要论点是:我们需要谈论不成熟(unsophisticated)形式的独处。尽管我们认为真正的独处能力是一种复杂的现象,但这种真正独处的能力也是建立在更早期阶段,有他人在场情况下的独处体验之上的。他人在场下的独处可以发生于很早期,那个时候还不成熟的自我(ego immaturity)自然而然地被母亲提供的自我—支持(ego-support)所平衡。随着时间的推移,个体内射了这个"自我—支持性"(ego-supportive)的母亲,依靠这种方式,个体之后再独处的时候,就不再需要频繁地触及外部母亲(或母亲象征)了。

"我是孤独的"

我想要研究一下"我是孤独的"这句话,以便从不同的角度继续我们的主题。

首先是"我"(I)这个词的出现,意味着个体已经达成了更多的情绪成长。个体已经被构建成为了一个单元(unit)。整合已成事实。外部世界被拒斥,内部世界已成可能。这仅仅是对人格的一种简单的地形学陈述,所谓单元(unit)是一种自我内核(ego-nuclei)的组织。在这个阶段,还没有任何可以作为个体"活着"(living)的参照。

接下来出现的是"我是"(I am)这个术语描述,它代表着个体成长的一个新阶段。这个阶段的个体不仅拥有了自我的组织形态,而且还拥有了生活(life)。在"我是"阶段的初期,个体是原始的(raw)、无防备的、脆弱的,并且有潜在的偏执倾向。为了让个体成功的达成"我是"阶段,必须要有保护性环境;这个保护性的环境指的就是母亲,而这个母亲必须全神贯注(专注)于她的婴儿,并且有能力通过对自己婴儿的认同来适应婴儿的自我发展需求。在"我是"(I am)这个发展阶段,就婴儿来说,他们已经没有必要要求(外部)母亲的存在了。

接下来就是"我是孤独的"(I am alone)这句话。根据我提出的理论,在这个更高级的阶段,就婴儿来说,他们能够感觉到母亲的持续存在确实是极好的。这并不意味着婴儿一定要在意识层面觉察到这种感觉。然而,我认为,"我是孤独的"这个阶段是从"我是"阶段发展而来的,这种发展取决于婴儿对可靠母亲持续存在的感知。这种母亲持续存在的可靠性,有可能让婴儿能够在一段有限的时间内独处,并且享受独处的体验。

这样,我就解释了此前提出的悖论,即个体的独处能力是建立在有他人在场时个体的独处体验。这种体验如果不充足,个体就无法发展出独处的能力。

"自我—关联性"

现在,如果我对这个悖论的解释是正确的话,我们会很有兴趣去检视一下婴儿与母亲关系的本质,也就是本论文的目的,被我称为的"自我—关联性"(ego-relatedness)。大家可能注意到了,我对这种关系十分重视。我认为"自我—关联性"是构成友情(友谊)的基石。"自我—关联性"也可能成为未来个体移情的基质(*matrix of transference*)。

我如此看重和强调"自我—关联性"(ego-relatedness)还有更深远的原因,不过为了把我的意思解释得更清楚一些,现在我必须先离开这个主题一会儿。

我认为大家基本都能同意这样的观点,那就是,本我—冲动(id-impulse)只有被容纳在自我生活(ego living)中才会有意义。各种本我—冲动,要么(会)毁掉一个弱的自我(weak ego),要么(会)加强一个强的自我(strong ego)。所以我们可以说,当处于自我—关联性的框架之内时,所发生的那些本我—关系(id-relationship)才会加强自我。如果我们接受这个观点,那我们对于独处能力重要性的理解也就随之而来。也就是说,唯有在(有他人在场的)独处时,婴儿才能够探索和发现他的个人生命(personal life)。而病理性的选择则是一个建立在疲于应付外部刺激的各种反应上的虚假生命。只有在独处时,而且唯有在我们前面所描述的真正意义上的独处时,婴儿才能体验等同于成年人的"放松"状态。此时,婴儿才能够允许自己处于非整合状态,处于无方向状态,才能够尽情地折腾,或者才能够让自己处于这样一种时间状态当中:自己既不用成为一个外界侵入刺激的应付者,也不用成为一个具有某种兴趣或运动导向的活动者。此发展阶段是专门为本我体验(id experience)而设置的。随着时间的推移,会到达一种感受或冲动的体验阶段。只有在这种设定之中,这些感受和冲动才算得上是真实感受和真切的个人体验。

现在我们知道了为什么旁边有个人在场是如此的重要,有个人在场,只需要存在,不需要她说什么或做什么;当冲动出现的时候,本我体验(id experience)可能是丰富和充实的,而满足本我—冲动的客体可能是在旁边的照护者(即母亲)的一部分或者全部。只有在这些条件下,婴儿才能拥有一种感觉真实的体验。大量的这种类似体验便构成了个体生命的基础,这样的生命内部才具有现实性而不是无聊和无意义的。已经发展出独处能力的个体,能够不断地重新发现自己的个人冲动,而这种个人冲动也永远不会被落空和废弃,因为独处状态其实就意味着(尽管看似矛盾)总有一个他人陪在场的状态。

随着时间的推移,个体逐渐变得能够不执着(forgo)于事实上的母亲(或母亲形象)的在场。这就意味着我们所说的"内在环境"(internal environment)的建立已经逐渐完成了。"内在环境"要比"内射的母亲"(introjected mother)这个现象更加原始。

自我—关联性中的高峰体验

现在我想对有关"自我—关联性"(ego-relatedness),以及在这种关系中可能的体验做进一步的推断,而且我也想思考一下"自我高潮"(ego orgasm)这个概念。我当然知道如果真的存在"自我高潮"这件事情,那些本能体验受到抑制的人们就会倾向于专门研究这种高潮,因此就会产生一种"自我高潮"倾向的病理学。在此我想暂时不讨论病理学问题,因为别忘了,在病理学中个体可以用部分—客体(例如,阴茎)来认同整个身体。现在我只想讨论的是,把"狂喜"(ecstasy)这种状态认为是一种自我高潮是否有价值。对于普通人来说,我们可以用自我高潮来形容一种令人高度满意的体验,诸如听了一场音乐会,或欣赏了一部戏剧,或对一段友谊的享受,等等。"自我高潮"(ego orgasm)这个术语让我们注意到了高峰体验(climax)及其重要性。在这种背景中使用"高潮"(orgasm)这个术语或许不够明智;尽管如此,我认为我们也有讨论在令人满足的自我—关联性中发生高峰体验的空间。人们可能会问:"当一个孩子在玩游戏时,游戏的整体是一种本我—冲动(id-impulse)的升华吗?""如果我们把令人愉悦的游戏活动与笨拙地潜藏在游戏背后的本能(instinct)进行比较,考察一下本我(id)的质和量的话,那么这种比较有没有重要的意义呢?"升华的概念被广为接受,并且有着极大的价值,但有点遗憾的是,我们常常忽略了以下这两种孩子之间其实存在着巨大差异的现实:一种是愉快玩耍和游戏的孩子,另一种是在玩耍中带有强迫性的兴奋,并且看起来很接近于一种本能体验的孩子。确实,即使是能愉快玩耍的孩子,他们所发生的一切也能从本我—冲动的角度来进行解释;那是因为我们是在用象征性来解释游戏中发生的事情,并且我们也很确定使用象征和依据本我—关系来理解所有游戏中发生的事情是安全的、正确的。然而,我们忽略了至关重要的一点,我们是否忘记了孩童在玩耍时不愉快的情况,因为那个时候孩童完全被伴有躯体高潮的身体兴奋所充满和占据了。

而我们所说的正常儿童,是能够进行玩耍和游戏,并且在游戏中能够变得兴奋,而且能够对整个游戏感受到满足,而不会受到局部身体兴奋的躯体高潮所威胁的。相比之下,那些遭受过剥夺而导致反社会倾向的孩子,或者是那些明显使用躁狂性防御而坐立不安的孩子,是没有能力享受游戏乐趣的,因为他们的身体被躯体性地卷入了游戏过程当中。躯体性高峰体验是需要的,而且大部分父母都观察到这样的时刻,那时小孩子玩游戏时会兴奋过度，除非给他一巴掌，否则别想让他停下来——这提供了一个虚假的躯体性高峰体验，但却是一个有用的躯体性高峰体验。依我看来，如果我们把儿童游戏时的愉悦或成年人在一场音乐会上感受的体验与性体验相比较的话，它们之间的差异是如此的不同，以至于我们必须需要两种不同的术语来描述这两种情况下的不同体验，才能不对任何一种体验有所不公。不论它们的无意识象征是什么，这两种体验里，前一种体验中躯体性兴奋的量最小，而后一种体验中躯体性兴奋的量却是最大的。我们要重视和体现"自我—关联性"（ego-relatedness）本身的重要性，同时也要牢记升华概念背后所代表的各种想法。

总结

独处能力是一个高度复杂的现象，它需要以很多前期发展任务的达成来作为基础。它与个体情绪成熟密切相关。

独处能力的基础是一种有他人在场时的独处体验。在这种情况下，自我组织羸弱的婴儿能借助于可靠的自我—支持（ego-support）而得以独处。

婴儿与为其提供自我—支持（ego-supportive）的母亲之间，所存在的关系类型值得深入研究。尽管有很多别的术语来描述这种关系，我还是认为暂时使用"自我—关联性"（ego-relatedness）这个术语比较好。

在"自我—关联性"（ego-relatedness）的框架之下，各种本我—关系（id-relationships）会自然发生，并加强那个弱的不成熟自我，而不会破坏那个不成熟的自我。

逐渐地，这种自我—支持性环境被内射进入个体内部，并且变成了个体人格的一部分，以至于个体真正的独处能力就发展出来了。尽管我们所说的是"独处"，但从理论上来说，其实总还有一个他人在场，这个他人就是婴儿早年的那个母亲或等同者，那个在他生命最早期的几天和几周，能够对他（她）感兴趣，并且一心一意专注于照护他（她）的人。

（郝伟杰　翻译）

3. 亲子关系理论[①](1960)

这篇文章的主要观点，或许从一种比照中能得到最充分的体现，那就是比照婴儿期的研究和精神分析性移情的研究。[②] 怎么强调都不过分的是，我在此所作的是关于婴儿期的论述和说明，重点不是在讨论精神分析。之所以要搞清楚这一点，是因为它触及了问题的实质。假如这篇文章不能发挥建设性的作用，那么它就只能增加现存的不明确性，即，在个体发展过程中个人影响和环境影响相应价值的不明确性。

正如我们了解的那样，在精神分析中，没有什么创伤是发生在个体的全能感领域（individual's omnipotence）之外的。所有的一切，最终都要归于自我控制（ego-control）之下，并且因此与次级过程（secondary processes）发生关联。在精神分析中，如果分析师说："你的妈妈做得不够好……""你的爸爸确实过分诱惑过你……""你的阿姨抛弃了你……"这些话对病人是没有帮助的。只有当这些创伤性因素以病人独有的方式进入精神分析性材料中，并纳入病人的全能感领域之中时，分析中的变化才会发生。对病人起到改善作用的解释，都是那些可以依据投射所作出的解释。这一点同样适用于良性因素，也就是能够带来满足的那些因素。分析中，个体的爱与矛盾两价性（ambivalence）可以被用来解释所有的事情。分析师在长时间的等待中准备着，直到有合适的时机可以做这种精准的解释工作。

但是婴儿期却不同。在婴儿期，发生在婴儿身上的好事和坏事，都远远处于婴儿的控制范围之外。实际上，婴儿期这段时间，正是婴儿将外部因素聚拢到自己全能感领域之中的能力逐步形成的时期。母性养育（maternal care）的自我—支持（ego-support）作用，让婴儿在其生命处在尚不能控制环境中的好与坏，也不能为他们负责的情况下，仍然可以存活下来并得到发展。

---

① 1961年，在爱丁堡举行的第22届国际精神分析大会上，这篇论文，还有另一篇Phyllis Greenacre博士同一主题的论文，同为大会的研讨主题论文。本文首次发表于《国际精神分析杂志》第41期。
② 我在《原始情绪发展》(1945)中从更具体的临床角度讨论过这个问题。

不过，在这些生命最早期阶段发生的事件是无法被想起的，它们已经在我们熟知的压抑机制的作用下被遗失了，因此，分析师也别指望能通过分析工作，减弱压抑的力量，最后就能让它们再度浮现。可能当弗洛伊德本人使用"原始压抑"（primary repression）这样的术语时，他就曾试图考虑这些早期现象了，不过这一点我们可以开放地争论。相当确定的是，我们在此所讨论的内容，早已在大部分精神分析文献中，被视为是理所当然的了。①

回到精神分析，我之前说过，分析师在等待中准备着，直到病人能够在分析中呈现出一些环境因素，而呈现方式必须是病人认可将这些因素解释为投射。在适合分析的案例中，这一结果源自于病人的信任能力，而这一能力是病人从分析师和分析性专业设置的可靠性中重新发现的。即便如此，有时分析师也要等待相当长的一段时间；而对于不太适合经典精神分析的案例来说，似乎分析师本人的可靠性才是最重要的因素（或者说比那些解释更重要），因为病人在其婴儿期的母性养育中从未体验过这种可靠性，而且，病人若想使用这种可靠性的话，他首先需要在分析师的行为举止中找到这种可靠性。这很可能是病人第一次发现这种可靠性。我们也可以以此为基础进行一些深入研究，研究在治疗精神分裂症和其他精神病时，一名精神分析师可以做些什么。

在边缘性案例中，分析师通常都不会白白空等；随着时间推移，病人渐渐可以有能力使用那些对其投射材料的分析性解释了，而恰恰是这些投射材料呈现了他们的原始心理创伤。甚至还可能产生的效果是，病人逐渐能接受作为投射材料的那些环境中的好东西了，而这些好的投射物，是病人将源于自身遗传潜质（inherited potential）的那些单纯而稳定的持续性存在（going-on-being）元素投射到了环境中。

这里就有了一个悖论：事实上，婴儿周围环境中的好与坏并不是一种投射，但尽管如此，如果婴儿个体要健康发展，对他来讲就有必要把周围一切都视为自己的投射。此处我们看到，全能感和快乐原则（pleasure principle）在发挥作用，而它们确实从最早的婴儿期就开始运作了；对这一观察，我们还可以补充一点，那就是承认有一个真实的"非我"（not-me）存在，其实是个智力问题；这需要个体的高度复杂性（译者：心智化程度）和成熟度。

在弗洛伊德的著作中，大部分关于婴儿期的构想都来自于对成人分析的研究。当然，也有一些童年期的观察报告［比如"棉线轴"（Cotton reel）的资料（1920）］，还有像"小汉斯"（Little Hans）的分析这样的作品。乍看之下，似乎精神分析理论有一大部分

---

① 我曾经（1954）报告过这个问题的几个方面，那时我在一个深度退行的女病人案例中遇到了这个问题。

都是关于童年早期和婴儿期的,然而从某种意义上可以说,弗洛伊德忽视了婴儿期这一阶段。这一点可以从《对心理功能两大原则的一些构想》[*Formulations on the Two Principles of Mental Functioning* (1911, p. 220)]一文的脚注中看出端倪,在这个脚注中,弗洛伊德表现出他清楚自己直接把我们现在这篇论文中所讨论的内容看成了理所当然的事。在他的文本中,他追溯了从快乐原则到现实原则的发展过程,遵循着他为成年病人重构婴儿期的一贯思路。脚注摘录如下:

> 一定会遭到反对的观点是,一个完全从属于快乐原则而无视外部世界现实的(译者:心理)组织,它自身可能都无法维持最短时间的存活性,因此它可能根本不会真实地存在。然而,使用这一假说去考虑婴儿的情况却是相当合理的,因为婴儿——前提是要包括这个婴儿从他母亲那里所得到的照顾和养育——的确几乎实现了上述这种心理系统。

此处,弗洛伊德对母性养育的功能大加称道,我们不禁推测,他之所以遗留了这个主题,只是因为他还没准备好去讨论其背后的深意。脚注继续写道:

> 他(译者:婴儿)很可能对自己内部需要的满足抱有一种幻觉;当刺激增多而又缺乏满足时,他也会显露出不愉快的迹象,通过尖叫和手脚乱踢乱打(译者:那些引起不愉快的)原动力得到了释放,接下来,他就会体验到他曾幻想过的满足。等孩子再长大些以后,他就学会了使用这些释放表现来有意表达自己的感受。由于后期的儿童养育是以早年婴儿养育为模板的,因此只有当孩子完全达成了与父母的心理分离以后,快乐原则的支配力才能真正走到尽头。

"前提是要包括这个婴儿从他母亲那里所得到的照顾和养育"这句话,在本文的研究背景中有着至关重要的意义。这说明,婴儿及其母性养育共同构成了一个单元。①毫无疑问,假如一个人准备研究亲子关系理论,他首先必须作出决定,那就是如何理解

---

① 我曾说过:"没有单独的婴儿这回事。"(There is no such thing as an infant.)意思是说,显然,无论什么时候你看到一个婴儿,你都会同时看到其母性养育,而没有了母性养育,也就不存在所谓的婴儿。(这个说法是在英国精神分析学会的一次科学会议讨论中提出的,当时大约是1940年。)难道我是在不知不觉中,受到了弗洛伊德这个脚注的影响?

3. 亲子关系理论(1960)

"依赖"这个词的真正意义这类问题。仅仅像公认的那样说环境很重要是不够的。在生命的最初阶段，婴儿和母性养育彼此之间是盘根错节而密不可分的关系，要是有些人不能接受这一点，那我们接下来讨论亲子关系理论时，势必会分成两派。其实在健康状态下，婴儿和母性养育会自然而然地松解和分离；而在健康的诸多意义中，有一点是，健康在某种程度上就意味着母性养育与我们那时称之为婴儿或刚要成为儿童之间的纠结解除（disentanglement）。在脚注的最后，弗洛伊德的话里也包含了这个想法："只有当孩子完全达成了与父母的心理分离以后，快乐原则的支配力才能真正走到尽头。"（这个脚注的中间部分会在之后的小节中加以讨论，因为我们会看到，如果放在最初发展阶段的背景下，弗洛伊德的话在某些方面其实是不恰当和令人误解的。）

"婴儿"（Infant）一词的含义

在本篇文献中，婴儿（infant）这个词指的是非常年幼的孩子。之所以有必要强调这个词的含义，是因为弗洛伊德写作时用到的婴儿一词，有时甚至包括了经过俄狄浦斯期的儿童。实际上，婴儿一词意指"不会讲话"（新生儿），而且有帮助的是，我们大可以将婴儿期理解为能够进行言语表达和使用语言符号之前的阶段。由此可以推论，这个阶段的婴儿依赖于母性养育，而且这种养育不是以理解可以或可能用言语表达的内容为基础的，而是建立在母性共情的基础之上。

本质上，婴儿期是一段自我发展（ego development）的时期，而整合（integration）就是这种发展的主要特征。在此阶段，那些本我—力量（id-force）会大声疾呼地来寻求关注和满足。起初，这些本我力量都是外化于婴儿的。健康状态下，本我会聚合起来为自我所使用，而自我也会掌控本我，以至于本我满足都变成了自我—增强物（ego-strengthener）。不过，这是健康发展才能达到的一种成就，而在婴儿期，根据这种成就达成的相对失败程度，其实还存在许多变体。在不健康的婴儿期中，这类成就却只有最低限度的达成，或者可能得而复失。对于婴儿期精神病（或精神分裂症）来说，本我则与自我始终保持着相对或完全的"外在性"，本我满足也只停留在躯体层面，并具有威胁自我结构的效应，也就是说，除非精神病性防御最终被组织起来，否则自我就会消失。[①]

---

① 在我的论文《精神病与儿童养育》（Psychoses and Child Care, Winnicott, 1952）中，我曾试着说明如何应用这一假设去理解精神病。

我在此支持的观点是，在婴儿发展过程中，婴儿通常能够掌控（也就是自我能够包含）本我，主要原因在于母性养育的存在，是母亲的自我填充了婴儿的自我，才使其变得强大和稳定。我们有必要仔细考查这个过程是怎么发生的，还有婴儿的自我是如何最终脱离了母亲自我的支持，以至于婴儿能够实现与母亲的心理分离，也就是说，分化出一个独立的个人化自体（separate personal self）。

为了考查亲子关系，首先，我有必要试着简要说明一下婴儿情绪发展理论。

历史回顾

精神分析理论仍在发展，其早期的理论假设关注的是本我，以及自我防御机制。据我们了解，本我确实在非常早的发展阶段就已经出现了，而弗洛伊德根据观察，在性器官幻想、游戏和梦中发现了退行性元素，由此发现并描述了前性器期的性欲，这成为其临床心理学的主要特征。

自我防御机制被理论家们一步步加以构想和阐释。[①] 理论上假设，这些机制之所以被组织起来，与本能张力或客体丧失所引发的焦虑有关。这部分精神分析理论预先假定了有一个独立的自体和一个结构化的自我，甚至可能还有一个个人化的身体图式。对于本文主要讨论的发展水平来说，我们还不能作出上述假定。而我们恰恰是围绕着上述假定情况的形成阶段展开讨论的，也就是讨论自我如何形成结构，以使得本能张力或客体丧失的焦虑有可能产生。在这个早期阶段，优势焦虑并不是阉割焦虑或分离焦虑；这个时候的焦虑完全是另一回事，事实上，是关于湮灭（annihilation）的焦虑[参照 Jones 的"性机能丧失恐怖"（aphanisis）]。

在精神分析理论中，自我防御机制很大程度上是被置于这样一个想法下考虑的，即儿童有一个独立的、真正个人化的防御组织。以此为分界，克莱茵的研究又澄清了原始焦虑和防御机制的相互作用，进一步补充了弗洛伊德的理论。克莱茵的这项工作关注到了婴儿发展早期，使我们注意到了攻击性和破坏性冲动的重要性，这些冲动要比那些对挫折的反应，以及与恨意和愤怒相关的攻击性冲动更加根深蒂固；同样，克莱

---

① 在安娜·弗洛伊德的《自我与防御机制》（*The Ego and the Mechanisms of Defence*, 1936）影响下，许多对防御机制的深入研究已经从另一个方向重新评估了在婴儿养育和早期婴儿发展中母亲养育的作用。安娜·弗洛伊德（1953）已经重新改动了她对这一问题看法。Willi Hoffer（1955）也对这一发展领域做过一些观察和评论。但是，我在本文中要强调，重要的是理解婴儿发展中早期父母养育环境的作用，这种理解在我们处理某些类型的情感障碍和性格障碍的案例时，将会有重要的临床意义。

茵还深入剖析了婴儿对原始性焦虑——也就是属于心理组织的初始阶段的焦虑——的早期防御(分裂,投射,以及内射)。

梅兰妮·克莱茵所描述的内容,显然属于婴儿生命最初阶段的范畴,也属于本文所关注的依赖期的范畴。梅兰妮·克莱茵清楚地表明,她承认环境在这一时期非常重要,而且在所有发展阶段都有其不同方面的重要性。① 然而我认为,她和她的同事们的工作尚留有余地,让人可以进一步思考如何开发"完全依赖"这个主题,这一主题体现在弗洛伊德的说法中:"……婴儿——前提是要包括这个婴儿从他母亲那里所得到的照顾和养育……"虽然克莱茵的工作没有任何与绝对依赖(absolute dependence)的概念相抵触的地方,但在我看来,同样也没有明确提及这样一个阶段,即在绝对依赖这个阶段,婴儿存在的唯一原因是母性养育的存在,婴儿连同母性养育形成了一个单元。

我想在此请大家进一步思考:分析师接受病人依赖的现实与分析师在移情中与病人的依赖进行工作,这中间有何区别?②

看起来,研究自我—防御会将研究者带回到前性器期的本我—表现,而研究自我心理学则会将研究者带回到依赖期,回到"母亲—养育—婴儿"(maternal-care-infant)单元。

亲子关系理论的一部分关注于婴儿,是关于婴儿从绝对依赖,经过相对依赖,再到独立的发展历程理论,平行来看,这也是婴儿从快乐原则到现实原则,以及从自体性欲到客体关系的发展历程。亲子关系理论的另一部分关注于母性养育,也就是说,母亲适应婴儿、满足婴儿特定发展需要的那些性质和变化。

1. 婴儿(The Infant)

这节研究内容的关键词是依赖。除非满足特定的条件,否则人类婴儿无法开始存在。这些条件研究如下,但要说明的是,它们也只是婴儿心理的一部分。婴儿会根据这些条件适宜或不适宜,发展成为不同的存在。同时,这些条件并不能决定婴儿的潜质。婴儿的潜质是遗传的,而且合理的做法是,把个体的这种遗传潜质(inherited potential)作为一个独立的主题加以研究,当然毫无例外要接受的前提是,一个婴儿单

---

① 我在两篇论文中,细致表述了我对梅兰妮·克莱茵在这一领域工作的理解(Winnicott, 1954b,以及本书第一章)。参见克莱茵(1946, p. 297)。
② 临床案例可参见我的论文《退缩与退行》(Withdrawal and Regression, 1954)。

有遗传潜质并不能成为婴儿,除非他能和母性养育联接在一起。

遗传潜质包含的是一种朝向成长和发展的倾向性。我们可以给所有的情感成长阶段粗略的标定日期。很有可能,每个个体儿童的全部发展阶段还都有各自的日期。尽管如此,不单是说这些日期在儿童与儿童之间各不相同,而且对一个特定儿童,就算我们预先知道各个日期,我们依然不能用它们来预测儿童的实际发展,因为这里还有另一个影响因素——母性养育。如果完全能用这些日期进行预测的话,那一定是假设母性养育在各个重要方面都能足够胜任为基础的。(显然,这并不仅仅意味着身体意义上养育的足够胜任;胜任和不胜任的意义会在下文讨论。)

遗传潜质及其注定命运

在此有必要简要说明,是什么让遗传潜质发展成为一个婴儿,然后又成长为一个儿童,一个达到接近于独立存在的儿童。由于该主题的复杂性,这样的说明必须建立在令人满意的母性养育的假设之上。满意的父母养育可以概括地分为三个有所重叠的阶段:

(1) 抱持。
(2) 母亲和婴儿生活在一起。这时婴儿还不了解父亲的功能(父亲的功能是协助母亲营造养育性环境)。
(3) 父亲、母亲和婴儿,全部三人生活在一起。

这里使用的术语"抱持"(holding),指的不仅仅是对婴儿实际的身体抱持,还包括在婴儿出现"生活在一起"(living with)的概念之前,对婴儿所有的环境供应。换句话说,抱持指的是一种三维的或空间的,并逐渐加入时间属性的关系。抱持关系最初先于本能经验出现,然后和本能经验叠加在一起,随着时间推移,终将决定客体关系。抱持包括管理那些与生俱来的生存体验,比如各种发展过程的完成(completion)[因此也有未完成(non-completion)],这些发展过程从外部来看似乎纯粹是生理过程,但它们其实也是婴儿的心理过程,而且发生在一个极其复杂的心理领域中,这些过程的发生取决于母亲的觉察和共情。(关于抱持的概念下文会进一步讨论。)

术语"生活在一起"则意味着客体关系的出现,也就是婴儿从与母亲融合的状态中开始显露出来了,或者说他开始感知到了客体存在于自体之外。

本文的研究尤其关注母性养育的"抱持"阶段,以及与这一抱持阶段相关的那些婴儿心理发展中的复杂事件。不过我们应该记住一点,这种人为的阶段划分仅仅是为了方便,目的只是要更清楚地定义它们而已。

抱持阶段的婴儿发展

根据以上观点,我们可以列举出在抱持阶段婴儿发展的一些特点。这一阶段包括:

原初过程(primary process)

原始认同(primary identification)

自体—性欲(auto-erotism)

原始自恋(primary narcissism)

这些都是活生生的现实。

在这一阶段中,自我逐渐从一个未整合状态向一个结构化的整合状态转变,因此婴儿也变得能体验到与瓦解(disintegration)相关的焦虑。"瓦解"(disintegration)这个词开始有了意义,而在自我整合开始变成现实之前,其实它并不具备任何意义。在健康发展的情况下,这个阶段的婴儿依然保持着重新体验未整合状态的能力,不过这(译者:是否会重新体验未整合状态)取决于可靠的母性养育是否连续,或者说,取决于在婴儿的记忆积累过程中,多大程度上能逐渐开始感知到母性养育是可靠的。在此阶段,婴儿健康发展进程的结果就是,婴儿达到了所谓的"单元状态"(unit status)。从此,婴儿成为了一个完整的人,一个有独立权利的个体。

与"单元状态"达成相关的是,婴儿开始呈现出具有个人化模式的精神躯体(psychosomatic)存在;我曾经将这个过程论述为精神安住于躯体。① 所有动力性、感觉性和功能性体验与婴儿成为了一个完整人的新状态之间的联接,构成了这种安住的基础。随着进一步发展,一个可以称为界膜(limiting membrane)的心理存在就会出现,某种程度上,(健康状态下)界膜的作用等同于皮肤表面,其位置介于婴儿的"我"与他的"非我"之间。如此一来,婴儿就有了一个内在和一个外在,有了一个身体图式。摄入和输出功能就是沿这样的发展方向才有了意义;进一步讲,这之后再假定婴儿有一个个人化的或内在的精神现实才逐渐变得有意义。②

在抱持阶段,其他心理过程也会启动;其中最为重要的,就是与精神有区别的智力和心智的开端。自此以后,继发过程、符号化功能、个人化精神内容的组织,这些生命

---

① 关于我之前对此的论述可参见我的论文《心智及其与精神—躯体的关系》(Mind and its Relation to the Psyche-Soma,1949c)。

② 这里,我们凭借梅兰妮·克莱茵的学说去研究耳熟能详的原初幻想及其丰富性和复杂性,就开始变得适用和恰当了。

故事的新篇章全部相继展开了,所有这些都构成了梦和活生生现实关系的基础。

同一时期,冲动行为的两支根源也开始在婴儿身上联合起来。我用术语"融合"(fusion)来指代这个正向过程,通过这一过程,弥散在运动和肌肉性欲中的元素,(在健康状态下)开始融合到一起,并具有了使性感区极度兴奋的功能。这个概念更为人熟知的是它的反向过程——去融合(defusion),这是一种复杂的防御,它是在一定程度的融合达成之后,又把攻击性成分从性欲经验中分离出去的过程。所有这些发展都是在抱持性的环境条件下发生的,没有足够好的抱持,这些阶段性成就也就无法达成,或者即使达到了也无法确立和维持。

再进一步的发展,婴儿就获得了建立客体关系的能力。这时婴儿的变化是,从开始与一个主观构想的客体发生关系,到与一个客观感知的客体发生关系。这个变化与另一个变化有极为密切的关系,即婴儿从与母亲融合在一起,变为与母亲分离,或者说把母亲作为一个独立而"非我"的存在来进行关联。这一发展与抱持没有特定的关系,而是与"生活在一起"(living with)阶段有关。

45

依赖

在抱持阶段,婴儿处于最大限度的依赖状态。依赖可以分为:

(1) *绝对依赖*(*Absolute Dependence*)。这种状态下,婴儿还完全没办法理解母性养育,此时的母性养育更多起到的是预防作用。婴儿自己没办法控制养育的好与坏,他只能处在一个被动获益或遭受扰乱的位置上。

(2) *相对依赖*(*Relative Dependence*)。这时的婴儿开始变得能察觉到自己对母性养育细节的需要,也能够越来越深地把这些细节与个人的冲动联系在一起,长大以后,在精神分析治疗中,还能在移情中重现它们。

(3) *迈向独立*(*Towards Independence*)。婴儿发展出了不依靠实际养育的行事方法。不过要实现这一点,婴儿靠的是养育记忆的积累、个人需要的投射以及对养育细节的内射,同时还要发展出对环境的信心。此外必不可少的要素是智力性理解及其巨大的影响作用。

个体的隔离(Isolation)状态

这一阶段我们还需要考虑另一个现象,那就是人格核心会隐藏起来。我们来考查一下核心自体或叫真自体(central or true self)的概念。核心自体可以说是一种遗传潜质,它体验着存在的连续性,并以自己的方式和速度来获取个人精神现实和身体图式。① 我们似乎有必要认可一个概念,即健康的特征之一就是这个核心自体的隔离状态。在早期发展阶段,威胁到真自体隔离状态的任何事都能引起巨大的焦虑,而婴儿最早期出现的防御就与母亲(或母性养育)的失败有关,即母亲没能抵挡住那些可能干扰到婴儿隔离状态的侵害因素。

这些侵害一方面有可能被自我组织应对和处理,被聚集到婴儿的全能感领域内,并被感觉为投射物。② 另一方面,尽管有母性养育提供的自我支持,但这些侵害因素仍有可能穿透这种防御性应对。那样的话,婴儿的核心自体就会受到影响,而这恰恰是精神病性焦虑的本质。在健康状态下,个体很快会在这方面变得不容易受到伤害,而一旦一些外部干扰因素进犯,核心自体也只不过是在新的程度和性质上隐藏起来。这方面最好的防御就是组织起一个假自体(false self)。本能满足和客体关系本身也都能构成对个体的个人化持续性存在(going-on-being)状态的威胁。例如:一个婴儿正在乳房上吃奶并得到了满足。这个事实就其本身来说,并不能表明婴儿是正在享有自我协调的本我体验,相反,婴儿正在遭受一种诱惑的创伤,一种对个体自我连续性的威胁,一种源于(非自我协调性的且自我尚未准备好去处理的)本我体验的威胁。

健康情况下,客体关系可以在妥协的基础上得到发展,妥协有可能使个体牵扯到以后所谓的欺骗和不诚实;而直接关系只有在退行到与母亲融合状态的基础上,才有可能实现。

湮灭③(annihilation)

这些亲子关系早期阶段的焦虑与湮灭的威胁有关,我有必要解释一下这个术语的含义。

在这个以抱持性环境的必要存在为特征的发展位置,"遗传潜质"会自行转变为"连续性存在"(continuity of being)。与存在交替出现的是反应(reacting),而反应有可能会打断或消灭掉存在。存在和湮灭是相互转换的两种状态。因此,抱持性环境的主要功能就是将侵害降低到最小程度,使婴儿不必产生过度反应而导致个人存在的湮灭。在适宜的条件下,婴儿会确立起存在的连续性,进而开始发展出能将侵害聚集到

---

① 在第二章中,我已经从成人健康的方面讨论过如何看待这个发展阶段。参照 Greenacre (1958)。
② 我这里使用的术语"投射",是取其描述性和动力性意义,而不是其全部的元心理学意义。诸如内射、投射、分裂这些原始心理机制的功能,已经超出了这篇论文所讨论的范围。
③ 我在以往的论文中(1949b),从一个稍微不同的角度描述过这类焦虑的多种临床变化。

全能感领域内的复杂功能。在这个阶段,死亡这个词根本没有适用性,这也让"死亡本能"这个术语不适合用来描述破坏性的根源。在恨意和完整人的概念形成之前,死亡没有任何意义。当一个完整的人可以被憎恨时,死亡才有了意义,紧随而来的是,残害(maiming)也有了意义;一个完整的、既被恨着又被爱着的人,可以被阉割而依然保持存活,或者可以被残害而不被杀死。这些概念已经属于以依赖抱持性环境为特点的阶段之后的发展阶段了。

重新检验弗洛伊德的脚注

讨论至此,我们有必要再来看看前面我引用的弗洛伊德的说法。他写道:"他(婴儿)很可能对自己内部需要的满足抱有一种幻觉;当刺激增多而缺乏满足时,他也会显露出不愉快的迹象,通过尖叫和手脚乱踢乱打(那些引起不愉快的)原动力得到了释放,接下来,他就会体验到他曾幻想过的满足。"在这部分说法中所提出的理论,并不能涵盖最早发展阶段所必需的要求。这些话已经提示了客体关系,而弗洛伊德的这部分说法之所以有效,有赖于他认定早期母性养育的各方面发展理所当然都已经达成了,这些方面的发展,正如我们在文中描述的,属于抱持阶段。另一方面,弗洛伊德这句话,确切地说更适合解释下一个发展阶段,下一个阶段以婴儿与母亲之间的关系为特点,而在这段关系中,客体关系和本能或叫性感区的满足占据主导地位;也就是说,发展进行到这里还算顺利。

2. 母性养育的作用

接下来,我要试着描述母性养育的一些方面,尤其是抱持。本论文非常看重抱持这个概念,而这个概念的进一步发展是有必要的。这里用到的"抱持"这个术语,是为了引出一个主题发展的全貌,而这个主题包含在弗洛伊德的一段叙述中,即"……因为婴儿——前提是要包括这个婴儿从他母亲那里所得到的照顾和养育——的确几乎实现了上述这种心理系统"。我要提到的是在一开始婴儿—母亲关系的实际状态,那时婴儿还没有从母性养育中分离出自体,婴儿对母性养育存在着一种心理学意义上的绝对依赖。①

---

① 提醒一下:为了确保将这种心理上的绝对依赖与客体关系和本能满足区分开,我必须人为地将我的注意力限定在一般种类的身体需要的范围内。有个病人曾跟我说:"一次在恰当的时间给出了恰当解释的好分析就是一次好的喂养。"

在这个阶段，婴儿需要且实际上通常也能得到环境的供应，这种供应的一些必然特点是：

(1) 能满足生理需要。这个时期的生理需要和心理需要还没有区分开来，或者刚刚进入区分的过程。

(2) 可靠性。不过这指的不是环境供应在机械性操作上的可靠性。这种可靠性意味着母亲能够在某种程度上共情婴儿。

抱持的特点是：

(1) 保护婴儿免受生理性侵害。

(2) 照护婴儿皮肤的敏感性——触摸感觉，体温感受，听觉敏感性，视觉敏感性，还有坠落感（地心引力的作用），以及照顾婴儿对自体以外的其他存在的无知状态。

(3) 抱持包括了日夜照护的全部例行程序，而且没有两个婴儿的抱持方式是相同的，因为抱持也是婴儿的一部分，而没有两个婴儿是相同的。

(4) 同样，抱持跟随并顺应着婴儿成长与发展中的日常微小变化，既有生理的，也有心理的。

需要注意的是，有些母亲具备了提供足够好养育的能力，在某种程度上，承认担负养育任务是她们的本质天性，是对她们自己的尊重，这会使母亲把养育工作做得更好。还有些母亲不具备提供足够好养育的能力，而仅仅靠教学指导并不能让她们把养育婴儿的工作做得足够好。

抱持尤其要包括对婴儿的身体抱持，这是一种爱的形式。这很可能是母亲能够向婴儿表达她的爱的唯一方式。有些女人可以抱持一个婴儿，有些女人则不能；后者很快会给婴儿带来一种不安全感，会让婴儿伤心哭泣。

上述种种情况，直接导致、包含且共存于婴儿最初客体关系的建立和最初本能满足经验的建立过程。①

将本能满足（喂养，等）或客体关系（与乳房的关系）置于自我组织（也就是婴儿的自我被母亲的自我所加强）这个事情之前来考虑是错误的。本能满足和客体关系是建立在母亲对婴儿的处置、综合管理和养育工作之上的，而当这一切进展顺利时，这些工作的价值实在太容易被想当然地忽视了。

---

① 对这方面发展过程的进一步讨论，可参见我的论文《过渡性客体和过渡现象》(Transitional Objects and Transitional Phenomena, 1951)。

从摆脱精神病或精神病（精神分裂症）易感性的意义上来说，个体的心理健康就是建立在母性养育基础上的，而当养育工作一切顺利时，母性养育的心理学价值几乎不会被注意到，养育看起来还是以生理供给为主的分娩前供养状态的延伸。这种环境供应看起来同样也是身体组织活性和保健功能的延伸，但正是这种环境供应同时也（为婴儿）提供了无声却至关重要的自我支持。如此一来，精神分裂症、婴儿期精神病，或者日后罹患精神病的易感性，就都与环境供应的失败相关。然而，并不是说这种环境失败的不良作用不能从自我扭曲和防御原始焦虑的角度加以描述，也就是说可以从个体角度加以描述。因此我们会看到，克莱茵对分裂防御机制，以及对投射和内射等其他的研究工作，其实就是在尝试从个体角度来说明环境供应失败所带来的内在影响。这种对原始机制的研究工作只给出了故事的一部分情节，而对环境及其失败的重构就补全了故事的另一部分。这另一部分内容并不能呈现在移情中，因为病人对存在于最原初的婴儿期环境中的母性养育，不管是其好的方面还是失败的方面，都是缺乏认知的。

对一个母性养育细节的考查

我准备用一个例子来说明婴儿养育中的微妙。一个婴儿与母亲融合在一起，这时的真实情况是，母亲越能贴近和准确地理解婴儿的需要就越好。然而，伴随着融合的结束就会发生变化，而且这种结束不一定是渐进平缓的。一旦从婴儿的角度来看母亲与婴儿发生了分离（separate），那么值得注意的是母亲也会在态度上开始产生变化。似乎母亲也开始意识到，这时的婴儿不再期望母亲对他的需要有近乎魔术般的理解了。母亲好像得知婴儿有了一种新的能力，也就是发出信号的能力，这样母亲就能被婴儿发出的信号引导着去满足他的需要了。可以说，这时母亲如果还是太了解婴儿的需要，这反而就成了一种魔法，却没有为客体关系的发展留出余地。这里我们再看看弗洛伊德的话："他（婴儿）很可能对自己内部需要的满足抱有一种幻觉；当刺激增多而又缺乏满足时，他也会显露出不愉快的迹象，通过尖叫和手脚乱踢乱打（那些引起不愉快的）原动力得到了释放，接下来，他就会体验到他曾幻想过的满足。"换句话讲，在融合的尾声，当孩子开始与环境发生分离时，一个重要的特征就是婴儿必须发出一种信号。① 在分析工作中，我们发现这种微妙性会清晰地出现在移情中。非常重要的一点

---

① 弗洛伊德的后期（1926）理论认为，焦虑是给自我的一种信号。

是，只要病人自己不给出线索，那么分析师应该不会知道如何回应他们，当病人退行到最初婴儿期和退行到融合状态时例外。分析师需要收集线索之后才能作出解释，可是病人又常常给不出什么线索，因此这确实也让分析师什么也做不了。分析师的这种能力局限性对病人很重要，就像分析师的能力本身一样重要，分析师的能力表现在能作出内容准确且时机恰当的解释，而这样的解释一定是建立在病人提供的线索和潜意识合作（unconscious co-operation）基础上的，正是病人提供的材料构建并证实了分析师的解释。这么看来，一个分析师在其实习阶段，有时倒比多年后他知道更多时，能作出更好的分析。当分析师有了多个病人以后，他就会开始对自己保持与病人一样慢的节奏而感到厌倦，他就开始作出不以病人那一天所提供的材料为基础的解释，而是根据自己所积累的知识，或是那段时期他所秉持的流派理念去作解释。这种解释对病人其实是无效的。也许这能让分析师看起来聪慧过人，病人也可能为此表达钦佩和欣赏，但是最终，这种所谓正确的解释却是一种创伤，而病人不得不加以拒绝，因为这根本不是来自于他自己的。病人会控诉分析师试图催眠他，也就是说，分析师在诱惑他向依赖严重退行，正在把他拉回到与分析师融合的状态。

　　同样的事情也可以在婴儿的母亲身上观察到；有些母亲生养了几个孩子以后，会变得在养育技巧方面很娴熟，她们总能在对的时间做对的事，结果婴儿在与母亲开始分离的时候，就没办法对正在发生的所有好事获得掌控感。像是自发创造性的姿态、哭泣、抗议，所有这些本应引起母亲为孩子做事情的小小信号都失灵了，所有这些事情都不见了，因为母亲早已满足过婴儿的需要，就好像婴儿和母亲、母亲和婴儿还依然融合在一起似的。就这样，这个看起来很好的母亲，却做了一些比阉割婴儿更糟糕的事情。最终婴儿只有两条路可选：要么永远停留在退行并与母亲融合的状态里，要么表现出对母亲完全的拒绝，即使是看起来很好的母亲。

　　由此我们看到，在婴儿期和婴儿照管中，以下两种理解之间有一个非常微妙的差别，一种是母亲基于自己的共情能力理解了婴儿的需要，另一种是母亲根据婴儿或幼儿所表明的事转而去理解他们的需要。这对母亲而言特别的困难，因为实际上孩子们也是在一种状态与另一种状态之间摇摆不定的；这一分钟他们还与母亲融合在一起并需要母亲的共情，下一分钟他们又与母亲分开了，而那时母亲要是还能提前知道孩子们需要什么，那她就成了危险的巫婆。说来也怪，多数丝毫未经指导的母亲们根本不知道这套理论，但竟令人满意地适应了婴儿成长中的这些变化。这个细节会在我们与边缘性案例的精神分析性工作中重现，以及在所有分析性案例中某一特定的重要时刻也会重现这个细节,即依赖性移情达到最大值的时刻。

不知不觉中令人满意的母性养育

在各种抱持多样化的母性养育问题中有个不证自明的道理,即,当养育进展顺利时,婴儿根本无从知道什么东西被恰当提供了,什么东西又被及时防止了。而另一方面,只有当养育进行得不顺利时婴儿才会有所觉察,不是对母性养育失败过程的觉察,而是对失败结果的觉察,无论那些结果可能是什么;也就是说,婴儿开始知道对一些侵入(impingement)作出反应了。母性养育成功的结果是在婴儿内部建立起存在的连续性,这是自我力量(ego-strength)的基础;反之,母性养育失败的结果是这种连续性被婴儿应对失败后果的反应所打断,因而必然造成自我虚弱(ego-weakening)。① 这样一次又一次的打断就会构成湮灭,这样的打断显然与精神病性质和强度的痛苦有关。极端情况下,婴儿基本上只能活在对侵入作出反应,又从这些反应中恢复过来的交替连续状态中,但是,这与存在的连续性,即我所构想的自我力量是截然不同的。

3. 母亲内在的变化

这一节重点要考察的是,准备要宝宝或刚刚怀上宝宝的女人们,她们的内在发生了哪些变化。一开始,这些变化几乎全是生理性变化,它们起始于在子宫中对小宝宝的身体性抱持。然而,如果用"母性本能"这样的词汇来描述这些变化,难免又有所遗漏。事实上,处于健康状态中女人们的变化主要在于她们对自己和世界定位(orientation)的变化,可是无论这些变化的生理学根基有多深,它们依然可以被她们内在不健康的精神状态所扭曲。因此,我们有必要从心理学角度来思考这些变化,尽管有些内分泌学的因素确实会被药物所影响。

无疑,生理性变化也让女人们对随之而来微妙的心理变化更加敏感。

刚怀孕不久,或者得知可能怀孕以后,女性就会开始改变她们的心理定位,并开始指向和关心在她体内所发生的种种变化。女性以不同的方式被自己的身体鼓励着去

---

① 在此类案例中,正是这种自我虚弱以及个体对其所尝试的多种处理方式,首先让其引起了即刻关注,然而只有真正从病原学的角度去研究,才有可能将对现症状的防御从其环境失败的源头中分类整理出来。我曾经在行为不良综合征(Delinquency Syndrome)的诊断中提到过这个特定的方面,即反社会倾向(antisocial tendency)是症状背后的根本问题。

对她们自己感兴趣。① 母亲会将她的自体感（sense of self）的一部分转移到正在她身体里发育的宝宝身上。怀孕已成事实是一种非常值得描述的情形，而同时孕妇需要构想出一种小理论对此进行解释，这是一件非常重要的事情。

当病人在治疗的移情中重新经历这些早期阶段的体验时，满足病人需要的分析师也经受着类似的定位变化；而与母亲不同的是，分析师需要对自己为响应病人的不成熟和依赖而发展出的敏感性保持觉察。弗洛伊德曾经描述过分析师要处于一种自愿性投注的状态（voluntary state of attentiveness），上面提到的分析师的定位变化可以说是这种自愿性投注状态的延伸。

对于那些将为人母或刚为人母的女性在定位上的变化，若进行细致描述的话就超出本文的范围了，我曾在其他地方试着用通俗和非技术性的言语描述过这些变化（温尼科特，1949a）。

定位的变化有其自身的精神病理学，其中极端异常的情况是产后精神病心理学研究者们所关注的事情。毫无疑问，许多性质上的变异本身并不构成异常，恰恰是扭曲的程度才构成了异常。

总的来说，母亲都会以这样或那样的方式让自己向肚子里的宝宝认同，通过这种方式，她们就能特别强烈的感应到宝宝的需要。这是一种投射性认同。这种向宝宝的认同在分娩后还会持续一段时间，然后就渐渐失去了意义。

通常情况下，母亲对婴儿的特殊定位在分娩过程之后依然存在。一个心智状态并不扭曲的母亲在婴儿需要分离时，也做好了放弃认同婴儿的准备。但是也可能有的母亲提供了良好的初期养育，却不能完成最后的养育过程，因为她缺乏让事情结束的能力，以至于这个母亲很容易维持与婴儿的融合状态，并延迟婴儿与她的分离。当然，任何情况下母亲要能够按照婴儿需要与她分离的速度同步地与婴儿分离，这对于母亲来说是一件比较困难的事情。②

在我看来，重要的是母亲通过让自己与其婴儿认同而了解了婴儿的感受，于是她就能通过抱持和一般性环境供应，几乎准确地满足婴儿的需要。没有这样的认同，我认为母亲是无法一开始就能满足婴儿所需的，因为那得是一种对婴儿需要的生动适应。其中最主要的是躯体抱持，这是实现所有更加复杂的抱持和一般性环境供应的

---

① 对这一点的细致描述可参见《原初母性贯注》（*Primary Maternal Preoccupation*，1956）。
② 有一类临床会遇到的问题和这组概念相关，我结合案例资料在之前一篇论文中（1948）作过说明。

基础。

的确也有这样的情况：母亲有了一个与她自己大不相同的宝宝，以至于她会判断失误。宝宝的节奏也许快于母亲，也许赶不上母亲，诸如此类。这么一来，有时候母亲感觉是宝宝的需要，但其实并不是。不过无论如何，似乎通常来看，大部分没有被疾病或现代环境压力扭曲了心智的母亲们，总体还是能做到足够准确地理解婴儿需要的，进一步讲，她们还愿意提供婴儿所需要的东西。这就是母性养育的本质。

有了"从他母亲那里所得到的照顾和养育"，每个小婴儿就能拥有一种个人化的存在，因此就能开始构建所谓的连续性存在（a continuity of being）。在这种连续性存在的基础上，遗传潜质逐渐在婴儿个体上发展。假如母性养育不够好的话，那么婴儿其实也不会真正开始存在，因为没有连续性存在；相反，人格就会建立在对环境性侵入作出反应的基础之上。

以上全部论述对分析师有着重要的意义。的确，就婴儿期本身究竟发生了什么而言，直接的婴儿观察确实不如在精神分析设置下研究移情有可能得到更多和更清晰的观点。对婴儿式依赖的研究工作，源自精神分析师对边缘性案例的卷入（involvement）和对其中的移情与反移情现象的研究。在我看来，这种卷入是对精神分析的合理延伸，是在病人疾病的诊断中实现的唯一真实改变，它将疾病的病因学推回到俄狄浦斯情结之前，将婴儿发展的绝对依赖期所发生的扭曲考虑了进来。

弗洛伊德能够以一种新的方式发现幼儿性欲，是因为他根据对精神—神经症病人的分析工作对其进行了重构。为了扩展他的工作以便涵盖边缘性精神病人的治疗领域，可能我们也需要重构婴儿期的动力学和婴儿式依赖的动力学，以及适应这种依赖的母性养育。

总结

1. 本文对婴儿期进行了仔细考查；这不同于对原始心理机制的检验。
2. 婴儿期的主要特征是依赖，本文从抱持性环境的角度对此展开了讨论。
3. 对婴儿期的研究应当分为两部分：
   （1）被足够好的母性养育所促进的婴儿发展；
   （2）被不够好的母性养育所扭曲的婴儿发展。
4. 虽然婴儿的自我（ego）是弱小的，但实际上，在母性养育的自我—支持（ego-support）作用下，婴儿的自我可以变得强大起来。只有在母性养育失败了的情况下，才会让婴儿自我的软弱无力显现出来。

5. 健康状态下,母亲内心(还有父亲内心)的加工过程会让母亲处于一种特定的精神状态,即定向于婴儿的状态,因此母亲随时准备好了要适应婴儿的依赖。这些内心加工过程有一套自己的病理学。

6. 请注意,如果一个婴儿长大后需要接受分析的话,那么文中所讲的抱持性[①]环境中所固有的这些情况,会以多种多样的形式,可能在移情中呈现,也可能不在移情中呈现。

(魏晨曦 翻译)

---

① 案例中的"抱持"概念:参见温尼科特、克莱因(1954)。

4. 儿童发展中的自我整合(1962)

自我(ego)这个术语被用来描述成长中人类人格的一部分,而人格中的"自我"这个部分,在适宜的环境中倾向于整合成一个整体单元(unit)。

在一个无脑畸形婴儿的身体中,包括本能性定位等功能性活动有可能正在发生,如果大脑是存在的,那么这些功能性活动则被称为本我—功能(id-function)的体验。可以这么认为,如果已经有了一个正常的大脑,那么这些功能就会形成一个组织,而这个组织就被赋予了自我(ego)这个称谓。但是,假如没有大脑这个电子设备(electronic apparatus),那么可能就不会有体验,因而也就没有自我(ego)。

但是,本我—功能(id-functioning)正常情况下不可能丧失;本我—功能的各个方面全部被聚合在一起,便形成了自我—体验(ego-experience)。因此,对于未经过自我—功能运作、以至于没有被自我功能覆盖、分类和体验过,以及没有被解释过的那些现象来说,再使用"本我"(id)这个术语就没有什么意义了。

因此,在人类儿童发展的极早期阶段,如果要使用自我—功能(ego-functioning)这个术语,那么它一定需要被作为与婴儿已经是一个完整人的存在紧密相关的一个概念。离开了自我—功能运作,本能生命的那些作用可以被忽略不计,因为此时婴儿仍不是一个拥有体验的完整个体。在自我(ego)出现之前根本就没有本我(id)。只有基于这一前提条件(假设),针对自我进行研究才合情合理。

我们可以看到,在自体(self)这个术语具有相关意义很久以前,自我为其自身被研究提供了机会。当一个儿童已经开始能够运用智力来考察其他人所看、所感觉或所听,并考察当其他人与这个婴儿身体相遇时,他们在设想着什么之后,自体(self)这个术语才出现了。(本章并不打算研究自体的概念。)

我被问到的第一个问题,是关于什么时候被称为自我的问题:从一开始就有一个自我存在吗？答案是，所谓一开始就是指自我开始之时①。

接下来，第二个问题就出现了：自我是强壮的还是虚弱的？答案是，这个问题取决于真实的母亲，及其满足真实婴儿在生命初期绝对依赖需求的能力，只有度过了这一时期之后，婴儿才能从母亲中分离出来自体(the self)。

在我的理论术语中，足够好的母亲(the good-enough mother)有能力满足婴儿生命初期的需求，并且有能力相当好地满足婴儿的这些需求，以至于婴儿从母婴关系之基质中浮现一事得以发生，而同时婴儿能够获得并拥有短暂的无所不能体验(experience of omnipotence)。[无所不能体验(experience of omnipotence)这必须要与无所不能(omnipotence)区别开来，无所不能体验是指一种感觉性质的术语。]

母亲之所以能做到上述这一点，是因为她具备了一种让她自己暂时全神贯注于养育这一任务，并去全心全意地照护这个婴儿的能力。母亲的任务能够得以实现基于的事实是：当母亲的支持性自我功能开始运作之时，婴儿必须具备一种与主观性客体(subjective objects)相关联的能力。在这个问题上，婴儿可以在各处，偶尔遭遇到现实原则(the reality principle)，但不能随时随地都遭遇到现实原则；也就是说，婴儿要保留主观性客体的区域，此外还同时要保留着与一些客观知觉性客体相关联的，或者是"非我"(not-me, non-I)客体相关联的其他区域。

在婴儿的生命初期，那些有能力执行足够好养育功能的母亲与那些不能足够好提供养育功能的母亲之间存在着如此大的差异，以至于在婴儿发展的极早期阶段，除了有关母亲的功能之外，其实无论你如何描述婴儿都没有什么价值。如果存在不够好的母亲养育(not-good-enough mothering)，那么婴儿就不能启动自我—成熟(ego-maturation)的过程，或者自我—发展(ego-development)必定会在某些至关重要的方面发生扭曲。

必须要理解的是，在谈及母亲的适应性能力时，其实与她满足婴儿口欲驱力的能力关系不是太大，比如给予满意喂养的能力。在此我们正在讨论的内容与满足口欲驱力这样的考虑是同等重要的。满足婴儿的口欲驱力确实是很有可能做到的事情，但若仅仅满足口欲驱力就会妨碍婴儿的自我功能发展，或者将来导致婴儿嫉妒性地保护自体，也就是人格的核心。如果喂养的满足感最终并没有被婴儿的自我功能所覆盖的话，那么这种喂养的满足感就可能是一种诱惑，并且可能是创伤性的。

---

① 这样有助于记忆，开始其实是各种开始的总和。

在我们正在讨论的发展阶段中,有必要不把婴儿看成一个饥饿的人,而是把婴儿看成一个不成熟的个体存在,他的本能驱力可能被满足或者被挫折,他总是处于一种无法想象的焦虑边缘(on the brink of unthinkable anxiety)。在这一阶段中母亲通过一些极其重要的功能来远离这种无法想象的焦虑,这些功能包括在一般的身体管理过程中,母亲将自己置身于婴儿位置的能力,以及知晓婴儿需要什么的能力。在此阶段中,爱只能以躯体照护的形式表现出来,如同在怀孕足月出生之前的最后阶段一样。

无法想象的焦虑有几种变型,每种变型都提示了正常成长某个方面的线索。

(1) 将要碎裂成碎片。

(2) 无止境地坠落。

(3) 与身体没有了联系。

(4) 没有定向感。

要认识到的是,上述这几种焦虑的变型都是精神病性焦虑的特异性基本特征,在临床上见于精神分裂症,或者见于隐藏在非精神病性人格中的精神分裂样成分的表现。

在此有必要先中断一下以上想法的陈述,以便来检查一下从"我"中分离出"非我"(not-me)之前的生命发展早期阶段,就丧失了足够好养育的婴儿的命运。这是一个复杂的主题,因为其中包含了各种程度及不同的情形的母性养育失败。首先,有必要认识到以下两种情形:

(1) 为精神分裂样性格特质奠定基础的自我组织的扭曲,以及

(2) 自我抱持(self-holding)的特异性防御,或养育者自体的发展,以及假性人格的某方面组织发展(这里的"假性"所指的内容不是来源于个体的派生特质,而是来源于婴儿—母亲联结的母亲养育方面的派生特质)。这其实是一种防御,这种防御的成功导致并产生了一种对核心自体的新威胁,尽管防御的目的本来是要掩藏和保护核心自体的。

由母亲给予缺陷性自我支持的后果可能造成非常严重的损害,其包括下列情形:

A. 婴儿期精神分裂症或孤独症

这个众所周知的临床类型包含了继发于躯体性脑病变或缺陷的障碍,还包括某种程度的最早期成熟过程细节的各种失败。在一部分案例中,这一切是没有神经系统缺陷或疾病证据的。

在儿童精神病学中,临床医生的普遍经验是不能对以下几种情形进行鉴别诊断,

即原发性缺陷、轻度的痉挛性大脑两侧瘫痪(little's disease),脑结构完整儿童早期成熟过程中的失败所致的单纯心理病理,或以上两种或多种障碍的混合病理。在某些案例中,对我在本文中所描述的那种自我—支持失败的反应结果给出了很好的证据支持。

B. 潜隐性精神分裂症

在临床上,有各种各样的潜隐性精神分裂症儿童,他们表面看上去貌似正常儿童,或者他们甚至表现出特殊的智力才华或过早出现的才能。疾病引来了"成功"的脆弱性。个体发展后期的压力和应激可能是疾病的触发器。

C. 假自体—防御

防御的使用,特别是那种成功的假自体—防御的使用,可以使许多儿童似乎表现出很好的前途,但是最终,崩溃会揭示出真自体缺席情景这一事实。

D. 精神分裂样人格

通常情况下,病人之所以发展出了精神分裂样人格障碍,主要是取决于隐藏在这个人人格中的精神分裂性成分(schizoid element),而除此之外这个人人格的其他方面是健全的。那些严重的精神分裂性成分可以隐藏在精神分裂样人格障碍的模式中,变得社会化,而精神分裂样人格障碍可能在这个人的当地文化中是可以被接受的。

在个体案例的调查研究中发现,这些不同程度和不同种类的人格缺陷,可能与儿童发展最早期出现的各种类型和各种程度的抱持失败,以及处理(handling)失败和客体—呈现(object-presenting)失败都有关系。这并不是说要否认遗传性因素的存在,而是要在重要的方面加以补充。

自我发展的特点在于其多种倾向性:

(1) 成熟过程中的主要倾向能被聚集于整合(integration)这个术语的多种含义中。"时间的整合"会被增加到(可能被称之为)"空间的整合"中来。

(2) 自我是基于身体自我(body ego)的,但是只有当全部进展顺利时,婴儿这个人才开始用皮肤作为限制性界膜(limiting membrane)与身体和身体功能相联结。我已经使用个性化(personalization)这个术语来描述这一发展过程,因为术语去个性化(depersonalization)似乎从根本上意味着自我与身体之间稳固联合的丧失,这包括本我驱力(id-drives)和本我满足(id-satisfactions)之间联合的丧失。(去个性化这个术语在精神病学著作中已经被赋予了更为复杂的含义。)

(3) 自我启动了客体—关联。即使婴儿从一开始就被足够好的母亲照护，但一直到出现了自我—参与(ego-participation)的阶段时，婴儿才会感受到本能被满足的喜悦感。因此关于这个问题毫无疑问的答案是，要持续地给予婴儿满足，一直截止到让婴儿发现客体，并且能够妥协和甘心忍受客体(乳房、奶瓶、牛奶，等等)为止。

当我们试图要评价Sechehaye(1951)所做的事情时，那时她在恰当的时刻给了她的患者一个苹果(象征性实现)，我们其实并不会太注意患者是否会吃苹果，或只是看看，或拿走并保存起来。重要的事情是，患者能够创造出一个客体，而Sechehaye所做的事情只是让这个客体呈现出苹果的形状，因此那个女孩就创造出了这个真实世界的一部分，一个苹果。

似乎可以将这三种自我—成长(ego-growth)现象与婴儿和儿童照护的三个方面进行匹配：

整合与抱持相匹配。

个性化与处理相匹配。

客体—关联与客体—呈现相匹配。

这会导致要考虑与整合观点相关联的两个问题：

(1) 从什么开始整合？

从运动和感觉性元素，即原始自恋性材料方面来看，认为整合是从这些材料中浮现出来的这一观点是有帮助的。这将获得一种朝向存在感的倾向。其他言语可以被用来描述成熟过程的这一难以理解的部分，但是对于纯粹身体功能运作(pure body-functioning)的想象性精细加工的基础必须是一个前提假设，假设这个基础可以被认为：这个新的人类已经开始存在了，而且已经开始能够聚集被称为"个人的"(personal)体验了。

(2) 与什么整合？

这一切都倾向于建立一个单元自体(unit self)，但是极早期所发生的事情取决于由婴儿—母亲联合中的母亲所提供的自我—覆盖(ego-coverage)，这一事实无论怎么强调都不为过。

可以得出结论，由母亲提供的足够好的自我—覆盖(对于无法想象的焦虑)能够使新人类基于持续不断存在的连续性模式之上构建起一个人格。所有失败(可能产生无法想象的焦虑)导致婴儿的反应，而这种反应会切断这种持续不断存在的连续性。如果打断这种存在连续性的反应持续不断地重现,那就会持续出现存在的碎片化模式。那些具有存在的连续性发展线上某一种碎片模式的婴儿,始终面临着一个发展阶段的任务,即几乎从一开始就在精神病理学的方向上负荷过载而带来的发展任务。因此,在坐立不安、运动机能亢进(多动症)和注意力不集中(后来称为注意无能)的病因学中,可能存在着一种非常早期的病理性因素(可追溯至出生后的头几天或几个小时)。

在此需要特别指出的是,无论外部因素是什么,真正起作用的是对外部因素的个体观点(幻想)。然而,与此同时必须要记住的是,在个体开始产生否认和拒绝非我(not-me)想法之前还存在着一个发展阶段。因此,在这个极早期阶段,其实并没有外部因素存在;母亲就是儿童的一部分。在此阶段,婴儿的模式包含着婴儿对母亲的体验,因为母亲处在她的个人现实中。

与整合相对立的位置似乎就是瓦解(disintegration)。这只能说部分是正确的。最初,对立面需要一个类似"未整合"(unintegration)的术语。婴儿处于放松状态意味着不会感觉到有整合的需要,而母亲的自我—支持性功能(ego-supportive function)被认为理所当然地存在着。要想理解非兴奋状态(unexcited states)还需要依据这个理论而进一步地深入思考。

瓦解(disintegration)这个术语被用来描述一种复杂的防御,这种防御是在母亲的自我—支持缺席的情况下,为了抵御未整合状态而被制造出来的一种混乱(chaos)的活性产物,也就是说,它是为了抵御由于在绝对依赖期抱持失败而导致的无法想象的焦虑或原始性焦虑。瓦解的混乱状态可能如同环境的不可靠一样"坏",但是,它具有某种优势,即它是由婴儿主动制造出来的,因此它是一种非环境性的存在(being non-environmental)。瓦解的混乱状态处于婴儿的全能领域之内。这种防御状态是可以被分析的,然而无法想象的焦虑则不能被分析。

整合与抱持的环境性功能是密切相关的。整合的达成最终形成了一个单元个体(unit)。首先出现了"我"(I),其包括了"一切其他不是我的东西"。然后出现了"我是,我存在,我积累体验并丰富了我自己,并与非我(not-me)这个共享现实的真实世界之间,形成了一种内射性和投射性交互作用"。接着增加了这些:"我的存在被他人看到了或理解了",以及进而,又增加了这些:"我反过来获得了(就像在镜子中看到自己的脸一样)我需要的证据,即我作为一个存在是一直被承认的。"

在顺利的发展情况下,皮肤变成了我与非我之间的边界。换句话说,精神已经安住在了躯体中,以及一个个体的精神—躯体性生命(an individual psycho-somatic life)已经被启动了。

伴随着精神—躯体性安住或精神—躯体性凝聚的达成,"我是"状态(a state of I AM)的建立形成了一种伴有特异性焦虑情绪的事态情形,这种焦虑情绪会产生一种被迫害的预期。这种被迫害性反应是天生固有于否认和拒绝"非我"的想法中的,这种情形与身体内单元自体的局限性相匹配,与作为限制性界膜的皮肤相匹配。

在某种类型的精神—躯体性疾病中,某些症状表现为精神与躯体之间相互作用的一种持续关联,这实际上恰恰是在维持一种防御来抵抗精神—躯体性统合丧失的威胁,或者是用来抵抗一种去个性化的形式(a form of depersonalization)。

处理(handling)描述的是与精神—躯体性统合关系的建立松散对应着的环境性供应。如果没有足够好的主动性和适应性的处理,从内在而来的任务很可能会变得很沉重,实际上它可能确实证实了在这种情况下要想正确地建立精神—躯体性内在关系的发展是不可能的。

客体—关联的启动是比较复杂的事情。只有通过客体—呈现的环境性供应才有可能发生客体—关联的启动,婴儿用这样的方式创造出了客体。因此这一模式是指:婴儿发展出了源于不明确需求(an unformulated need)的模糊性期待。适应性母亲呈现出了一个能够满足婴儿需求的客体或处理,从此婴儿就开始只需要母亲呈现并提供的东西。用这种方式,婴儿最终能够开始感受到一种自信感,他有能力创造出客体,进而创造出真实的世界。母亲为婴儿提供了一个简短的阶段,在其中无所不能就变成了婴儿的一种全能感体验。必须要强调的是,在谈到客体—关联启动的时候,我并未涉及本我—满足(id-satisfactions)和本我—挫败(id-frustrations)。我涉及的是前设性环境条件,即对于儿童来说既是内在的,同时也是外在的环境条件,这是一种可以从满意的母乳喂养(或者对挫败的反应)中获得自我—体验的环境条件。

总结

本文的目的是对自我起始时的概念作一个基本框架的介绍。我使用了自我—整合这一概念,以及在人类儿童情绪发展的起始阶段中自我—整合的位置,这个时期的儿童包括从绝对依赖期发展到相对依赖期,并要走向独立的儿童。我还在婴儿的体验和成长的框架内追溯了客体—关联的起始。

此外,我尝试评估了在最早期的发展阶段中真实环境的重要性,也就是说,婴儿从

"我"(me)中分离出"非我"之前的发展阶段。我把从母亲实际的适应性行为或爱中获得了自我—支持的婴儿的自我—力量,与那些在极早期发展阶段中环境性供应有缺陷的婴儿的自我—脆弱(ego-weakness)进行了对比。

(崔界峰 翻译)

5. 健康和危机状态下的儿童供养①（1962）

这是一个很宽泛的主题，因此我打算就这个主题选择一些更便于陈述，也更重要的特定方面进行论述，因为我注意到这个普遍问题的这些方面，尤其贴近我们当前的时代。

1. 如今当我们谈到为健康提供供养的时候，我们实际上指的是心理方面的健康。儿童的情绪发展和毕生心理健康基础的奠定是我们最关心的问题。这是因为儿科医学在躯体发育领域已经发展得非常完善了，从而让我们明白了我们所处的位置。在有良好遗传基因的前提下，只要提供好的食物和好的身体发育条件，身体的发育就会自然地发生。

我们理解了"好的食物"这一称谓的真实含义，因而营养缺乏性的疾病现在已经非常少见了。并且，当饥饿和住房条件不良真的成为问题的时候，我们怀有社会良知，而且我们也知道如何来应对。在英国，这促成了国家福利的出现，尽管这种模式有其弊端，而且带来了新的问题，即沉重的税赋。这一方面让我们感到高兴，但同时也让我们感到恼火。

所以，在思考这个主题的时候，我们不妨达成以下共识：即我们所涉及的儿童，要么是在现代躯体预防和治疗医学所能够确保范围内身体健康的人，要么是虽有身体疾病出现，但这些疾病是在儿科医学控制之下的疾病，而我们的目的是要研究这些患有此类身体疾病儿童的心理健康问题。为了简化问题，我们从躯体健康儿童的心理健康开始我们的讨论。

如果一个儿童受困于神经性厌食症，我们当然不能将由这种障碍所导致的饥饿痛苦归咎于躯体受到了忽视。如果存在一个所谓的"问题家庭"（problem family），那对

---

① 本文 1962 年 10 月在旧金山精神分析研究院的扩展部工作坊组织的专题研讨会上被宣读。
（译者注：作者本文中提到的危机（crisis）是一个广义的心理危机概念，主要是指严重的心理疾病和障碍，不同于狭义的心理危机，即高危自杀倾向或伤人冲动等。）

它的指责不能全部都集中于其所提供的贫民窟式的儿童成长环境。躯体照护会被儿童或者父母接收照护的能力所影响,而我们务必要注意到,围绕在我们称为躯体照护这一领域周边的,到处都是在个体身上、成群的个体身上,或社会上发生情绪障碍的复杂领地。

2. 因此,儿童供养的本质是为促进个体心理健康和情绪发展而提供环境这类事情。如今我们的确对于儿童如何成长为成人的方式、婴儿如何成长为儿童的方式了解了很多,而这里面的第一原则就是(心理)健康指的是成熟,在相应的年龄达到相应的成熟。

如果提供足够好的环境条件,儿童的情绪发展会自发地进行,而发展的驱力源自于儿童自身的内在。这种趋向于生存、趋向于人格的整合、趋向于独立的力量,是极其强大的,而且只要有足够好的环境条件,儿童就会取得进展;当没有足够好的环境条件时,这些力量依然保存在儿童内部,并会以这样或那样的方式摧毁掉孩子。

我们以动力学的观点来看待儿童期的发展,并且发现儿童(在健康状态下)的发展正在转变为家庭和社会的驱动力。

3. 如果心理健康就是成熟,那么任何类型的不成熟其实就是心理不健康状态,而它对个体而言就是一种威胁,以及对社会而言就是一种耗竭。然而,个体的攻击性倾向毕竟可以被社会利用,而个体的不成熟却对社会毫无用处。如果在这里考虑一下我们必须提供一些什么的话,就会发现我们必须增加以下的内容:

I. 容忍个体不成熟和心理不健康;

II. 治疗;

III. 预防。

4. 我的这些陈述有可能会给人带来一种误解,即只要心理健康就足够了,我想马上对有此种印象的人作一些解释。我们绝不仅仅只关注个体的成熟和让个体免于精神障碍或精神—神经症的困扰这些主题,我们还要关注个体的内在精神现实方面,而不是钱财方面是否富足。事实上,我们往往会原谅一个男人或女人有心理上的不健康或某些类型的不成熟,这是因为这些人具有丰富的人格,以至于他们可以为社会做出额外的贡献。请容许我这样说,莎士比亚对社会的贡献就属于这种类型,以至于当我们即使发现他不成熟,或者是同性恋,或者在某些局部意义上具有反社会性时,我们也不会太介意。这一原则的适用范围可以更广,我没必要不厌其烦地对其进行解释。比如说,某个研究报告可能会用统计意义上显著的结果告诉我们,用奶瓶喂养的婴儿要比非奶瓶喂养的婴儿身体上更加健康,甚至可能更不容易患精神障碍。但我们也关注母乳喂养相比于其他替代方案在体验上的丰富性,尤其是当这种丰富性会影响婴儿在长成儿童和成人以后潜在人格的丰富性。

我们的供养目的在于,能够提供比促成健康所需要的健康条件更多的东西,如果我已经澄清了这个观点,那就足够了。位于人类进步阶梯顶峰的是人格的丰富多样,而不是健康。

5. 我们讨论儿童的供养——以及对成年人内心中儿童的供养。事实上,成熟的成年人也参与了供养。换句话说,童年期是一个从依赖走向独立的过程。随着依赖逐渐变成独立的发展过程,我们需要检视不断变化的儿童需求。这就将我们引向了针对幼儿和婴儿极早期需要的研究,以及对依赖的极端状态的研究。我们可以把依赖的各种程度看作一个序列:

(a) 极端的依赖。此时环境条件必须是足够好的,否则,婴儿将无法启动他与生俱来的发展倾向性。

环境的失败会导致:非器质性精神缺陷;儿童期精神分裂症;日后易感那些需要住院治疗的精神障碍。

(b) 依赖。此时环境条件的失败其实会导致精神创伤,但此时已经是一个"人"在经受着精神上的创伤。

环境的失败会导致:易感各种情感性精神障碍;反社会倾向。

(c) 依赖—独立的混合状态。此时儿童正在尝试着独立,但需要能够重新体验到依赖的机会。

环境的失败会导致:病理性依赖。

(d) 独立—依赖状态。这个状态与(c)类似,但更偏向于独立这一端。

环境的失败会导致:公然对抗;暴力性爆发。

(e) 独立。意味着有了一个被内化的环境:儿童表现出了自我照顾的能力。

环境的失败会导致:不见得会造成伤害。

(f) 社会意识。此时意味着个体能够与成年人认同,并且能够认同一个社会团体,或与整个社会认同,同时也不会丧失太多的个人冲动性和独创性,而且也不会丧失太多的摧毁性和攻击性冲动,这大概是因为个体在替代形式中找到了满足的表达。

环境的失败会导致:个体能够部分地作为一个母亲或父亲,或作为社会中的父母角色,来承担个体的部分责任。

6. 把健康定义为(在相应年龄阶段达到了相应的)成熟,这当然是一种过于简化的粗略说法。儿童情绪发展的过程是极其复杂的,甚至远比我们所知的更为复杂。我们无法将我们所知道的东西用三言两语来概括,在细节上我们也无法确切地达成一致,但这没有关系。多少个世纪以来,婴儿与儿童一直都令人满意地成长和发展着,也就是说,儿童的发展过程与我们在知识上对儿童期理解的进展是相互独立的。但是,我们确实需要设法建立个体正常成长的理论,以便能够让我们理解各种类型的疾病和不成熟,因为现在我们已经不再满足于对疾病和不成熟的容忍了,除非我们能够找到治疗和预防疾病的方法。所以,我们已经不再能像容忍小儿麻痹症或者儿童痉挛性疾病那样来容忍儿童期精神分裂症了。我们要设法进行预防,而且我们希望能够引领和示范对于那些精神异常状态的治疗,因为这些精神异常的状态往往意味着有人在遭受着苦难。

然而,必须要强调的是在承认遗传因素的前提下,那么:

(a) 提供足够好的环境供养确实有助于预防精神病性或精神分裂性障碍;但是,

(b) 即使拥有世界上所有好的照护,儿童个体仍然对起源于本能生命冲突相关的紊乱有易感性。

对于(b)来说:足够健康的儿童在学步期已经到达并进入了三元关系情境,并处于两个完整的成年人之间了,这时(也包括随后的青春期)本能生命正处于其要强烈表达的节点上,这个时期的儿童极易处于各种内心冲突之中,并且在一定程度上表现出临床上的焦虑,以及为对抗焦虑而发展出的各种形式的、有组织的防御。这些防御也发生在健康儿童身上,但如果变得僵化,它们就会构成精神—神经症性(非精神病性)疾病的各种症状形态。

因此,心理健康方面的个人困难(译者注:主要指精神—神经症性问题)必须要在儿童期内得以解决,而且不可能被好的管理(good management)来阻止和预防。从另一方面讲,那些更早期的扭曲是可以被预防的。

这样的陈述很难不被误解。无论我们考虑哪个发展阶段,核心主题都是个体婴儿或儿童个人的心理冲突。导致个体心理健康的恰恰是与生俱来的整合倾向和成长倾向,而不是环境供养。然而,足够好的环境供养仍然是必需的,在生命的最开始阶段是绝对必需的;而在后期阶段,在俄狄浦斯情结阶段、潜伏期,以及青春期,足够好的环境供养则是相对必需的。我已经在尝试找到一些术语来描述这个对环境供养的依赖性逐渐减少的过程。

7. 为了避免在这一节过多地陈述情绪发展理论,我用以下简便的方式来谈谈一些基本的发展阶段。

I. 在本能生命(本我)方面的发展阶段,即在客体关系方面的发展。

II. 在人格结构(自我)方面的发展阶段,即为了体验本能驱力和以本能驱力为基础的客体关系而存在的人格结构的发展。

(I) 在我们的工作所依据的理论中,现在都知道有一个从滋养性(消化器官)本能生命到生殖性(生殖器官)本能生命的发展过程。潜伏期标志着一个成长阶段的结束,而这个成长过程会在青春发育期重启。在健康状态下,四岁大的儿童有能力在他们的本能关系(instinctual relationships)中体验到一种与父母双方的身份认同,但这种体验只能在游戏和梦境中通过使用象征来完成。在青春发育期,随着儿童的成长,生殖器体验的躯体能力连同实际杀戮的躯体能力全部都加入了进来。这是个人儿童期发展的核心主题。

(II) 在人格成长中的特定倾向性具有这样的事实特点:它们从一出生就能被识别出来,并且永远不会达到终点。我将这些倾向性概括为:

(a) 整合,包括时间的整合。

(b) 可以称其为"安住"(in-dwelling):精神与躯体,以及身体功能运作之间成功建立紧密而舒适的关系。

(c) 发展出与客体建立关系的能力。尽管事实上,在某种意义并且是非常重要的意义上,个体是一种孤独存在的现象,并且会不惜一切代价地捍卫这种孤独状态。

(d) 逐渐展示出处于健康状态的一些倾向,诸如朝向独立的倾向(这方面我已经提到过了);感受担忧与罪疚的能力;对同一个人既爱又喜欢的能力,以及在恰当的时刻感受幸福的能力。

在讨论心理健康的供养时,给予(II)这部分内容比(I)这部分内容更多的考虑是有益的。(I)部分中非常重要的细节可以按照它们自己的发展规律由它们自己来决定,而且如果它们出现了扭曲,那么儿童就需要心理治疗师的帮助。然而,对于被组合在一起的(II)部分中的那些过程,随着儿童的成长,我们所提供的供养一直持续发挥着重要的作用,而且这些供养实际上永远不能停止,最终汇合到照顾老年人所涉及的供养当中。换句话说,这种观点将会有益于我们看待婴儿的需要,并且使我们学会理解适合所有年龄段的个体需要。

为了把我的意思表达得更明确，我来打个比方。我们提供了一个游泳池，同时也要提供与此相配套的一切设备。这种提供与母亲为自己婴儿洗澡时的照护有关，除了单纯洗澡之外，母亲通常还要满足婴儿身体运动和表达的需要，也还要满足婴儿肌肉和皮肤的需要。这种供养也与特定疾病的治疗方法中所提供的恰当支持有关。一方面，供养与在精神疾病治疗中的特定阶段有着巨大价值的职业疗法有关，另一方面，供养也与恰当的物理疗法有关，例如对患有大脑痉挛性麻痹的儿童照护治疗中的物理疗法。

无论是对于正常儿童、婴儿、精神疾病患者，还是对于痉挛性麻痹症患者或残疾人，供养的目的都是促进儿童的内在倾向性作用于身体，使儿童享受身体的功能，并且使儿童接纳皮肤所提供的限制性，正是皮肤这种限制性界膜使得"我"与"非我"区分开来。

8. 当我们尝试着去理解所有这一切的时候，我们也想弄明白为什么一个母亲（我把父亲也包括在内）没必要对婴儿的需要有知识性的理解。对婴儿需要拥有知识性理解对母亲而言是没用的，总体而言，母亲是要充分满足她们的婴儿在各个年龄段的需要的。

在自己的著作里，我已经对这种不寻常的特征作了描述。我认为我们必须承认有一种称为"母性"（motherhood）的特征存在，这种特征在我们专注于一个我们想出色完成的任务时的那种全神贯注状态里可以找到对应。依照我们的模式，当处于注意力集中或者全神贯注状态的时候，据说我们可能变得退缩、孤僻、情绪化、反社会性，或者只是易激惹。如果母亲们在相当足够的程度上被母性驱使着（大部分母亲是这样的），那么我认为这种对发生在这些母亲身上变化的描述是一种苍白无力的反映。她们会变得越来越密切地认同自己的婴儿，母亲的这种状态在婴儿出生时就被保留下来，并一直持续到婴儿出生以后的数月才逐渐消退。

因为这种母亲对婴儿认同的存在，她们或多或少地能够知晓婴儿需要什么。我提到的需要是指一些至关重要的事情，例如被抱持、被翻身、被放下和被抱起、被处理等需要，当然也包括被喂奶的需要，并且这种喂奶的方式必须足够体贴和善解人意，不仅仅只限于使婴儿本能得到满足。所有这一切对待婴儿的方式都会促进早期发展阶段婴儿的整合倾向和自我结构化（ego structuring）的开始。我们也可以说：由于母亲的在场，就像是汽车上的助力转向装置一样，加强了婴儿的一切，使得婴儿的自我（ego）由弱小变得强大。

我在这上面花了一些时间,因为我认为任何母亲,如果她清楚自己所做所为的话(当然我并不那么希望她们清楚),都可以教会我们一些东西,从而帮助我们为个体的发展性需求继续提供供养,以便让个体成长的自然过程能够有动力地持续发展。这个模式就是:通过一定程度的与个体认同的能力,我们可以在任何特定的时刻针对个体的需求而提供供养。只有我们才清楚能够满足这种需求的一些东西是存在的。

我记得四岁那一年,当我在圣诞节早晨醒来时,发现自己拥有了一辆瑞士制造的蓝色手推车,就像是瑞士人用来往家里运木材的那种手推车。我父母是怎么知道这个礼物就是我想要的东西呢?我当然不知道还有如此美好的手推车。他们能够知道当然是因为他们具有感知我的感受的能力,因为他们曾经去过瑞士,所以他们知道这种手推车的存在。这导向了 Sechehaye 提出的"象征性实现"(symbolic realization)的概念,象征性实现是某类型精神分裂症的治疗过程中出现的重要特点,而这是一类以无能力建立客体关系为主要特征的精神分裂症[①]。Sechehaye 清楚这类病人的需求,并且她也知道去哪里找到一个成熟了的苹果[②]。这个干预很类似于母亲为婴儿呈现并提供一个乳房,随后为婴儿引入一些硬的客体(hard objects),诸如土壤中结出的果实,诸如父亲。这不是在创造婴儿的需求,而是在恰当的时机满足其需求。

就像是母亲那样,我们必须清楚下列需要的重要性:

人类环境的<u>连续性</u>,以及同样的非人环境的连续性,这能够帮助个体人格的整合;

<u>可靠性</u>,这确保母亲的行为是可以预测的;

<u>渐进性地适应</u>儿童不断变化和扩展的需要,儿童的成长过程促使他或她走向独立和冒险;

---

① Sechehaye, M. A. (1951), *Symbolic Realization*. New York: International Universities Press.
② 译者注: Marguerite A. Sechehaye 以"象征性实现"来指她对精神分裂症的精神分析式治疗方法: 借由试图象征性地满足病人的需求,并借此使病人接近现实。此方法在于修复病人在生命最初几年中所遭受的挫折。"象征性实现"是 Sechehaye 在对一个年轻女性精神分裂症患者荷内(Renée)进行治疗的过程中创立的。在"象征性实现"此一用语中,"实现"意指精神分裂症患者的根本需求应当确实在治疗中被满足的观点,"象征性"所指的是这些需求必须借由其所被表达的相同模式满足——换言之,"魔法—象征性的"模式,于其中提供满足的对象(如母亲的乳房)与其象征(荷内病例中的苹果)结合成一体。此治疗技术可被看作是母性养育疗法(mothering)的一种形式,治疗师扮演一个"好母亲"的角色,能够理解并满足受挫的口欲期需要。"此种方法决非要求精神分裂症患者努力适应一种对他而言无法克服的冲突情境,而是试图调整与修正'严酷的'现实,以一个新的、较为'柔顺'的,且较可忍受的现实取而代之。"

为实现儿童的创造性冲动提供供养。

进一步说，作为一个母亲，她清楚地知道自己必须保持活力和生机，并且能让婴儿感受到和听到她的活力。母亲清楚地知道自己必须要延迟她的冲动满足，一直到孩子能够以一种积极的方式将母亲看作是一个独立于自己之外的存在来使用为止。母亲清楚地知道自己离开孩子的时间不能超过几分钟、几小时和几天，如果超过了这个时间，孩子头脑中保持着的那个活着的、友善的母亲理念就会消失掉，因此母亲必须要在孩子还能忍受的时间极限到来之前回到孩子的身边。如果母亲不得不长时间离开孩子的话，那么她就要清楚地知道她自己在一段时间内将不得不从一个母亲变为一个治疗师，换句话说，为了让孩子重新回到将母亲看作一个理所当然的存在状态（如果不是太迟了的话），母亲将不得不去"宠溺"（spoil）自己的孩子。这可以跟我们在处理危机状态时所提供的供养联系起来，当然，处理危机不同于提供精神分析，那完全是另一个不同的主题。

在此背景下，我要重提上文中的 5（b）的内容（即"依赖"——译者注），它也包含着这样一层意思，即让一个一岁或两岁的儿童与母亲发生分离，如果分离的时间超过了儿童头脑中能够保持母亲还活着之理念的时间极限的话，那就可能导致日后表现出一种反社会倾向。这一过程的内部工作机制是很复杂的，但儿童客体关系的连续性已经被打断了，而且发展也将会受到阻滞。当儿童自己设法返回来填补这个缺口的时候，那就会出现一种我们所说的偷窃行为。

为了做好母亲的工作，母亲需要来自外界的支持；通常情况下，丈夫会帮助她把她的外部现实屏蔽掉，这使她能够保护自己的孩子不受不可预测的外部现象的干扰，否则孩子就不得不对此产生反应；我们必须要记住的是，每一次对侵入性冲击的反应都会打破小孩子个人存在的连续性，从而威胁到整合的过程。

但是广义地说，为了研究在健康状态和危机状态下我们应该如何提供供养，我们最好能够研究母亲（照例，我也把父亲包括在内），在为自己的婴儿提供供养时，究竟她自然而然地做了什么和发生了什么。我们发现供养的主要特征在于，母亲通过与自己的婴儿认同来获知自己婴儿的需求是什么。换句话说，我们发现母亲不需要像列出明天的购物清单那样，让自己提前知道接下来该对婴儿做什么；她们天生就有能力在当时当刻感受到婴儿需要什么。

同样地，我们确实也没必要在我们照护孩子的过程中计划出我们供养内容的具体细节。但我们确实有必要对我们自己进行组织和管理,以确保在任何情况下都有人能有时间和意愿来了解孩子们的需要。在有人了解和懂得儿童发展的基础之上,这是可以办到的。我们对于儿童的认同没有必要像母亲对于初生婴儿的认同那样深入,当然在考虑患病的儿童时除外,比如情绪不成熟或扭曲,或者因身体障碍而出现了生理缺陷的儿童。当儿童患病时,那就是一个危机状态,所需要的治疗就涉及治疗师个人,这样的工作没有办法在其他的基础上去完成。

总结

我已经设法把儿童的需要与婴儿的需要联系起来,把处于危机状态中儿童的需要与处于危机状态中婴儿的需要联系起来,把我们在照护儿童时提供的供养与父母在自然状态下提供的供养联系起来(除非父母病得太重,以至于没法回应孩子的需要,这样的人配不上父母的称谓)。我们没必要想着让自己变聪明,甚至想着弄明白关于个体情绪发展的所有复杂理论。相反,我们要为那些合适的人提供机会,让他们自己去了解儿童,从而感知到儿童的需要。可以用"爱"这个词来概括这一切,尽管这要冒着听起来太感情用事的风险。

而这导向了一个最终的结论:我们会发现儿童需要严格的管理,需要以一个儿童的本来面目而不是成人的身份来被对待。这些通常都没有超出"爱"这个词所涵盖的范围。

(赵小蓁 翻译)

6. 担忧能力的发展①(1963)

担忧能力(capacity for concern)的起源呈现出了一个复杂的问题。担忧在社会生活中是一个很重要的特征。精神分析经常在个体的情绪发展过程中寻找各种起源。我们想知道担忧的起源学(aetiology of concern),以及担忧能力出现在儿童情绪发展的哪个阶段。我们也同样对个体担忧能力建立的失败感兴趣,以及对在一定程度上已达成了担忧能力之后担忧能力的丧失感兴趣。

"担忧"这个术语被用来以一种积极的方式涵盖一种现象,而这种现象通常由"罪疚"(guilt)这个术语,以一种消极的方式来概括。罪疚感(sense of guilt)是与矛盾两价性概念(concept of ambivalence)有关的一种焦虑,其意味着在个体自我中达到了某种程度的整合,以至于可以在内心保留好客体意象(good object-imago)的同时也保有摧毁它的想法。担忧(concern)意味着更进一步的整合和成长,而且以一种积极的方式与个体的责任感相关联,尤其与本能驱力已经介入的人际关系有关。

担忧涉及这样的事实:个体会顾及(cares),或介意(minds),以及感受责任,并承担(feels and accepts)责任。在发展理论所阐述的生殖器水平,担忧可以被认为是家庭的基础,因为两个伴侣的性交活动除了感受欢愉之外,还包括对活动结果要承担责任。但在个体全部富于想象力的生活中,担忧的主题甚至上升为一个更宽泛的议题,并且担忧的能力是所有建设性游戏和工作背后的支撑。担忧属于正常的、健康的生活,并且值得精神分析师去关注。

我们有理由相信,有着积极意义的担忧出现于儿童情绪发展早期的某个阶段,该阶段早于经典的俄狄浦斯情结期。俄狄浦斯情结期涉及了三个人之间的关系,这时儿童已经能把每个个体都感受成一个完整的人。但没有必要搞清楚准确的具体时间进程,而且事实上大部分起始于婴儿早期的过程都从未被完全建立起来,而是随着年龄

---

① 1962年10月12日在托皮卡精神分析社团中被提出,首次发表于《门宁格诊所公报》,27, pp. 167-76。

的增长,在儿童晚期,实际上是成年期,甚至老年期继续被加强着。

通常我们是从母婴关系(infant-mother relationship)方面来描述担忧能力的起源,这个时候婴儿已经发展成为了统一体(unit),也能感知母亲或母亲意象为一个完整的人。这种发展成就本质上已经属于二元关系时期了。

无论怎样阐述的儿童发展理论,我认为有一个原则是理所当然的。这里我想说的是,无论是在心理学、解剖学还是生理学层面,成熟过程都是婴儿和儿童发展的基础。尽管如此,在情绪发展方面很清楚的是,如果想让成熟的潜质成为现实,那就需要一定的外部条件。也就是说,发展依赖于足够好的养育环境,并且我们把研究婴儿发展的基点回溯得越早,就越相信如果没有足够好的母性养育环境,早期阶段的发展是不会发生的。

在我们开始可以涉及担忧这个主题之前,婴儿的发展过程已经经历了很多。担忧能力是健康的一个组成部分,这种能力一旦建立起来,其先决条件就是有了一个复杂的自我组织,而这无论如何都只能被看做是一种发展成就。这不仅是婴儿期和儿童期养育的成就,同样也是婴儿和儿童内在成长过程的成就。为了简化我想去检查的内容,我将理所当然地认为在生命的早期阶段应该是有足够好的养育环境的。我不得不强调的是,接下来复杂的成熟过程能否成为现实,取决于足够好的婴儿期及儿童期的照护和养育质量。

在弗洛伊德和追随他的精神分析师所描述的众多发展阶段之中,我必须要挑出一个阶段来说明问题,而这个阶段必须涉及"融合"(fusion)这个术语的用法。"融合"是情绪发展过程中所达成的一个成就,即在此阶段婴儿可以对同一个客体同时体验到性欲和攻击的驱力。在性欲驱力方面既包含了寻求满足,也包含了寻求客体,而在攻击驱力方面是一个愤怒的复合体,一部分是借由肌肉性欲所表达的愤怒,另一部分是憎恨,这个过程涉及需要保留一个好的客体意象作为对照。同样整个"攻击—摧毁"冲动是被包含在一种原始形态的客体关系之中的,此时"爱"涉及了摧毁。这其中有一部分必然是模糊不清的,但我并不需要完全弄明白攻击的全部起源才能继续我的论述,因为我理所当然地认为,此时婴儿已经变得有能力去整合性欲体验与攻击性体验,并且与一个客体建立关系了。此时矛盾两价性已经达成了。

到上述种种在儿童发展中已成为事实时,婴儿不但变得有能力在幻想中体验矛盾两价性,而且也有能力在对身体功能的幻想——最初这种幻想即一种精细加工——中体验矛盾两价性了。此外,婴儿正在开始将他(她)自己与一些客体发生关联,而这些客体的主观性特征越来越少，客观性知觉到的"非我"元素越来越多。婴儿已经开始建立起了一个"自体"，这是一个既在生理上被身体发肤所包含着又在心理上整合了的统一体。此时母亲已经在儿童的头脑中成为了一个连贯且凝聚的意象（coherent image），这时候才适合使用"完整的客体"（whole object）这一术语。这种态势最开始是飘摇不定的，可以取个绰号称为"蛋壳人阶段"（humpty-dumpty stage），蛋壳人摇摇晃晃高坐在上面的那道墙，就像是不再为婴儿提供膝盖的母亲。

这个发展也表明了婴儿的自我已经开始从母亲的辅助性自我功能中独立出来，而且此时对婴儿来说就有了内部与外部之分。身体图式（body-scheme）开始存在了，并且快速发展为复合体。从现在开始，婴儿就活出了身心合一的生命。弗洛伊德教导我们要尊重的内在精神现实现在对婴儿来说也变成了一个真实的东西，婴儿可以感受到安住于他自体内部的个人丰富性。这种个人丰富性的发展来自同时体验到了爱—恨情感，这种体验意味着矛盾两价性成就的达成，而矛盾两价性的丰富化与精细化导致了担忧的萌芽。

现在我给出一个很有用的假设，我认为未成熟的孩子有两种类型的母亲，可以允许我把她们分别称为客体—母亲（object-mother）和环境—母亲（environment-mother）吗？我无意发明一些术语让事情变得复杂，或者最终成为一种僵化或阻碍，但在上下文的语境中用"客体—母亲"和"环境—母亲"这两个术语，来描述对婴儿来说有着很大区别的两种婴儿—照护之间的不同之处是非常合适的。一种是母亲作为一个完整的客体，或者只是满足婴儿迫切需要的那个部分客体的拥有者，另一种是母亲作为一个人，她挡住了环境中不可预测的因素，并且在具体处理和综合管理方面能够积极提供照护。在处于本我张力（id-tension）顶峰时婴儿所做的事情，以及婴儿对母亲这个客体的使用与婴儿把母亲看作是整体环境的一部分而使用，在我看来它们之间有着极大的不同。①

这样看来，环境—母亲接收了所有被称为情感和共存感的东西；而客体—母亲成为了被原始本能张力（crude instinct-tension）所驱动的兴奋性体验的对象；我的论点是当环境—母亲和客体—母亲共同出现在婴儿的心智中时，"担忧"作为一种非常复杂的体验就出现在了婴儿的生命中。尽管由于独立性的发展，婴儿已经开始拥有内在的稳定性，但此时环境的持续供给仍显得极为重要。

---

① 这是哈罗德瑟尔斯（Harold Searles）（1960）刚刚在书中发表的一个主题。

在顺利的环境（favourable circumstances）中，当婴儿已经达到个人发展的必要阶段后，就会产生一种新的融合（a new fusion）。一方面，是对基于本能的客体—关联的充分体验与幻想，客体被不计后果和无情地使用（如果我们用这个术语来描述我们对发生着的事情的看法）。同时在另一方面，是婴儿对环境—母亲更加温和安静的关系。这两者合在一起。结果非常复杂，这也是我特别想描述清楚的。

在此阶段的顺利环境必然符合这样的条件：母亲应该一直保持有活力和可获得性，母亲在身体方面的可获得性，以及母亲在某种意义上不是专注于其他事情的可获得性。客体—母亲要在婴儿的本能驱力发作中幸存下来，也就是说，此时的客体—母亲已经习惯了口欲施虐幻想和其他融合结果的全部力量。同样的，环境—母亲具备了一种特别的功能，那就是持续地做她自己，对她的婴儿共情，在那里接收（婴儿的）自发性的姿态，并且还能感到快乐。

伴随着各种旺盛本我驱力的幻想中，还包含了攻击和摧毁。婴儿不仅是在想象层面吃掉了客体，而且也想要占有客体的全部。如果客体没有被摧毁，那是源自于客体自身的幸存能力，而不是出于婴儿对客体的保护。这是情境的一个方面。

而情境的另一个方面与婴儿对环境—母亲的关联有关，从这个角度看，有可能母亲的保护来得太过强烈，以至于孩子变得抑制或者拒绝。这种情况在婴儿的断奶体验中是一个积极的因素，也是一些婴儿自己自行断奶的原因之一。

在顺利的环境中，婴儿建立了解决复杂的对立两价性形式的技巧。婴儿体验着焦虑，因为如果他让母亲消耗殆尽，那他将会失去她，但是随着婴儿对环境—母亲作出贡献这一事实的出现，这种焦虑便有所缓解。随着对环境—母亲的贡献和回馈机会的出现，婴儿的自信心就会逐渐增长，这是一种能够让婴儿抱持焦虑的自信心。由这种方式而被抱持过的焦虑将会发生质变，而变成了一种"罪疚感"（a sense of guilt）（译者：感受"罪疚"的能力）。

各种本能—驱力导向对客体残酷无情地（ruthless）使用，然后导向了被抱持的罪疚感，这种罪疚感被婴儿在几个小时内对环境—母亲所作出的贡献缓解。同样的，由于环境—母亲真实可靠的在场而使环境—母亲为婴儿提供了回馈（giving）和作出修复（making reparation）的机会，这使得婴儿在对各种本我—驱力（id-drives）的体验过程中变得越来越大胆而自信；换句话说，就是释放出了婴儿的本能生命。通过这种方式，罪疚就不会被体验到了，但其会处于一种休眠或潜在的状态，只有当环境—母亲提供的修复机会不能扭转态势之时，罪疚才会被体验到并表现出来（表现为悲伤或者抑郁的心境)。

当自信心(confidence)在这种良性循环中和所期待的机会中被建立起来之后,与本我—驱力相关联的罪疚感(the sense of guilt)就被进一步地改良了,于是我们就需要一个具有更积极意义的术语来描述它,比如"担忧"(concern)。到了现在,婴儿已经变得有能力去关心和担忧了(to be concerned),有能力为他(她)自己的各种本能冲动和随之带来的后果以及产生的作用负责任了。这就为游戏和工作提供了其中一个基本的建设性要素。但是在情绪发展的过程中,正是因为有作出贡献的机会才使得"担忧"能够被整合进入儿童的能力之中。

可能需要注意这样的一个特征,特别是与被"抱持"的焦虑这个概念有关,这个特征指的是时间维度的整合已经加入到了早期阶段更加静态的整合之中了。时间的连续性是被母亲所维持的,并且这是她辅助性自我功能的一方面。但是婴儿终于发展出了个人化的时间感,最开始它只能持续很短的一段时间。这也如同于婴儿在其内部世界中保持母亲意象鲜活的能力一样,其内部世界也包含了源自于本能体验的碎片化的良性和迫害性的元素。婴儿能够让存在于其内部精神现实中的意象存活多久,一部分取决于成熟的过程,一部分取决于内部防御组织的状态。

我已经在一些方面大致描述了担忧能力在早期发展阶段中的起源,在这个阶段中母亲的持续在场(continued presence)对婴儿来说有一种特殊的价值,也就是说,母亲的持续在场决定了本能生命能否获得自由的表达。但是这种平衡必须要经历一次又一次的达成才行。举一个显而易见的例子,比如对青少年的管理,或同样明显的例子,比如精神病人,对他们来说专业的治疗经常是通往建设性社会关系道路的一个开始。或者以医生为例,要考虑他有什么需要。如果剥夺了医生的工作机会,他的位置在哪里呢?他需要他的病人,他需要机会来使用他的技术,就像其他人那样。

我不打算展开篇幅来阐述担忧能力发展不足的主题,或是这种担忧能力在几乎建立但还没有完全建立时又丧失了的主题。简单来说,客体—母亲幸存的失败或者环境—母亲为修复提供可靠机会的失败,都会导致婴儿担忧能力的缺失,并且取而代之的是原始性焦虑和原始性防御,诸如分裂,或者瓦解。我们经常讨论"分离焦虑"(separation-anxiety),但在这里我想试着去描述,在母亲和他们的婴儿之间以及父母和他们的孩子之间,如果没有"分离"发生,或者儿童照护的外部连续性一直没有被打断的时候,究竟会发生什么事情。我也会尝试着去解释,当分离被避免了的时候,究竟会发生什么事情。

为了阐述我的想法,我会举几个临床工作中的例子。然而,我不希望被认为是在提及一些罕见的事情。几乎任何一位精神分析师都可以在一周内提供一个案例。需要提醒的是,从一场分析中提取的任何临床例子中都有许多心理机制,这些心理机制需要分析师能够理解,并识别出它们中的哪些机制属于个体发展的后期阶段,以及属于被称作精神—神经症的防御机制。只有当病人在移情中处于严重退行到依赖状态的时候,以及婴儿实际上被母亲角色照顾的时候,这些机制才可以被忽略不计。

举例1:我首先引用一个找我来访谈的十二岁男孩的例子。这个男孩的顺向发展(forward development)导致他变得抑郁,而抑郁中隐含了大量无意识的恨和攻击,而他的逆向发展(backward development),如果我可以这样措辞,导致他看到了很多张面孔,体验这些是很恐怖的,因为它们代表了在清醒状态下的梦境,即精神病性的幻觉。支持这个男孩有一定自我力量的证据,正是他显现出的抑郁心境(depressive moods)。在访谈中呈现出自我力量的一个方式如下:

他画出了一个噩梦,那是一个庞大的长角雄性生物正在胁迫一个微小的自体,一个像蚂蚁那么小的一自体(ant-secf)。我询问他是否曾经幻想过他自己就是这个庞大有角的雄性动物,而别的什么人是那只蚂蚁,比如他的弟弟,是他弟弟在婴儿期的时候。他认可了我的这个解释。当他没有拒绝我对于他憎恨他弟弟的解释时,我就给了他一个机会让他向我述说他的修复性潜能。通过他描述他父亲的工作是制冷技工,这一切变得非常自然。我问他,他自己将来有一天想做什么,他回答"我不知道",并且显得很痛苦。然后他说道"这还不是一个悲伤的梦,而真正悲伤的梦会是:他父亲的死亡"。他快哭了出来。在这次访谈过程中有很长一段时间什么都没有发生,最后这个男孩开口了,非常害羞地说,他很想成为一名科学家。

彼时此处,他已经呈现出他能够认为自己是有贡献的,虽然他也许尚未具备这样的能力,但已经产生了这样的念头。顺带一提,这样的追求也许会带领他超过他的父亲,因为就像他所说的,他父亲的工作与科学家相比根本算不上什么,他的工作"只不过是一个技工而已"。

然后我感到这次访谈到了它该结束的时候了;我觉得这个男孩可以离开而不再需要我做什么来影响他了。我已经解释了他的潜在的破坏性,但事实上他把它变成了他自己内部的建设性。他让我知道了在他的生活中他有了一个目标使得他能够离开我,而不用再感到他让我认为他仅仅是一个复仇者或一个破坏者。然而,我没有向他保证过什么。

举例2：我有过一个做心理治疗工作的来访者，在一节咨询的最开始他告诉我，他曾经看到过他的一个病人的工作表现；也就是说，他离开了在治疗室中治疗病人的那个治疗师角色，并且看到了这个病人的工作状态。我来访者(病人)的工作需要很高超的技术，并且他在一个特定的工作环节中表现得很成功，工作中他的动作很敏捷，但在治疗的时间中这些动作是毫无意义的，这使得他像着了魔似的在躺椅上四处移动。尽管对看到这个人的工作状态这件事抱有怀疑，但我的来访者觉得这是一件好事。他接着谈及他在度假时自己的一些活动。他有一个花园，而且他非常热衷于体力劳动和各种建设性活动，并且他喜欢他真正用过的小工具。

在他报告他去看他的病人工作时，我已经警觉地感觉到他报告的这种建设性活动的重要性。我的来访者又转回到了一个在最近的分析中一直很重要的主题，即各种各样的工程工具都是重要的。在他来做分析治疗的路上，他总是会停下来凝视我家附近的一个商店橱窗里的机械工具。这个工具有着极其锋利的锯齿。这是我的来访者表达他口欲期攻击的方式，原始爱的冲动具有全部的无情性和摧毁性。我们可以称之为"在移情关系中吃掉"(eating in the transference relationship)。在他的治疗中，趋势就是朝向这种无情的和原始的爱发展，同时妨碍进入原始爱更深层的阻抗也是巨大的。此时就出现了一种新的整合，以及对于分析师能否幸存的担忧。

当这种新材料靠近并关联上原始的爱和对分析师的摧毁时，就已经形成了一些与建设性工作的联系。当我解释道，来访者对我的需要就是他对我的摧毁(吃掉)时，我可能就提醒了他曾经说过的建构(construction)一事。我可能会这样说，正如他看到他病人的工作表现一样，这种工作表现使得忽动忽停的动作有了意义，所以我也许也可以看到他在花园里工作，用小工具来提高工作性能。他可以穿透墙和树，而这完全是极大的享受。如果这样的行为活动被报告说远离了建设性的目的，那么它也许就成为了一段毫无意义的躁狂性发作，一种移情的疯狂(transference madness)。

我可以这样说，人类是无法接受在他们非常早期爱的企图(loving attempts)中包含有摧毁性目的这一事实的。然而，正朝向获得这种摧毁念头的个体，如果已经能够开始感受到建设性目标的证据，以及环境——母亲也准备好去接受这个念头的证据时，那么在爱着客体——母亲的同时又有摧毁她的念头是可以被婴儿所容忍的。

举例3：一个男病人来到我的诊室并且看到了一个磁带录音机。这让他产生了一个想法，当他躺下并为了分析工作而把他自己聚拢在一起时，他说："我就会这样想，当我最终结束治疗的时候，我在这里所经历的事情将以某种形式对整个世界作出贡献。"

我什么都没有说,但我在头脑中记下了,这样的评论可能表明了这个病人正在接近那些多次摧毁性发作中的一次,而在我与他治疗的两年当中,我不得不反复地应对这种被攻击的情况。在这一小时的治疗结束之前,这个病人真切地达到了一种新的觉察,即觉察到了对于我的嫉妒之情,这种嫉妒源自于他意识到我是一个好的分析师。于是他产生了一种想要感谢我的冲动,这是因为我很好,我可以完成他需要我做的事情。我们之前也经历了所有这样的事情,但与以往的情境相比,他现在变得更加能够触碰到他对于我这个被称作为好客体的精神分析师的摧毁性感受了。

当我把这两件事情联结在一起的时候,他说这种感觉是对的,但他补充说如果我基于他第一个评论就进行解释的话,后果就会很糟糕。他的意思是,如果我太早提起他想变得有价值的愿望并且告诉他的话,那么这也预示了一种无意识的摧毁性欲望。在我承认他进行修复之前,他必须要达到强烈的摧毁性冲动,以及他必须要按照他自己的节奏和以他自己独有的方式体会到这种强烈的摧毁性欲望。毋庸置疑,确实是他自己的能力让他形成一种终极贡献的想法,而这种想法又使他有机会与他自己的摧毁性产生更加亲密的联结。但是,除非像他所说的那样,一个人必须首先已经达到并体会到了自己的摧毁性,否则建设性的努力就是虚假的和毫无意义的。

举例4:一个青少年女孩与一个同时也照顾女孩生活的治疗师进行治疗,这个女孩与治疗师自己的孩子们一起生活在治疗师家里。这样的治疗设置有好处,也有弊端。

这个女孩病得很严重,在我将要叙述的这件事发生时,她正在从退行到依赖以及婴儿化状态的较长一段时期中摆脱出来。在她与这家人的关系中,她不再退行了,但仍在每天固定时间的治疗情景中的有限时间内,处于一种非常特殊的状态。

这个时间就是女孩表达对治疗师(同时照顾她并为她做治疗)最深层恨意的时候。在一天24小时中的其余时间内她都是正常的,但在治疗时间中,治疗师被彻底和反复地摧毁着。很难传达出女孩对治疗师恨的程度,事实上这种恨已经达到了希望治疗师灭亡的地步。这不是一个治疗师到外面在工作时间内去见病人的一种情况,因为这个治疗师整天都在照顾这个女孩,并且在她俩之间同时存在着两种独立的关系。在白天,各种各样的新事情开始发生:女孩开始想帮忙清洁房屋,擦拭家具,想自己变得有用。这种帮助是一种全新的事,并且是在这个女孩生活在原生家庭时的个人模式中从未有过的一个特征,即使在她还没有病得如此严重的时候。同时,它悄无声息地(可以这么比喻)伴随着彻底的摧毁性发生了,摧毁性是女孩开始在原始的爱意中发现的,这种爱意是在治疗情景中,在她与治疗师的关系中获得的。

你在这里又看到了这个反复出现的理念。自然地,病人开始意识到摧毁性这个事实,这使得病人在白天出现的建设性行为成为可能。但其实倒过来讲的意思才是我当下想要明确说明的事。正是建设性和创造性体验,才使得这个孩子接触到她的摧毁性体验成为可能。因此,在治疗中,呈现的条件就像我已经试着描述的那样。担忧的能力不仅仅是成熟过程的一个节点,其本身的存在同样也取决于在一段时间内有一个足够好的情感性环境。

总结

担忧(concern),在本文一直被使用的术语,描述了一种联结(link),这种联结的一边是与客体的驱力关系中那些摧毁性元素,另一边是关联的其他积极方面。担忧阶段被假设为属于传统的俄狄浦斯情结期三个完整的人之间关系之前的一段时期。担忧的能力附属于婴儿与母亲或母亲替代者之间的二元关系之中。

在顺利的养育环境中,有能力持续保持活力和可获得性的母亲,既是那个能够接受婴儿所有本我—驱力的母亲,也是那个可以作为一个完整的人被爱着的母亲,而且修复是可以依靠她提供的机会而发生的。通过这样的方式,关于本我—驱力的焦虑和与这些驱力有关的幻想,对于婴儿来说都变得可以被容忍,然后婴儿就能够体验到罪疚(译者注:罪疚感能力出现),或者我们完全能够预期会出现一个为这种罪疚做出修复的机会来抱持这种罪疚。对于这种已经抱持住罪疚,但同时又不会感受到罪疚的状态,我们起个名字称作"担忧"。在发展的最初阶段,如果没有可靠的母亲—形象(mother-figure)来接受这种修复—姿态(reparation-gesture)(译者注:提供修复机会),罪疚就会变得无法容忍了,担忧也就不能被体验到了。修复的失败导致了担忧能力的丧失,结果就会被原始形式的罪疚和焦虑所替代。

(孟繁蕾 翻译)

7. 个体发展中"从依赖朝向独立"[①](1963)

在本文中,我选择了从"从依赖到独立"的发展角度,来描述一下情绪成长的发展过程。要是你30年前让我来做这个工作,我几乎肯定会从个体本能生命发展的过程来阐述由不成熟到成熟的发展变化。我会提到口欲期、肛欲期、性器期(phallic phase)以及生殖器期(genital phase)。我还可以把这些阶段进一步进行区分:第一口欲期、前矛盾两价性期(pre-ambivalent)、第二口欲期、口欲施虐期,等等。一些作者把肛欲期也区分出很多亚阶段;另一些人也已经很满足于认为前性器期(pregenital phase)是基于吸收和排泄等消化器官功能的想法。这些想法都很好,现在看来其真实性依然如是。而且它们也是引导我们思考理论构架的起始点。然而,可以说这些观点似乎已经在我们心里生了根。当我们发现我们自己处在我眼下正在的这个位置,而我在这个位置上被期望谈一些不那么常识性的东西时,或者我被期望说一些理论和态度方面更进一步的发展时,我们却还是理所当然地使用那个既有的理论框架,并且用其来看待人格成长的其他层面。

如果我已经选择从"依赖逐步朝向独立而变化"的角度来考虑一个人成长的话,我希望大家都能同意,而这种论调无论如何并没有让我之前提出的从性感区域以及客体关联的角度来考虑成长的观点变得无效。

社会化

人类的成熟可以用一个术语"社会化"来表达,其不仅仅意味着个人成长,而且本质上是一个适应社会的过程(社会化)。让我们这样看看:在健康状态下(健康几乎可以算得上成熟的同义词),一个成年人是能够在不牺牲太多个人自发性的前提下完成

---

① 1963年10月在美国亚特兰大精神科诊所的发言稿。

与社会的认同的;或者从另一个角度来说,一个成年人不用变得反社会,实际上不用牺牲掉对社会承担应有的维持和变革的责任,这个成年人就能够照顾到他(她)的个人需要。上一代遗留了这些社会条件给我们,这些是我们必须要接受的遗产,或者有必要的话,这些遗产是应该被修改的;而这些东西最终我们也将会留给下一代。

独立从来就不是绝对的。健康的个体不是孤立的,会逐渐与环境发生关联,最终形成了个体与环境之间的一种可以被称作"相互依赖"(interdependent)的关系。

旅程

从依赖到独立的旅程这一概念其实并没有什么新意。每个人都必须开始行走在这条路上,而且许多人可能会到达一个距离终点不远的地方,并且达到一个内置了社会感(built-in social sense)的独立状态。在这里,精神病学也正在关注人类的健康成长,而这些事情通常都留给了教育工作者或者心理学家。

这条路径的价值就在于它能够让我们把个人和环境的因素同时合为一体来研究和讨论。在这个语境下,健康既指的是个体的健康,又指的是社会的健康,而在一个不成熟的,或者病态的社会环境中,个体是不可能达到完全成熟的。

三个分类

在准备用简短的言语来描述这个很复杂主题的时候,我发现我需要用到以下三个分类才能更好地说明问题,而不是只用"依赖"、"独立"这两个分类。分别考虑以下三个分类是有用的:

绝对依赖;
相对依赖;
朝向独立。

绝对依赖

我想先请大家关注一下每个婴儿都会经历的情绪发展的最早期阶段。最早开始的时候,婴儿完全依赖于精力充沛的母亲和她的子宫,或者她的照护所提供的躯体供养。但是就心理学的角度来讲,我们不得不说,这时候婴儿的依赖和独立是完全合为一体而未能分离的。这个悖论是需要我们认真检视的。这时婴儿的所有一切都是由遗传而来的，包括成熟过程，或许还有病理性遗传倾向，而且这些都作为他们拥有的一种现实而存在着，没有人能改变这一切；同时，成熟过程的演进依赖于环境的供应。我们可以说，促进性环境让成熟过程有可能平稳地展开和发展。但是，环境不能造就一个孩童。充其量不过是环境让这个孩童实现了他(她)的潜质。

"成熟过程"(maturational process)这个术语指的是自我和自体的渐进性发展，也包括有关本我、本能及其变迁的全部故事，还包括与本能有关的自我防御。

换句话来说，一对父母并不是像艺术家创造一幅油画，或者陶艺家制出一件陶器那样制造了一个婴儿。他们只是启动了一个发展过程，启动的结果是：在母亲身体里住上了一个房客，之后这个房客又移住到了母亲的臂弯里，再之后又移住到了由母亲和父亲一起提供的一个家庭里，而这个房客最终会变成什么样子是谁也无法控制的。父母仰赖于这个婴儿的遗传倾向。我们有充分的理由问道："如果他们无法制造自己的孩子，那他们能做什么呢？"他们能做的当然有很多。我会说，他们能为一个健康孩子做好准备，在成熟的意义上做好准备，父母要依照孩子在各个发展阶段所要求父母的成熟来提供一种相应的成熟性养育。如果他们成功地提供了婴儿之所需的供养，那么这个婴儿的成熟过程就不会受到阻断，而且成熟过程就会与婴儿相遇，并且会变成婴儿的一部分。

事实证明，这种父母对婴儿成熟过程的适应是一件极其复杂的事情，它对于父母有着艰巨的要求，而且最初只能由母亲本人单独构成这个促进性环境。她在此时需要支持，这时候的支持最好是由孩子的父亲(或者说她的丈夫)、她的母亲、整个家庭，以及当下的社会环境所提供。以上观点再清楚不过了，然而我们还是有必要再次强调和确认其正确性。

我想要给母亲所处的这种特殊状态起一个专用名字，因为我认为它的重要性一直未能得到应有的重视。母亲会从这种特殊状态中恢复并且忘记它。我把它称作："原初母性贯注"(primary maternal preoccupation)。这不见得是个好名字，但是关键点在于，在接近怀孕结束之际和婴儿出生后的几周之内，母亲是完全贯注于(或者说，她"奉献于")照护自己的婴儿。此时的婴儿似乎就像是她自己的一部分；除此之外，她在很大程度上认同了自己的婴儿，并且相当好地理解了婴儿当下的感受。为了做到这一点，她利用了她自己作为一个婴儿的经验。从这个角度讲，母亲自己正处于一种依赖状态，而且她此时是脆弱的。我在使用"绝对依赖"这个术语所指婴儿的那个状态就是现在所描述的这个阶段。

从这个角度来看，对婴儿提供自然供应事实上是以婴儿的需要而作出的，这其实是一种高度的"适应"（adaptation）。我会解释一下我使用这个术语的含义。

在精神分析的早期年代里，"适应"一词只有一个意思，那就是对婴儿本能需求的满足。然而，尽管各种本能紧张（instinct tensions）是婴儿需求当中很重要的因素，但婴儿的需求却并不只限于本能紧张；对于这一点理解上的迟钝已经导致了很多错误概念的产生。实际上，婴儿的全部自我发展（ego development）也有其需求。这种说法的含义就是，母亲"不会让自己的婴儿失望"，尽管从满足本能需求方面来说，她可能并且一定会挫败她的婴儿。当我们看看母亲能多么好地满足自己婴儿的自我—需求（ego-needs）时，我们会感到惊奇，即使是那些不善于母乳喂养的母亲，也能很快地用奶瓶和配方奶粉进行代替性喂养。

在这个最早期的阶段中，也还总有一些母亲是不能完全按照婴儿的需求来奉献她们自己的，尽管这个极早阶段只在接近怀孕结束和婴儿出生后不久仅仅持续几个月的时间。

我将要描述一下自我—需求（ego-needs），因为这些需求真的是多种多样。最好的举例就是我们所说的"抱持"这一简单的事情。不能与婴儿发生认同的人是无法抱持这个婴儿的。巴林特（1951，1958）把"与婴儿的认同能力"比作空气中的氧气，对此婴儿是一无所知的。我可以举一个婴儿洗澡水温度的例子，母亲需要用自己的手肘来测试水的温度；婴儿不知道水太热或者太冷，而总是想当然地认为它和体温是一样的。这里我还是在谈"绝对依赖"。从婴儿存在的位置上看，全部的体验要么是侵入（impingement），要么是没有侵入。就这个主题，我想进一步展开来谈谈。

一个鲜活婴儿的全部生命进程构成了一种"持续存在"（going-on-being），这是一种存在主义的蓝图。在这段似乎着了魔的有限时期里，一个能够献身于她的这项自然工作（译者：指照护婴儿的工作）的母亲，是能够保护她的婴儿处于这种"持续存在"（going-on-being）的状态的。任何的侵入，或者适应的失败，都会导致婴儿产生一个反应（reaction），而这种反应就会打断婴儿的"持续存在"（going-on-being）状态。如果"对侵入作反应"（reacting to impingements）变成了婴儿早期生命的模式，那么它就会严重地干扰存在于婴儿内部的成为一个整合性统一体（an integrated unit）的自然倾向，和持续地拥有一个含纳过去、现在和未来的自体形成的自然倾向。相反，如果婴儿对侵入所产生的反应相对没有那么多，那么婴儿的身体—功能（body-function）就为建立一个身体—自我(body-ego)提供了好的基础。这样的话,他就为未来的心理健康奠定了一个好基础。

大家能看到,这种对于婴儿自我—需求(ego-needs)的敏感性适应和满足其实只需要持续一段时间。过不了多久,婴儿就会开始从(四肢的)踢蹬中获得乐趣(get a kick out of kicking),并开始从生气的愤怒中获得一些积极的东西,而生气的原因是我们所称的"较小的适应失败"(minor failures of adaptation)。而就是在这个时候,母亲正开始重启她自己的生活,这最终会让她逐渐与婴儿的需求相对地独立开来。通常情况下,孩子的成长是与母亲自己独立性的重新恢复非常精准地同步发生的。这样的话,我想大家都能同意以下观点,那就是,如果一个母亲不能在敏感性适应(sensitive adaptation)这个方面逐渐地"失败"的话,那么她就在另一个意义上"失败"了;(由于她自己的不成熟或焦虑)她没能给她的婴儿提供一个愤怒的理由。一个没有愤怒理由的婴儿,当然在他(她)的体内还会积蓄正常数量的任何形式的"攻击性成份",此时婴儿就会处于一种特殊困难之中,这是一种"用爱来融合攻击性"(fusing aggression in with loving)的困难。

所以,在绝对依赖阶段,婴儿是无法觉知到母性供应的。

相对依赖

正是因为我把第一个阶段称作"绝对依赖"(absolute dependence),我才把下一个阶段称作"相对依赖"(relative dependence)。这样的话,我们才能把婴儿觉察不到的依赖和有所觉知的依赖区分开来。母亲在满足婴儿自我—需求(ego-needs)方面做了大量的工作,而母亲的这些养育工作是不会被婴儿的心智记录在案的。

下一个发展阶段,也就是相对依赖阶段,其实是一个以"逐渐失败的适应"来适应婴儿(adaptation with a gradual failing of adaptation)的发展阶段。绝大多数母亲天生就有能力提供一种等级渐变的"去适应"(de-adaptation),而且这个去适应与婴儿所展示出来的快速成长过程契合得很好。例如,此时诸如条件反射这样的简单过程在很大程度上得到发展,开始出现了智力性理解(intellectual understanding)的发展。(想象一个待哺的婴儿。随着时间的推移,婴儿是能够忍受住紧张而等待几分钟的,因为厨房里发出的声音表明了食物即将会出现。婴儿不仅仅是被这种声音所刺激,而且还能够利用这种信息元素来让自己耐心等待。)

自然而然,婴儿在使用智力性理解的能力方面很早就表现出十分明显的差异,并且他们可能具备的这种理解能力经常会被在现实呈现方式中存在着的混乱所延迟。在这里需要强调的一个理念是,整个婴儿照护程序具有的重要特征,就是要向婴儿平缓稳定地展现这个世界。这个程序可不是通过什么想法或者机械式的管理就能做到的工作。这个养育工作只有通过一个人类所提供的持续性管理才能做到,而这个人类她可以始终如一地做自己。在这里不存在完美(perfection)这个问题。完美只能属于机器;婴儿所需要的仅仅是他通常会得到的,某个持续做她自己(going on being herself)的人类(母亲)所提供的照护和关注。这当然也适用于父亲。

在这里,持续地"做她自己"(being herself)是必须要特别强调的一点,因为一个人应该根据其正在扮演的角色而被区分为男人或女人,母亲或护士;也许有时候角色扮演得还很好,而且角色扮演很好的原因是其从书本或者学习班上学到了如何照护婴儿的技术和规则。但是这种扮演却不能做到足够好的养育。只有被一个献身于婴儿及婴儿照护工作的人类所照护,婴儿才能发现一个不混乱的外部现实的呈现。母亲将会逐渐地走出这种单纯的献身状态,而且过不了多久她就会回到工作中,或者去写小说,或者和丈夫一起回到社会生活当中;但是在暂时献身的这段时间里,她是完全沉溺于其中的。

在第一个阶段(绝对依赖)里的回报是,婴儿的成熟过程没有被扭曲。而相对依赖阶段的回报是,婴儿开始在某种程度上意识到了依赖(aware of dependence)。当母亲离开的时间超出了婴儿能够信任母亲还活着的这个能力所持续的时间间隔时,焦虑就出现了,而且这是婴儿所知道的第一个符号。在此之前,如果母亲离开了,婴儿就不能从母亲阻挡侵入的特有能力中获得好处,而且婴儿的自我结构(ego structure)中的基础性发展也就不能得到很好的建立。

在那之后的下一个(相对依赖)阶段里,婴儿在某种程度上会感受到一种对母亲的需要。它是这样的一个阶段:婴儿开始在心智上知道(know in his mind)母亲是必需的。

逐渐地,婴儿对于(健康的)现实性母亲(actual mother)的需要变得极其强烈和真正地可怕,以至于母亲真真确确地不想离开她们的孩子,并且她们会作出很多牺牲,不是在这个有特殊需要的阶段(给婴儿)带来痛苦,或者确实制造憎恨和幻灭。这个阶段粗略地算起来是从六个月持续到两岁。

当婴儿两岁的时候,他们已经开始了新的发展,而这些发展使得这些孩子能够去应对丧失。谈谈这些发展是非常有必要的。与孩子内部的这些人格发展一起的,还有我们已经考虑到的环境因素,尽管这些环境因素的变化很大。例如,有可能有一个母亲—保姆的小组,这本身就是一个有趣的研究课题。可能由一些合适的阿姨、祖父母或者父母的朋友组成了这个养育小组,由于他们的经常性在场(constant presence)而有资格被作为母亲—替代者(mother-substitutes)。那么母亲的丈夫当然也可以是一个很重要的家庭成员,他帮助建立了一个家,而且他也可以是一个好的母亲替代者,或者他可以以一种更男性化的方式来起到重要作用,包括给妻子提供支持和让其感受到安全感,这种安全感也能由妻子(母亲)传递给婴儿。

我们没有必要去彻底地研究这些显而易见的,但同时也极其重要的养育细节。然而,我们能看到,这些细节千差万别,而婴儿拥有的成长过程也会被其得到的这些不同养育细节朝着不同的方向牵引。

案例材料

我有机会得以观察一个有着三个男孩的家庭,那时他们的母亲突然死亡了。父亲以一种负责任的方式来处理所面临的问题。母亲有一个非常了解这些男孩的女性朋友,她接手了对这些孩子的照顾工作,并且一段时间之后,她变成了孩子们的继母。

其中那个最小的男孩只有四个月,这时他的母亲突然在他的生命中消失了。他的发展进行得非常令人满意,而且没有任何临床迹象表明他对此事件有什么反应。用我的话来说,对于这个阶段的小男孩来说,母亲只是"一个主观性客体"(a subjective object),而母亲的朋友进入并替代了母亲的位置。之后,这个男孩就会认为这个继母就是他的母亲。

然而,当这个最小的男孩成长到了四岁时,由于他开始显现出很多人格方面的困难,他的继母便带他来见我。在治疗性访谈的游戏过程中,他发明了一个游戏,并且要重复很多遍去玩这个游戏。他会先藏起来,然后我会对房间的物品做一个很小的变动,比如说,移动一下桌上铅笔的位置。然后他会出现,去找到我做过的小变动,并且变得确实是非常地愤怒,于是就杀掉了我。他会持续不断地把这个游戏玩上几个小时。

运用我所了解到的情况,我告诉他的继母要准备好去跟他谈论有关死亡的事情。恰好是当天晚上,平生第一次,他给了这个继母一个机会去谈论死亡,这进一步发展为他需要知道与他的生母和她的死亡有关的所有确切事实。这种势头在接下来的几天里依然强烈,而且所有事情都要继母一遍又一遍的重复述说。他和继母继续保持着良好的关系,他也继续叫继母为妈妈。

三个孩子当中最大的一个在母亲死亡的时候是六岁。他所做的只是把去世的母亲当作一个爱的人去哀悼她。这个哀悼过程花费了两年的时间,当他摆脱了哀悼过程以后,他开始出现偷窃发作。他接受了这个继母作为他的继母,他把他的生母作为一个不幸丧失掉的人而留在了记忆里。

中间的那个男孩在悲剧发生时正好是三岁。在当时,他和父亲之间有着很强烈的积极关系,而且他变成了精神疾病的受害者,需要心理治疗(八年里大约进行了七次)。年龄最大的那个男孩提到他的时候是这么说的:"我们没有告诉他父亲再婚了,因为他认为婚姻意味着'杀戮'。"

这个中间的男孩处于混乱当中,他无能力去应对母亲丧失所带来的罪疚;以这个男孩当时的年龄,他正处于对父亲特别依恋的同性恋阶段,他需要有能力去体验由于母亲去世所带来的罪疚。他说:"我不在乎,爱她的人是他(指的是年龄最大的那个男孩)。"他表现出了具有临床意义的轻躁狂症状。他极度地坐立不安持续了很长时间,而且很明显他在经受着抑郁的威胁。他的游戏显示了一定程度的混乱,但是他在治疗性会谈中能够有效地组织他的游戏,并以此来向我传达到底是什么具体的焦虑让他如此坐立不安。

现在,距离给这个男孩带来创伤的悲剧发生已经过去十年了,他已经十三岁,但在他的身上仍然能看到残留的精神病学障碍的迹象。

婴儿的一个重要的发展是我们称之为"认同"(identification)的东西。在很早期,婴儿就可能显示出了向母亲认同的能力。有一些原始性反射可能构成了这些发展所需要的基础,例如对婴儿微笑,婴儿也会报之以微笑的反应。很快地,婴儿就能够进行更为复杂的认同形式,这意味着想象的存在。其中一个例子是,婴儿在吃奶的时候会有找寻母亲嘴巴的愿望,并且用自己的手指伸到母亲嘴中去喂养母亲。我在观察三个月大的婴儿时见过此事;但是我们不用担心发生此事的时期。或早或晚这些都会发生在所有婴儿身上(除了一些有病的婴儿),而且我们知道,对于婴儿来讲,从依赖中解脱很大程度上是在婴儿获得了站在母亲角度上来看待问题(step into the mother's shoes)的能力之后发生的。从这个能力出发,婴儿就有了把母亲理解为是个人的、独立的存在这一能力的全面发展,并且最终,婴儿能够相信是父母的结合这一事实导致了他(她)自己的受孕。"认同"这一发展是摆在我们面前的一条漫长的道路,而且永远不会达到终点。

这些涉及依赖主题的各种新的心智机制效应是，婴儿逐渐能够允许在他（她）控制范围之外的事件发生了，并且由于他（她）能够与母亲或者父母认同，婴儿能够分散掉一些自己在那些挑战婴儿无所不能的事件中所感受到的强烈的憎恨性情感。

然后，婴儿开始理解言语或者使用言语了。人类动物的这个巨大发展使得父母能够给予婴儿通过智力性理解而进行合作的一切机会变得有可能，尽管此时在深度感受方面，婴儿可能还会感受到忧伤、憎恨、幻灭、恐惧和无能。譬如，母亲可以说："我要出去拿些面包啊。"这句话在一段时间内是能起作用的，当然，除非她离开的时间超出了婴儿在感受中能够相信她依然活着的时间间隔的能力。

我想要提及一种发展的形式，它尤其影响婴儿进行复杂认同的能力。这种发展形式与一个具体的发展阶段有关系，处在这个阶段中，婴儿的整合倾向会带来一种状态，这是一种婴儿已经发展成为一个单元（unit）、一个完整的人、有着内部和外部区别的状态，以及已经是安住在身体里的一个人，并且大致上是以皮肤为边界的一种状态。一旦外部意味着"非—我"（not-ME），那么内部就意味着"我"（Me），而且现在也有了一个存储东西的地方。在孩童的幻想里，个人的精神现实位于其内部。如果它位于孩童的外部，那肯定有很好的原因才会这样。

现在，婴儿的成长采取了一种持续的内在现实与外在现实之间进行交换的形式，而且内在和外在现实都会因这种交换而变得更丰富。

现在，孩子已经不再仅仅是一个潜在的创世者，而且还能够使用他（她）自己的内部生活样本来填充和丰富这个世界。因此，逐渐地，孩子就能够去"覆盖"掉几乎任何的外部事件，而且知觉（perception）也就几乎等同于创造了。这就又一次拥有了一种手段，孩童依靠这种手段来获得了对于外部事件的管控，以及对自己自体内部工作的管控。

朝向独立

一旦这些能力得到建立，他们也就处于了健康状态，孩童就能够逐渐地迎接这个世界及其所有的复杂性，因为他（她）所看见的越来越多的那些东西已然存在于他（她）的自体当中了。在不断无限扩大的社会生活圈子当中，孩子是与社会进行认同的，因为当地社会不仅是自体个人世界的一个样本，也同样是真实外在现象的一个样本。

这样的话，真实的独立就发展出来了，孩子能够以一种令他满意的方式活出他的个人存在，同时孩子也能参与到社会事务当中。自然情况下，孩子在这个社会化的发展过程当中有很大的可能会发生退步,这种退步现象可能会一直持续到青春期的后期。即使是一个健康的个体也有可能遇到一些超出了个人基本容忍能力边界的、他无法顾及的社会张力。

在现实中,你能观察到你的青少年们从一个群体中毕业,进入到另一个群体中,并且总是在扩大自己的圈子,总是不断在含纳新的、越来越陌生的社会现象。对于这些不断从一个圈子向另一个圈子探索的青少年来说,父母所提供的管理是非常必要的,因为当这些孩子从一个有限的社会圈子向一个无限的社会圈子前进得过于快速的时候,父母能够比孩子看得更清楚一些;也有可能是因为在最近的邻里当中有一些危险的社会元素;或者因为在青春发育期自然会出现的反抗以及性欲能力的迅速发展。父母是被需要的,特别是因为那些首次在学步期被沉积下来的本能张力和模式现在又重新出现了。

"朝向独立"描述了学步期孩童和青春发育期孩子的需求和奋斗。在潜伏期,孩子们通常对于他们有幸能够体验的任何依赖都会感到满意。潜伏期是学校替代了家庭而起作用的一个阶段。这并不总是真实的,但是在这里我们没有时间去展开这个特殊的主题了。

成年人应该被期待不断地去继续他们的成长和成熟过程,因为他们确实都长大了,但他们很少有人达到了全部的成熟。然而,一旦他们通过自己的工作在社会上找到了一席之地,或许通过结婚或者别的方式安定下来,这是一种介于被称为父母的复制品与对抗式地建立一种个人身份之间的折中方式,一旦这些发展发生了之后,成人生活可以说就开始了。而这时候我们可以说,从上文我们简短地陈述的这种"从依赖朝向独立"的成长和发展当中,一个接一个的个体才都"爬"了出来。

(郝伟杰 翻译)

8. 道德与教育①(1963)

这场讲座的题目让我有了充分发展主题的余地,我的主题就是:社会变化的程度,与不变的人性相比根本不算什么。人性是不变的。这个概念可能会受到挑战。尽管如此,我必须为这一真相负责,并立足于这一基础之上。确实,在几十万年的历史长河中,就像人类身体和存在的进化发展一样,人性也进化发展了。然而,在短短的有记载的人类历史记录中,几乎没有证据表明人性发生了改变;与此类似的事实就是,人性的真实性如果在如今的伦敦是这样,那么在东京、阿克拉(Accra,加纳)、阿姆斯特丹和廷巴克图(Timbuktoo,印度)也都是一样的。这种真实性不分肤色种族,不分高低贵贱,对哈维尔(Harwell,英国)或卡纳维拉尔角(Cape Canaveral,美国)科学家的孩子,以及对澳洲土著居民的孩子都是一样的。

应用于今天讨论的主题(今日的道德教育),这意味着应该有一个研究领域,可以称之为"人类儿童接受道德教育的能力"。我在这场讲座中涉及的内容不会超出这个领域,也就是人类儿童产生道德感、体验罪疚感、建立理想典范的这种能力的发展范围。类似的是,我还想尝试探究诸如从"信赖上帝"(belief in God),到"信赖"(belief),或者(我更愿意说)"对……的信赖"(belief in)这一系列想法的发展。对发展出"对……的信赖"能力的孩子来说,那种对恰巧属于他的家庭之神或社会之神的信任是可以被传递给他的。可是,对于没有"对……的信赖"能力的孩子来说,神的概念最好也不过是一种好为人师者的骗人把戏,而最差则成了孩子抓住的一条证据,证明父母角色对人性发展过程缺乏信心,而且惧怕未知事物。

Niblett 教授在这个系列讲座的开幕演讲中提到,Keate 校长曾对一个孩子说过这样的话:"到下午五点你要是还不相信有圣灵的话,我就会打到你信为止。"Niblett 教

---

① 这是 1962 年在伦敦大学教育学院所做的系列讲座之一,后以"家庭与学校中的幼儿"为题目首次出版于《在变革社会中的道德教育》(*Moral Education in a Changing Society*,编辑 W. R. Niblett, London: Faber, 1963)。

授由此引出一个概念，就是用强制和暴力的方式进行价值观和宗教教育是无用的。我准备进一步展开这个重要的主题，并且考察其替代方法。我的主要观点是，确实存在一种好的替代方法，而这种好的方法不是在越来越难以捉摸的宗教教育中找得到的。这种好的替代方法与对婴儿和孩子的供养有关，供养的是那些环境条件，以便能让信赖、"对……的信赖"，以及是非观念经过个体儿童的内在加工过程发展出来。我们可以称之为"个人超我"（personal superego）的进化。

许多宗教一直都极为重视原罪，却并不完全接受原善（original goodness）的想法，而原善都被归纳于上帝这个概念里，同时，又与那些集体创造了和再度创造了上帝概念的人们脱离开来。俗话说：有些人依照自己的形象创造了上帝。这种观点常常被当做一种堕落和可笑的例子，但事实上，稍加重述，这句话里面蕴藏的真相就变得更明白了，那就是：有些人持续创造着并再度创造着上帝这样一个地方，他们将自身当中那些好与善的东西放在上帝那里，因为他们也在自身当中发现了恨和摧毁性，所以他们担心把好与善留在自己这里，就会被他们自身所有的那些恨与摧毁性给破坏掉了。

宗教（或者是神学？）一直在从正在成长发展的个体儿童那里偷取良善，然后一直在建立一套人工体系（an artificial scheme），为的是把这些已经偷来的好东西再次注入回儿童那里，并把这种现象称之为"道德教育"（moral education）。实际上道德教育是不管用的，除非婴幼儿已经在他们的自然成长过程中发展出了一些素材，也就是，放置于天际会被命名为上帝的那些东西。道德教育者的成功就取决于个体儿童这种发展成就的存在，这种发展成就让儿童能接受道德教育者所说的上帝，但其实那是儿童把上帝作为他自己和他实际生活体验中的那部分良善的投射物来接受的。

因此，不论我们有什么样的神学系统，我们在实际道德教育中都要落入一种依赖，依赖每个新一代儿童正在或已经能达成上述发展成就的具体进展程度。可以这样问：孩子已经在道德感发展方面，打个比方说，通过入门考试了吗？或者孩子们获得了我所说的"对……的信赖"能力了吗？是的，我坚持使用这个难看的、不完整的短语，"对……的信赖"（belief in）。要想让已经萌芽的道德感能够完成发展，就得有人让孩子知道在家庭和这个社会中，时下我们正在信赖着什么。不过，这个完成过程还是次要的，因为如果"对……的信赖"的能力还没有达成，那么道德和宗教的教学就只能是Keate式的教育法，而通常那又是令人反感和荒唐可笑的。

我对以下观点感到很不满意，常常表达这种观点的一些人在其他方面也算是有识之士，但他们会说弗洛伊德的机械论取向心理学，或者他对人类由动物演化而来的进化论的依赖,妨碍了精神分析在宗教思想方面可能作出的贡献。其实,正相反的是很有可能宗教需要向精神分析学些东西,这些东西也许还能挽救宗教实践在各种文化过程中正在失去的位置,并保住宗教在文明化进程中的一席之地。神学拒绝将上帝、良善、道德价值以及诸如此类概念的创造机会赋予发展中的个体,其实是正在做着掏空个体创造性这个重要部分的事情。

想必 Knight 女士在几年前的一次论战中,把上帝和圣诞老人作了对比并不是为了贬低上帝;她正在说明,或者设法在说明,你可以把孩子的某些特点放在童话故事中的巫婆身上,你也可以把孩子的某些信念和慷慨交托给圣诞老人,而那些属于孩子们及其内在和外在体验中的各种各样的良善感受和想法,都可以被提取出来并打上"上帝"的标签。同样的方式,孩子们身上的恶意和污秽不洁就可以被称之为"恶魔和他的所有勾当"(the devil and all his works)。贴标签让本来个人化的现象变得社会化了。三十多年来的精神分析实践经验让我觉得,正是那些和有组织的道德教育绑在一起的观念,大大削减了个人创造性的个体化。

道德教育者的观念顽固不化是有多种原因的。明显的一点是,确实存在着恶劣(wicked)的人。照我的看法,这话的意思是在说,在所有的社会及全年龄段中,总有一些人在其情绪发展的过程中没有达到"对……的信赖"能力的阶段,也没有达到让与生俱来的道德感涉入整体人格中的阶段。然而,为这些不健康人群所设计的道德教育并不适用于绝大多数人,因为绝大多数人在这个层面上讲其实并没有生病。我会在后面再谈谈恶劣的人。

到目前为止,我所说的话很像一个业余的神学家,但其实我是应邀作为一名专业的儿童精神科医师来演讲的。为了在这方面作出有用的贡献,我现在必须讲讲人类婴幼儿情绪发展的概况了。当然你们也知道,这是一个极其复杂的主题,它的来龙去脉没法简要地说清楚。接近情绪成长主题的方式有很多,我会试着采用多种方法来说明它。

儿童发展的基础是婴儿的躯体存在及与之相随的遗传倾向(inherited tendencies)。这些遗传倾向包括了促进发展的各种成熟性驱力。让我们这么说吧,一个婴儿倾向于在一岁时说出三个单词,倾向于在十四个月左右走路,还倾向于朝体型和身高与父母相似的人靠近,也倾向于变得聪明、迟钝、喜怒无常或过敏。同时在更为潜在的层面上,于婴幼儿时启动的并持续到儿童期的是一种人格趋于整合的倾向性,随着时间的推移,孩子长大,"整合"这个词也变得具有越来越复杂的意义。同样,婴儿倾向于活在自己的身体中,并在身体功能的基础上建立自体,它们都属于想象性精细加工(imaginative elaborations),这些加工很快就变得极其复杂并构成了专属于这个婴儿的精神现实。然后,这个婴儿变成了一个确定的统一体,发展出一种"我是"(I AM)的感觉,并且勇敢地面对这个世界,这时的婴儿已经能与世界建立关系,包括充满深情的关系,以及(与之相对的)一种基于本能生命(instinctual life)的客体关系模式。诸如此类。所有这些,以及远比这些多得多的事情,自始至终一直是人类婴儿的真实写照。这就是人性在展现着自己的样子。但是——这个"但是"至关重要——成熟过程能够在孩子身上、能够在恰当的时机真实地发生,其实取决于足够好的环境供养。

这就是从古至今一直争论的先天遗传与后天养育(nature and nurture)。我倒认为,这个问题并不是不能说明。父母不必像画家作画,或者陶艺家制陶那样去制作他们的婴儿。只要环境是足够好的,婴儿就会以他们自己的方式成长。也有人把足够好的供养称为"平均可预期的环境"(the average expectable environment)。事实上,几个世纪以来,母亲们、父母们、替代养育者们其实通常刚好能提供婴儿和小孩在最开始,也就是最大依赖阶段所恰好需要的环境条件,然后这种供养甚至还会持续到婴儿们成长为儿童,与环境稍微分离并相对独立为止。再往后,这种供养就变得不那么好了,不过与此同时,供养这件事情也已经越来越相对无足轻重了。

需要注意的是,我所提及的这段时期内,言语教育还不适用。母亲们和父母们既不需要弗洛伊德,也不需要精神分析来告诉他们怎样提供这些条件。这些条件开始于母亲这边对婴儿需要的高度适应,然后慢慢变成一系列相应适应的失败;这些相应适应失败本身又是另一种新的适应,因为它们都与儿童对面对现实、实现分离、建立个人身份认同的逐渐增加的需要有关。[Joy Adamson 以她养育母狮子 Elsa 及其幼崽(现已全部放生)的经历,精美地描述了上面这一过程。]

看起来,尽管大部分宗教都倾向于承认家庭生活的重要性,但还是要靠精神分析向婴儿的母亲们以及小孩的父母们指出他们身上的这种价值——不,是一种天性(essential nature)——他们都有一种本质倾向,就是要通过养育为每个婴儿提供那个婴儿绝对需要的东西。

母亲(我并没有排除父亲)之所以适应得如此之好,只能说她紧密认同了她的婴儿,所以她既知道婴儿某个单独时刻的需要,也知道婴儿大体上需要什么。当然,婴儿在这个初始早期阶段还处于一种融合状态(state of mergence),还没有从"我"(me)中分离出母亲和"非我"(not-me)客体,因此任何环境中适应性的或"好"的成分,也都会填充到婴儿的经验库中作为一种自体品质,起初(靠婴儿),这还难以与婴儿自己的健康功能区分开来。

在这个早期阶段,婴儿虽然不会登记(register)那些好的或适应性的经验,但是对每次可靠性的失败会作出反应,并因此知道和登记这些失败。在婴儿养育过程中,对不可靠的反应就构成了创伤,每次反应都是对婴儿"持续性存在"(going-on-being)的一次打断,以及在婴儿的自体中造成的一次断裂。

我以简化了的方式描述了人类发展的初始阶段,总结起来就是:婴儿和幼儿通常被人以一种可靠的方式照顾着,而这种被足够好地照顾的体验在婴儿内心建立起一种对可靠性的信赖;在此基础上,才能加入对母亲、父亲、祖母或护士的感知。对一个以这种方式开启生命历程的孩子来说,良善的想法、可靠而个人化的父母或上帝这种念头就能自然地跟进并发展出来。

对于早期阶段没有过足够好体验的孩子,给予其个人化上帝的概念作为婴儿养育的替代品是行不通的。至关重要而又微妙的母婴互动交流总是先于言语交流参与的发展阶段。道德教育的一个首要原则就是,*道德教育不是爱的替代品*。一开始,爱只能以婴儿和儿童养育的形式得到有效的表达,对我们来说,这就意味着提供促进性或足够好的环境,而对婴儿来说,这意味着有机会以个人化方式来发展,而这一个人化方式是符合稳定且渐进式的成熟过程的。

若要发展这一主题,就得考虑到急剧增加的个体儿童内在现实的复杂性,以及扩展了的儿童内在与外在经验(包括记住的和由于经济性而遗忘的)的库存,我该怎么继续呢?

此处,我应该试着说说在婴幼儿身上那些可以用术语"好"和"坏"来贴切描述的元素的起源。当然,在这个阶段还不必也不应该出现言语,况且赞成和反对(approval and disapproval)确实是可以传达给聋人的,也是可以传达给在言语交流开始前的婴儿的。除了赞成和反对之外,婴儿确实还会发展出一些对立的感受,这些会一并被母亲或父亲传达给儿童,而我们正是要标记这些元素,甚至去追溯其来源。

个人记忆以及构成个体儿童内在精神现实的现象不断扩充着经验库,在这个经验库中会出现一些元素,最初它们就是对立出现的。它们也许可以被称为"支持性元素"和"破坏性元素"(supportive and disruptive elements),或者"友好元素"和"敌意元素"(friendly and hostile),或者"良性元素"和"迫害元素"(benign and persecutory);这些元素一部分来源于婴儿的生活体验,包括兴奋体验中的满足与挫折,此外在一定程度上,这种积极与消极元素的组合取决于婴儿回避矛盾两价性痛苦的能力,这种能力体现在婴儿不去将感觉时好时坏的客体连接起来。①

我不可避免地得在这里使用术语"好"和"坏"来形容,即使这样做违背了我本来的目的,也就是描述言语使用之前的现象。事实是,这些在成长中的婴儿和幼儿身上发生的重要事情,就得用好和坏来形容才行。

所有这些事情都与对母亲的赞成和反对的知觉体验紧密地纠缠在一起,但在此毫不例外的是,内在的且个人化的因素要比外在的或环境因素重要得多,这条箴言也是我和大家交流的核心。假设我在这方面错了,那么我的论点就是错误的。如果我的论点是错误的,那么婴儿和幼儿就确实要依靠外界注入来拥有是非对错的观念。这就意味着父母必须用赞成与反对来替代爱,那么实际上他们就一定要成为道德教育者而不是父母。他们该多讨厌这样做啊!

孩子的确需要应付赞成与反对,不过父母大体上都发现自己会先等待,克制自己不去表示赞成与反对,直到他们在婴儿身上发现了一些元素,比如价值感、善恶感、是非感,这些都存在于这一时期具有重大意义的儿童养育的特定领域中。

现在有必要来看看婴幼儿的内在精神现实了。这个内在精神现实是一个快速成长的个性化世界,被孩子同时定位于自体的内部和外部,此时自体刚刚形成一个覆有一层"皮肤"的统一体。位于自体内部的内容是自体的一部分,但不是固然如此,它可以被投射(projected)出去。位于外部的内容不是自体的一部分,但同样也不是固然如此,它可以被内射(introjected)进来。在健康的情况下,这种不断地内外交换会随着孩子生活并收集经验的过程而持续发生,这样一来,外部世界就会被内在潜质所丰富,而内部世界也会被外在内容所充实。这些心理机制的基础显然就是在身体经验方面的合并和排除(incorporation and elimination)功能。最终,到孩子已经是一个成熟的个体时,孩子可能会察觉到确实有真正的环境性存在,而(这种环境性)包括种种遗传倾向以及环境供应,还有古往今来的世界,还有未知的浩瀚宇宙。

很明显,以这种方式成长的孩子,他的个性化自体内容就不仅仅是"他"了。自体越来越多地被环境供应塑造着。如果不是客体已经触手可及等着被接纳,那么将客体几乎作为自体的一部分来接纳的婴儿也是没有客体可接纳的。以同样的方式,所

---

① 这种原始态势被用来作为一种防御,去抵御矛盾两价性痛苦,那么就叫做"分裂"(splitting)客体。

有内射物也不仅仅是把先前投射出去的东西又原封不动地收进来，它们也确实都是外来之物。婴儿要等到具有相当高的成熟度之后，并且其心智能够以理性和智能处理那些就情绪性接纳而言毫无意义的现象之后，才能理解这一点。在情绪性接纳的意义上，自体就其内核而言一直都是个性化的，是孤立的，且未曾被体验所影响过的。

　　以这种方式来看待情绪发展对我的论述而言尤为重要，但更重要的是，以这种方式长大的婴儿到了这个特定的阶段，就需要参与婴儿和儿童养育的人留下一些触手可及的东西，不仅是物品（比如相貌奇怪的人偶、泰迪熊、娃娃、玩具火车头），还有一些道德准则。这些道德准则通过各种接纳式的表达或者撤回爱的威胁，以微妙的方式给予了孩子。事实上，早就有"括约肌道德"（sphincter morality）这个说法来描述这种方式，即是非观念可以通过从失禁转变为社会化的自我控制的形式传达给婴幼儿。对排泄物的控制只是大量同类现象中一个相当明显的例子罢了。然而，从括约肌道德这种形式中，常常看到有些父母期望小孩在达到理解自我控制的意义这个阶段之前就服从道德规则，这就剥夺了孩子经过自然过程达到括约肌控制的成就感和对人性的信任感。这种错误的"训练"式的态度忽视了孩子的成熟过程，也忽视了孩子想要像在他世界中的其他人和动物一样的主动意愿。

　　毫无疑问，对于先天遗传还是后天养育，总有人且一直会有人偏好给孩子植入道德，正如总有人也更愿意等待，即使等上很长时间，等待一切自然发展。尽管如此，这些问题仍值得讨论。

　　对于这些问题，有一种解答始终是：接受过爱后的收获总要比接受教育后的收获多。爱在此处的意思是全部的婴儿和儿童养育，这些养育促进了成熟过程。这份爱里也包括了恨。教育总是意味着处罚和赞扬，以及灌输父母或社会的价值观，这些价值观是*游离*在儿童的内部成长或成熟过程之外的。就算术教学的形式而言，教育必须要等到婴儿个人整合到一定程度才行，这个程度的整合让"一"的概念有了意义，也让包含在这第一个单数代词中的含义有了意义。了解"我是"感受并能承受"我是"感受的孩子，也能理解"一"的意义，然后孩子很快就会想要人教他加法、减法和乘法。同样地，道德教育自然也要跟随在道德来到了孩子心里之后，而道德的到来依靠的是在足够好的养育促进下的自然发展过程。

价值感

很快问题就来了：一般来讲什么是价值感呢？父母对此的责任又是什么呢？这种更为一般化的议题随着更为具体的婴儿行为层面的议题而产生。再一次地，有些人害怕等待而宁愿灌输，正如有些人愿意等待，并且时刻准备着呈现和提供观念与期待，以供孩子达到每个整合和客观思考能力的发展新阶段时可以被使用。

关于宗教以及神的概念，显然也有两极化的态度，但是其中一极的人并不了解儿童有种创造一个神的能力，以至于他们很快就要给儿童植入概念了，而另一极的人们则会一直等着看他们努力满足成长中婴儿的需要会有什么结果。就像我前面说过的那样，后一类人会在孩子的接受能力达到一定阶段时，把家庭之神介绍给孩子。在后一种情况中，只有最低限度的既定模式；在前一种情况中，恰恰就是要建立既定模式，而孩子只能接受或拒绝那个本质上的外来物，也就是被植入的神的概念。

也许你会发现，有些倡导者根本不在可及范围内留一丝文化现象的痕迹让孩子能拥有和接纳。我甚至知道一位父亲，他拒绝让他的女儿接触一切童话故事，或是任何与女巫、仙女或王子相关的概念，只因为他想让他的孩子拥有唯一个性化的人格；这个可怜的孩子相当于被要求重新建立那些几百年来建立起来的概念和艺术成就。这套方案是行不通的。

同理，父母要是不提供任何来自当地社会体制的东西，也没法期待孩子有他/她自己对道德价值问题的解答。而且道德准则之所以应该可获得还有一个特别原因，那就是婴儿和幼儿的内部道德准则有一种相当凶猛、相当原始、相当有害的品质。成人的道德准则之所以有必要，是因为它将儿童的亚人类状态人性化了。婴儿遭受的是被以牙还牙报复的恐惧。比如孩子在一种与好客体关联的兴奋体验中咬了客体一口，那么客体就会同时被感受为一个尖锐刺痛的客体。再比如孩子享受着一种排泄的放纵狂喜，同时整个世界就充满了淹没般的汪洋大海和埋没般的污秽不洁。这些原始粗暴的恐惧主要是通过每个孩子与父母的关系经验才变得人性化的，因为父母虽然会反对和生气，但是不会真的由于孩子的冲动或幻想而去咬、淹死或激怒孩子以示报复。

依靠生命和生活的体验，健康儿童开始准备好要信赖一些事情了，这些事情就可以移交给个性化的神这种形式。然而，个性化的神的概念对于没有过人类体验的儿童是没有任何价值的，所谓的人类体验就是人们将那些可怕的超我形成物（superego formations)人性化的体验,这些超我形成物直接关联着婴儿期的冲动,以及与身体功能和包含本能的原始兴奋性相伴随的幻想。①

这个影响着道德价值传递的原则,同样也适用于文化和文明的薪火相传。一开始就给孩子提供莫扎特(Mozart)、海顿(Haydn)、斯卡拉蒂(Scarlatti),你可能会换来孩子早熟的好品位,那不过是能在聚会上炫耀一下的东西。然而,孩子很可能必须从绕在梳子上的厕纸的吹动声起步,然后才能进阶到有节奏地敲击汤锅和吹响旧喇叭;从尖叫和粗俗的噪音到"爱情的烦恼"(Voi cheSapete,选自《费加罗的婚礼》)的跨度是巨大的,而值得赞赏的顶峰应该是一种个人成就,而不是一种灌输和植入。然而没有哪个孩子能只靠自己就写出或演奏出属于他(她)的莫扎特。大人必须帮助孩子发现这样或那样的文化宝藏。而在生活领域,这意味着你要给你的孩子树立一个榜样,而你真实的样子就再好不过了,因为你既不会不诚实,又能在可容忍的程度上表现得体。

最凶猛的道德就是婴儿早期的道德,而且它会像一条斑痕一样持续地遗留在人性中,在个体生命中自始至终都能被识别出来。对于婴儿来说,不道德就是以牺牲生命的个性化方式为代价去顺从。例如说,任何年龄的孩子都可能感到吃东西是错的,甚至到了能为这一原则而死的程度。顺从可以带来即刻的奖励,而大人们简直太容易错把孩子的顺从当做成长了。由于成熟过程可以被一系列的认同所打岔,以至于临床上就会表现出一个虚伪的、表演的自体(a false, acting self),或许只是某种人的复制品;而那个可以称之为真实或本质的自体(true or essential self)就被隐藏起来了,而且被剥夺了活生生的体验。这一点会导致许多看似表现很好的人最后结束了他们自己的生命,因为他们的生命变得虚假且不真实了;如果在最低的限度上不真实的成功也算是道德的话,那么相比之下,性行为不轨则其实几乎算不上什么了。

在儿童发展中有一个阶段具有特殊的重要性,它能够被用来说明促进成熟过程的环境供应,尽管它只是一个新的且更为复杂的例子,但我必须提到这个阶段。

在我提到的这个阶段中,孩子身上有一种逐渐建立起来的感受到责任的能力,而这种能力的基础是罪疚感。在这个阶段中,环境的必要性就是母亲或母亲形象的持续性存在,婴儿和孩子在这段时间里会调节和适应自己性格中的摧毁性部分。这种破坏性越来越成为客体关系体验中的一种特征,而我所提到的这个发展阶段大概会从六个月起一直持续到两岁,之后,孩子可能就已经能够将摧毁客体的念头和爱着相同客体

---

① Erikson曾经从美德的概念(concept of virtue)这方面论述过这一主题。(Erikson, 1961)

的事实满意地整合在一起了。这段时间里孩子是需要母亲的在场的，而母亲之所以被需要是因为她的幸存价值。她既是一个环境—母亲（environment-mother），同时又是一个客体—母亲（object-mother），一个被兴奋地爱着的客体。在后一种角色上，她被反复地摧毁和迫害着。孩子会慢慢地整合母亲的这两面，同时就能对幸存的母亲充满爱并且满含深情。这个阶段会让孩子陷入一种特殊的焦虑中，我们称之为罪疚感，罪疚与破坏性念头有关，而此处同样也有爱在运作着。正是这种焦虑驱使着孩子在他有限的世界里做出建设性地或者积极地爱的行动，比如让疲惫的客体复苏或恢复精神，让爱的客体重新变得更好，重建其破坏了的事物等等。假如母亲形象不能帮孩子顺利度过这个阶段的话，那么孩子就发现不了或者会失去感受罪疚的能力，取而代之的是感受到原始而粗糙的焦虑，那么这种焦虑就真正地被浪费掉了。［我已经在别处论述过这件事，而且比我能在此处描述的更彻底，当然，把我们对儿童发展的理解引导到这一部分的主要工作都来自于梅来妮·克莱茵，在她以"抑郁位置"（The Depressive Position）为标题的著作中我们可以找到这些内容。］

机会的供给

这是儿童发展中的一个必不可少的阶段，如果这个阶段成功且和平地度过了，那么儿童针对"自己抱有对所爱之物的破坏性念头"这一问题的个性化解决办法，就转变成了儿童想要做出成果和培养技能的愿望，除此之外，这个阶段跟道德教育一点关系都没有。在这一点上，恰恰是需要机会的供应，其中各种技能的教导，满足了儿童的需要。然而这种需要才是必要因素，而这种需要出自儿童在自体内部形成了一种能力，能够承受与破坏性冲动和念头有关的罪疚感受，也能够承受对破坏性念头的一般责任感，这种能力的形成是由于儿童在修复冲动和有机会作出贡献方面变得有信心了。这个过程会在青春期大规模地重现，众所周知，为年轻人提供作出服务和贡献的机会，远远要比在道德规范说教意义上的道德教育更有价值。

前文中我曾提到，我会再谈一谈恶劣（wickedness）的概念和恶劣的人。在精神病学家看来，恶劣的人都是生了病的人。恶劣属于由反社会倾向（antisocial tendency）引起的临床情况，其范围可以从尿床到偷窃和撒谎，甚至包括攻击性行为、破坏性行动和强迫性残忍行为（compulsive cruelty），以及性倒错和堕落（perversions）。为了理解反社会倾向的病源学，已经涌现出了大量的文献，而这里我们只能作一个简短的陈述。

简单来说,反社会倾向代表着一个缺乏养育的孩子身上的希望(hopefulness),除此之外,这个孩子在任何方面都是绝望的、不幸的且无害的;孩子有反社会倾向的表现意味着这个孩子已经发展出了一些希望感,希望能找到一种方式来跨越那个缺口。这个缺口是在环境供应的持续性上出现的断裂,并在相对依赖阶段被孩子体验到了。每个个案中都有环境供应持续性方面断裂的经历,这种断裂会导致孩子成熟过程的阻滞,以及孩子出现痛苦混乱的临床表现。

通常,儿童精神病学家如果能在次级获益发展之前见到孩子的话,那么他们是有能力帮助孩子回到缺口发生以前的,这样一来,取代偷窃而出现的就是与母亲,或母亲形象,或父母某一方的往日美好关系的回归。只要缺口被桥接上了,恶劣就去无影踪了。这么说虽然过于简单化,但确实也足以说明问题了。强迫性恶劣大概是最不可能被道德教育治愈甚至制止的事情了。孩子从骨子里就知道,希望是被锁在恶劣行为里面的,而绝望总是与顺从和虚假的社会化联系在一起。对于反社会或恶劣的人来说,道德教育者才是站在了错误一边的人。

尽管应用价值有限,但精神分析所能提供的理解依然有其重要性。大部分基于精神分析的近现代思想,让我们得以看到婴儿和儿童养育中什么才是重要的,也让父母放下了心理负担,不然他们以为他们一定要做点什么孩子们才会好。近现代思想评估了个体成长中的各种成熟过程,并把它们和促进性环境联系在一起。近现代思想也考察了个体道德感的发展,并且论证了一个道理,那就是感受到个人责任感的能力属于健康的范畴。

至于那些在必要的本质方面尚不成熟的个体,以及那些还没有发展出道德评价能力和感受责任能力的个体,精神分析师还不能完全解决他们的问题,他们的问题与道德教育有关。精神分析师只能说这些人生病了,在某些案例中,精神分析师也能进行有效的治疗。但是,无论他们是否生病,这些人的问题仍要留待道德教育者努力加以应对。在此,精神分析师只能请求教育者不要把专门为这些不健康的人所设计的教育办法溢散开来,波及健康的人。绝大多数人并没有生病,尽管他们确实会表现出各种各样的症状。强力或压制手段,甚至是教化(indoctrination),可能适合于社会的需要,用于管理反社会个体,但是这些手段对于健康人来说却是最不能接受的事情,而健康的人是可以从内在成长的,只要给予其促进性环境就行,尤其是在发展的早期阶段。正是后者——这些健康人——长大成人后构建了社会,也是他们集体形成并保持着之后数十年的道德准则,直到他们的后代接管了这个社会。

正如 Niblett 教授在系列讲座的第一场中再次讲到的，我们不能过分出格地对青少年说："交给你了。"我们还必须在他们的婴儿期、童年期和青春期，在家中和学校里，为他们提供促进性环境，让每个个体在其中可以生长出他/她自己的道德能力，也可以从婴儿期原始天然的超我元素中经过自然演化发展出一个超我，还可以找到他/她自己的方式来使用或弃用我们这个时代的道德准则和普遍文化资源。

随着孩子一天天地长大成人，重点就不再落在我们传下去的道德准则上了；重点已经转移到了更积极的事物上，也就是人类文化成就的宝库。然后，我们也不会进行道德教育，而是向孩子介绍变得有创造力的机会，对于那些不靠抄袭和顺从，而是实实在在发展出个性化自我表达方式的人来说，艺术实践和生活实践总能提供这样的创造性机会。

（魏晨曦　翻译）

第二部分

理论和技术

9. 直接婴儿观察对精神分析的贡献[①](1957)

我想要处理一个困惑,我想这个困惑可能由于赞成把"深入的"(deep)这个词作为"早期的"(early)这个词的同义词而产生。我已经发表了两篇关于直接婴儿观察领域的研究论文;这两篇论文涉及的是:(a)婴儿最终与客体达成妥协的方式(Winnicott,1941),和(b)客体的使用,以及婴儿从纯粹的主观性生命向下一发展阶段过渡时期的现象(温尼科特,1951)。

这两篇论文都将为我主要论题的检验提供有用的材料,我的主要论题是,精神分析意义上的"深入的"(deep)与婴儿发展意义中的"早期的"(early)是不同的。

在设置情境中的婴儿观察

[我将其称之为行动研究(Action Research),来给这个研究一个现代化的包装,并且和Kris的研究联系起来。]

我们可以看到,婴儿接近客体(object)的过程有三个主要的阶段(正如描述的那样,一个个体会存在于一个正式的阶段中。)

第一个阶段:原初的抓握反射;

撤回;

紧张促使的重新出现自发性抓握,并且缓慢地将客体移动到嘴巴。

这一阶段嘴巴变得充满,唾液溢出。

第二个阶段:用嘴巴含住客体;

在试验性探索中、在游戏中,以及当用一些东西来喂其他人时,自发

---

① 1957年7月在巴黎的第20次国际精神分析大会上宣读,并首次出版于(法国的)the Revue française de Psychanalyse,22, pp. 205 – 11。

性地使用客体。

在这个阶段里,由于失误,客体会掉落。让我们假设客体会被捡回来,并归还给婴儿。

第三个阶段:摆脱了(Riddance)。

举一个例子来思考这些事情,那我们就需要立刻知道婴儿的年龄。典型的例子是十一个月大的婴儿。十三和十四个月大的婴儿已经发展出了许多其他的兴趣,而十一个月大的婴儿所感兴趣的主题可能还是模糊不清的。

绝大多数十个月或者九个月大的婴儿一般都正常地度过了这些阶段,尽管婴儿的年龄越小,就越需要敏感的母亲能够在相当程度上提供更微妙的合作,这种微妙的合作必须是支持性的,而不能是支配性的。以我的经验来看,对于一个六个月大的婴儿来说,清晰地表现出完整的身体活力是不太常见的。在这个年龄阶段的不成熟性就是这样的,当客体被婴儿抓住、握住,以及有可能是用嘴巴含住时,这就是一种成就的达成。直接的婴儿观察表明,婴儿在能够享受充分的情绪体验之前,他们必须在生理和心理的成熟上达到一定的程度。

当这些现象在精神分析中出现的时候,无论是出现在一次分析中,或者是出现在一个持续几天或几周的阶段里,对于分析师而言,要想确定所观察到的或推断出的这些现象的起源时期几乎是不可能的。对于回顾分析中所呈现材料的分析师而言,我所描述的这些现象看起来似乎是可以适用于病人婴儿期早期的表现,甚至是出生最初的几周和几天的表现。这种材料可能与确实属于最早婴儿期的,甚至是刚出生后状态的各种细节混杂在一起,而出现在了分析过程中。分析师必须记得去考虑这些情况。尽管如此,婴儿游戏的全部意义是在分析中被识别出来的,而这种游戏表明了合并和消除的全部幻想,以及通过想象性进食而获得人格成长的全部幻想。

过渡性客体和现象

在最简单的案例中,一个正常的婴儿抓住一块布,或者抓住一块餐巾,并且变得沉迷于这件物品,而这一时期可能是婴儿六个月到一年或者更晚些。在分析性工作中,对这一现象的检验,使得我们有可能根据过渡性客体的使用来谈论象征形成的能力。然而,在精神分析工作中,允许这些观点以初步的形式应用于最早的婴儿期似乎是有可能的。然而,基于婴儿的不成熟性,事实上仍然存在某个年龄节点,在此之前是没有过渡性客体的。另外，动物也有过渡性客体。即使是在婴儿期的最早期，吮吸手指也不可能对刚出生的婴儿有意义，但是却对出生几个月后的婴儿有意义，不过当然不如有着强迫性吮吸手指十多年的精神病性儿童那样有完整的意义。

"深入的"（deep）并不是"早期的"（early）的同义词，因为在变得逐渐能够"深入"之前，婴儿需要一定程度的成熟。这是显而易见的，几乎是老生常谈，然而，我认为这一点还没有被给予足够的关注。

在这一点上，如果我能够定义"深入的"（deep）这个词汇将会是有帮助的。James Strachey（1934）在面对同样问题的时候，这样写道：

> 然而，我们没有必要因为词汇（"深入的"解释）的模棱两可而感到困扰。毋庸置疑，它描述了对临床材料的解释，而这些材料要么是遗传上早期的，并且就历史而言远离病人的实际体验的材料，要么就是在格外沉重的压抑之下的材料，无论如何，解释的材料都是在事情正常进程中十分难以接近病人自我的材料，并且是远离病人自我的材料。

他似乎接受了"深入的"和"早期的"是同义词的观点。

当我们去仔细研究这件事情时，我们会发现，相比而言，"深入的"有更多用法，而"早期的"主要是指一种事实；这就使得这两个术语在复杂性和暂时性意义上有了可比之处。谈到母婴关系，总是比谈三元关系更加深入，谈到内在迫害性焦虑，总比谈外在被迫害的感觉更深入；在我看来，分裂机制、瓦解、没有联接能力，总是比在关系中的焦虑更加深入。

我认为当我们使用"深入的"这个术语时，我们总是暗示着，在病人的潜意识幻想或精神现实的深处；也就是说，病人的心智（mind）和想象是被包括进去的。

Kris（1951）在他的课程"精神分析儿童心理学"的开场白中说道，"从精神病性机制中去推算童年早期……"，他批判性地检查了分析性解释的深度，与婴儿心理学适用于早熟的精神病性机制之间的关系。在我们的分析性工作中，在我们精神分析概念发展所带来的帮助之下，我们变得越来越深入了。我们能够发现并使用移情现象，这些移情现象是与我们病人的情绪发展中越来越深层次的元素相关联的。从某种程度上来说，"越来越深入"当然确实也意味着"越来越早期"，但是，这只在某种限度上是如此。我们不得不考虑一个事实，那就是在接受我们分析的病人中，存在着一种早期与后来的各种元素是融合在一起的现象。

我们已经对通过我们在分析中发现的材料来构想出关于童年的观点这种方式习以为常了。这一做法来自于弗洛伊德他自己的工作。当把弗洛伊德关于精神—神经症起源方面的工作，应用于学步年龄儿童的心理学时，我们没有感到有多么困难，尽管这样，精神分析师还是有责任说出那些在精神分析中是真实的事情，但以粗糙的方式把其应用于儿童心理学时，则不见得也是真实的。

当我们应用我们在婴儿心理学中的发现时，我们会冒很大的风险，因为这些发现把我们带到了更深入的地方。让我们思考一下克莱茵在题目是"在情绪发展中的抑郁位"的文章中谈及的概念。从某种意义上来说，"抑郁位"这一概念走得更深入，同时也到达了更早期。自我发展的研究使得我们不能接受抑郁位发生在小于六个月婴儿身上这样复杂的一件事情，而且给抑郁位一个较晚的发生时期，确实是更加安全的做法。如果我们发现一些参考文献把抑郁位作为在婴儿刚出生几周内就发生的事情，那这是荒谬的。然而，被梅兰妮·克莱茵称之为"偏执位"（paranoid position）的现象，确实是一件非常粗糙的事情，几乎就是一种以牙还牙的报复现象，并且可能是发生在整合成为事实之前的事情。儿科临床中的病史采集表明，婴儿报复的期望可能开始于生命的最初几天。因此我将偏执位归为是早期的，而不是深入的。

对于分裂机制来说，它是关于早期心理学的，还是深度心理学的呢？我认为重要的是知道答案，因为这个答案将表明自我的发展和母亲所起的作用。我们可以谈论，作为婴儿的一部分哪些是深入的，但是当我们谈论那些早期事情的时候，我们必须把自我—支持性环境考虑进去，这个自我支持性环境是早期极端依赖阶段的重要特征。

如今，对婴儿的直接观察者所做的工作，已经准备好了让分析师构想出关于婴儿期最早期的观点，这些观点可能具有精神真实性，但是不能被证明和展示；的确在有些时候，由于不成熟所施加的局限性，在分析中曾经发现的情况实际上在声称的那一时刻是不存在的，这种情况有时候通过直接的观察是可以被证实的。在分析中反复发现的那些情况，不会因为在直接婴儿观察中被证实是错误的就会被抹去。直接婴儿观察只是证明了病人表现出的某种现象其实在很早以前就一直存在了，并且因此给分析师留下了这样的印象，那就是在这些疾病现象还没有出现的时候，某些事情在某个年龄阶段早就已经发生过了。

以我的观点来看，当我在做分析的时候，某些概念听起来是真实的，然而当我在临床上观察婴儿时，这些概念听起来却是假的。Kris（1951）接着说："大规模实施的婴儿观察证实了那些强调儿童发展的实际环境重要性的观点。"这其中存在着一种微妙的方式,实际环境的作用可能会被许多分析师低估,尽管这些分析师确实谨慎地声称,他们知道并且考虑到了环境因素的作用。我们很难找到争论的焦点,然而,在像这样的讨论中,我们必须努力去弄清楚争论的焦点。如果通过分析性工作而得到的构想越来越深入意味着越来越早期的话,那么我们就必须假设几周大的未成熟婴儿是能够觉察到环境的。然而,我们知道婴儿并不把环境觉察为环境本身,尤其是当环境良好或者足够好的时候。当环境在某些重要的方面失败的时候,环境其实才引发婴儿的反应,然而,我们所说的良好环境是一件我们认为理所当然的事情。处在早期发展阶段的婴儿并没有对环境的理解,这种理解指的是在分析中可以被作为材料而引出和呈现的知识。环境的概念不得不由分析师来填充。

当分析师带着我们更加深入地理解一个被分析病人所呈现的材料时,对这名分析师来说,只是陈述外在的因素被公认的重要性显然是不够的。如果完整的儿童心理学构想被形成了,当然这一构想是可以被直接婴儿观察所验证的,分析师可能会想象性地把病人所呈现的最早期材料赋予环境的色彩,这一环境色彩是被隐含在早期材料中的,病人无法在分析中直接呈现出它们来,是因为病人从未意识到过它们。在我已发表的案例陈述中举例说明了这一点,案例中的病人有被蜷缩和被旋转的感觉,有一种片刻的撤回感,而我把这种东西解释为一种隐含的、无法报告的中间产物。没有环境(minus environment)就没有婴儿的情绪或躯体的幸存。从一开始,没有环境(minus environment)婴儿将会无休止地跌落。被抱持着的或躺在小床上的婴儿,并没有意识到他被保护而避免了无休止地跌落。然而,一次轻微的抱持失败就会给婴儿带来极大的坠落感。在分析工作中,病人可能报告在最早期的时光里有过坠落的感觉,但却从来无法报告在这一早期发展阶段中有被抱持的感觉。

越来越深入的探索带领我们走近了个体本能的根源,但是这也无法表明平常的依赖和没有在个体身上留下任何痕迹的依赖的存在,尽管这些都是个体早期生命的特征。

我会建议,如果在深度和早期两者之间的这种本质性差异被识别出来了,那么直接婴儿观察者与分析师彼此之间就更容易达成妥协。常常是直接婴儿观察者告诉分析师,他们过早地使用了他们的分析性理论。分析师将会接着告诉直接婴儿观察者,人性中还有比可以直接观察到的多得多的东西。在某种程度上,除了一系列有趣的可供讨论的理论观点之外,并没有什么复杂的东西。然而,在实践中有某些途径,通过它们我们知道了什么可应用于最早期的婴儿期,什么不可应用于最早期的婴儿期,而这一点对我们来说是非常重要的。

精神分析可以从这些人的工作中学到很多东西,他们做的工作是:直接的婴儿观察,直接的母婴观察,以及直接观察在自然生活环境中的年幼儿童。然而,直接观察本身也并不能构建关于早期婴儿期的心理学。通过持续不断的合作,分析师和直接婴儿观察者或许能够将在分析中"深入的"东西与在婴儿发展过程中"早期的"东西联系起来。

简单地说:人类婴儿必须从早期经历一些旅途的跋涉,以便拥有可以深入理解自己和世界的成熟度。

(唐婷婷　翻译)

10. 潜伏期儿童的分析[①](1958)

今天要讨论的主题是对潜伏期儿童的治疗。我已经被邀请谈谈精神分析性治疗，为了平衡这一点，我的一个同行也被邀请谈谈个别心理治疗。我认为我们从一开始就面临着同样的问题：如何区分这两种治疗？就我个人而言，并不能在这两种治疗方式之间作出区分。我的问题是：治疗师是否接受过精神分析训练？

在儿童精神病学的范畴下比较我们的两个主题，可能要比直接比较这两个主题来得更有利一些。在我的实践中，我已经用儿童精神病学的方法治疗过数千名潜伏期年龄组的儿童。作为一个受训的精神分析师，我给数百名儿童做过个别心理治疗。我也给这个年龄组中一定数量的儿童做过精神分析，接受精神分析儿童的数量大约在十到二十名之间。由于个别心理治疗与精神分析治疗的边界是如此的模糊，以至于我都不能精确地说出这个数字。

因此，对我而言，这种讨论应当是与做着相同精神分析性工作的同行之间进行，而不是与一个在多种受训体系下工作的同行之间进行的。我们无法在这里争论受训体系孰优孰劣，即使其中有一些受训体系（已经得到承认）相较于另一些而言是不够充分的。

调查发现，当心理治疗和儿童精神分析的操作过程被详细描述时，这二者竟然具有如此多相同的现象，而且与治疗师是来自哪个流派没有多大关系，这对于我来说其实并不感到惊奇。如果治疗师的性情是合适的，有能力保持客观性，并且能够变得关心儿童的需要，那么当治疗师的这些特质本身出现在治疗过程中时，心理治疗就会变得适应案主的各种需要了。

在这次会议中，我相信我们可能要忽略对基于多种态度的心理治疗的考量，而这

---

① 1958 年 6 月在里斯本(Lisbon)第 14 届国际儿童精神分析大会上宣读，首次发表于《葡萄牙的孩子》(*A Criança Portuguesa*), 17, pp. 219 - 29。

些态度与我们自己所拥有的心理治疗态度可能是不一样的,这些态度包括如下的例子:教育性的,道德性的,劝服性的,惩罚性的,魔术性的,躯体性的。

由于作为精神分析学派的受训者发言是我的工作,所以我必须要提及精神分析的本质,当然我会谈得简短一些。在这之后,我将会继续讨论潜伏期儿童的心理治疗。

为了更清晰一些,我必须重复一下我的观点:我认为精神分析和个别心理治疗之间不需要进行比较。这两个术语所指的就是一个东西,并且它们经常就是一种东西。

精神分析的本质

除了给出精神分析的一些主要原则的提示之外,我认为没必要在这里谈太多的内容。儿童的精神分析并不异于成人的精神分析。所有精神分析的基础都是婴儿和儿童情绪发展的复杂理论,这一理论最早由弗洛伊德提出,并且正在不断地被扩展,被丰富和被修订。

过去的二三十年以来,对个体情绪发展的理解进展得如此之快速,以至于对外行来说,想通过研究文献来跟上这些变化是困难的。

这个情绪理论假设,个体的情绪发展就如同身体发育一样有一种遗传倾向;该理论还假设,从出生时刻(或刚刚出生之前)就开始存在着一种发展上的连续性;该理论还假设,自我组织和自我力量是逐渐成长起来的,以及个体对于个人本能生命是逐渐接纳的,同时对于个人本能生命的真实结果和想象性结果的责任也是逐渐接纳的。

弗洛伊德确立了被压抑的无意识之重要性,同时在对于精神—神经症的研究中他到达了一个关键点,被他命名为俄狄浦斯情结,其伴随着阉割焦虑作为一种内在固有的并发症,这无疑也是最难被普遍接受的一个观点。弗洛伊德关注到了个体人类儿童的本能生命,同时也关注了一个事实,即在健康个体发展中出现的那些主要困难,是与本能生命连同本能的全部幻想有关系的。也就是说,这些健康个体主要是指,那些已经经历并度过了情绪发展过程中的早期必要阶段而没有被太多扭曲的儿童。因此,精神—神经症现象可以被确定为是在相对正常的"完整"人之间的人际关系中存在着矛盾两价性张力(the strain of ambivalence)的证据。

众所周知,针对儿童的研究逐渐导致并出现了关于童年期和婴儿期发展阶段的构想,也就是俄狄浦斯情结之前的发展阶段,即生殖器期(genitality)的前性器期(pregenital)根源。自我终于成为了研究的目标,因此,精神分析师终于开始考虑婴儿的自体了,婴儿作为一个人,一个依赖着其他人的人。

梅兰妮·克莱茵认为,(还有些别的因素)促使我们能够处理儿童与母亲关系中一个至关重要的阶段,正是在这个阶段中,担忧(concern)的能力被达成了;她也关注到了具有最早婴儿期特征的一些机制,在这个时期中客体或者主体本身是分裂的,通过这种分裂机制成功地避免了矛盾两价性(ambivalence)的困境。安娜·弗洛伊德帮助我们澄清了这些防御机制。不同的(主要是)美国精神分析师的工作,带领我们不只是研究了具有最早婴儿期特征的机制,而且也研究了幼儿的机制,这里的幼儿是指已经成为了一个完整的人,但还需依赖儿童照护的那些人。我自己的工作也对陈述和阐明婴儿最早期发展阶段的特征和机制有所贡献。在这个最早阶段里,婴儿与母亲是融合在一起的,然后(通过一些复杂而不确定的机制)婴儿的自体才逐渐浮现出来,最终婴儿必须要处理与客体的关系,而这些客体已经不再是自体的一个部分了。

对于学习精神障碍及其预防的学生来说,所有的这些发展使得精神分析的研究变得非常令人兴奋和极其有意义。

诊断

作为一种治疗方法的精神分析,一定不能不涉及诊断。经典精神分析的设置与精神—神经症的诊断有关,因此仅仅谈论精神—神经症的问题可能是很方便的。实际上,精神—神经症对于许多学术会议来说都是个足够大的主题,但是今天我们期望的是对精神分析作一个简单的综合性陈述,不管是什么诊断,也包括精神健全的人。我们必须要强调,尽管在经典精神分析设置中这个主题不能再被发展了,但是,根据儿童的问题是属于神经症性的,或是精神病性的,或是反社会性的,相应使用的精神分析技术却存在着巨大的差异。

为了主题论述的完整性,我必须要补充一点,即儿童和成人之间的差异,其实就是儿童常常游戏,而不是谈话。然而,这种差异几乎是不重要的,因为实际上一些成年人也通过画画或者游戏来进行交流。

移情

精神分析的特征是,分析师不会浪费在分析中所呈现出来的有价值材料,这些材料往往和病人与分析师之间的情感关系有关联。在这一点上,无意识的移情显现出了病人的情绪生活,或者精神现实里的个人模式的样本。分析师学会了探查这些无意识的移情现象,并且通过使用病人提供的线索,分析师在任何一次治疗中有能力解释那些刚刚准备好要被意识接纳的那些无意识动力学。最富有成效的工作都是以移情的方式而展开的。

我们在这里讨论的目的,是要有效地描述处于潜伏期的儿童在治疗中所表现出来的移情特征。

适应于潜伏期儿童的精神分析技术

当精神分析这种形式的治疗被适应于潜伏期年龄组的儿童时,我们很有必要思考一下精神分析的特性。大家普遍认为,对分析师来说,特别是对于新手分析师来说,对分析工作最有回报的年龄组,是第一年龄组的幼儿,即两岁、三岁,或四岁的幼儿。那些已经度过了俄狄浦斯情结之后的儿童,他们会发展出强大的防御。

潜伏期的本质

我们仍然无法确定是什么构成了潜伏期。生物学上似乎必不可少的假设是:在6—10岁的几年间,儿童本能的发展停滞了,因此儿童暂时被滞留在基于更早期发展阶段中已经建立起来的本能生命之中。

在青春发育期,发展变化将会再度开始发生,并且随后儿童将需要再次去组织并抵御一种变更的态势;去密切注意并应对新的焦虑,以及拥有并享受新的经验、新的满足和新的满足程度所带来的兴奋。

谈到潜伏期,无论我们可以说什么,似乎相当明确的是,在这个时期个体组织和维持着大量的防御。这里我们发现,梅兰妮·克莱茵和安娜·弗洛伊德这两位重要研究者,就这个主题形成了一致的观点。梅兰妮·克莱茵在她的著作《儿童的精神分析》(*The Psycho-Analysis of Children*, 1932)中有一章节论述了潜伏期,她是从提出潜伏期中的特殊困难而开始这一章节的。她说:"潜伏期儿童不像幼儿,幼儿生动的想象和急性焦虑让我们很容易获得对其中无意识内容的洞察,并在那里发生联接,但潜伏期儿童的想象世界则非常有限,这种现象与强烈的压抑倾向相符合,这就是他们这个年龄阶段的特征;然而,与成熟的人相比,潜伏期儿童的自我仍然是未充分发展过的,而且他们既不能理解自己生病了,也不想被疗愈,因此,他们没有开始精神分析的动机,也没有什么事情能鼓励他们持续做精神分析。"

安娜·弗洛伊德在其著作《儿童的精神分析性治疗》(*The Psycho-Analytical Treatment of Children*, 1946)的第一章节中,涉及了对儿童精神分析性治疗必要的导入阶段的讨论。从其中给出的例子我们可以发现,安娜·弗洛伊德女士主要谈及的是潜伏期的儿童,尽管有些案例也不属于这个年龄组。

如果你读过这两本书,你就会发现内容的相似或者不同之处,而无论哪一本都充满了无限的丰富性,并且展示了大量令我们羡慕的临床经验。肯定会有相似之处,她们两个人都涉及了修改精神分析技术这个问题,这种技术的改变对于潜伏期儿童而言是必需的。那些还没有弄清楚的内容是许多涉及诊断问题的不同之处。

至于其他的不同之处,而且这些不同之处正是我们想要研究的内容,我们可能立刻就能注意到,梅兰妮·克莱茵发现解释无意识冲突和伴随其发生的移情现象是有帮助的,同时通过给出这些解释,分析师与儿童形成一种安抚(relief)关系也是有帮助的;相比较而言,安娜·弗洛伊德女士则倾向于在意识层面与儿童建立一种关系,而且她描述了她是如何逐渐地取得病人意识层面的合作,来开展分析性工作的。她们两人的差异很大程度上在于,是与病人的意识层面还是无意识层面合作。

尽管她们之间的差异在特定的案例中确实足够大了,但对我来说似乎有可能在这里扩大这种差异。依我看来,分析师越早解释无意识越有效,因为这么做会将儿童导向分析性治疗,同时分析师的首次安抚(relief)无疑会给儿童第一个指示,即确实有些东西是藏在分析之外的。另一方面,没有在治疗初始阶段赢得潜伏期病人意识层面的合作,确实有可能会造成他们脱落治疗。我们可能把向儿童介绍精神分析的工作交给父母去做,让父母帮助儿童达成治疗所需要的理智层面的理解,而且这种方式可以让我们避开在儿童精神分析的引导介绍阶段的责任。但是,父母或者孩子的监护人如何向孩子传递"什么是可以从这日常的治疗中被期待的"这一观点,会有很大的不同。弗洛伊德女士谨慎地接管了向儿童解释治疗正在发生什么的重担,而克莱茵女士则把这些工作留给了那些带孩子过来做治疗的人,她希望能够通过快速地达成无意识的合作,来避开在意识层面的解释工作,也就是说,这些合作是基于精神分析工作的合作。

对于我们治疗的每一个案例,一旦我们发现情况,我们就必须要处理。对于那些特别聪明的儿童,我们需要有能力与他们的智能方面进行交谈,去喂养他们的智能。

当我们和一名儿童工作的时候,儿童感觉到有些事正在发生,然而在智能上却还不能理解整个情况是什么,有时候这就是一个难题。无论如何,浪费儿童的智能性理解看起来都是可惜的事情,而这可以是一种非常有力的同盟,尽管在某些情况下智能过程当然也可能被用作防御,从而使得分析工作更加困难。

在这一点上,就某种程度而言,我们仍然在讨论诊断。哪里有精神病性强度的焦虑,哪里就有寻求帮助的强烈需求,而帮助必须被立刻给予,可是即便是如此,我们仍然可以与有智能的人相遇。此刻,我想起了一个十岁的男孩。当我第一次进入房间见到他的时候,他正在对他的母亲说:"但是你不理解,我害怕的不是噩梦;困扰我的是,当我清醒时,我正在做噩梦。"他用这些言语向我真实地描述了他的病情,而我得以从这一点开始,与他非常好的智能一起工作,并且也能在所有层面给予解释,包括最深层的解释。

在试着理清各种被表达的观点和我个人的认识时,我发现我自己想要引用 Berta Bornstein 的文章《关于潜伏期》(On Latency,1951)中的一段话。她是这样开始说的:"从潜伏期儿童的智能立场上来说,我们可以期待这些儿童进行自由联想。那些使得儿童无法进行如此自由联想的因素,对儿童精神分析的工作造成了普遍限制。存在几种原因使得儿童不能进行自由联想。除了那些众所周知的原因之外,我将谈谈唯一一个还没有被强调的因素:自由联想对儿童而言,会被体验成对他自我组织的一种独有的威胁。"

我发现用这样的方式看待潜伏期非常有帮助。这里我没有时间谈 Berta Bornstein 如何把潜伏期分成不同的阶段了。然而,总体而言,似乎重要的是当我们在治疗这个年龄组的儿童时,我们应当认识到,他们已经达成了某种心智健康水平,同时他们已经离开了初级思考过程。他们的自我所达成的功能结构已经不可以被打破了。本章节用这些话作为结尾:"在对潜伏期患者进行的分析中,我们要运用最大程度的关怀去加强患者虚弱的结构,去修正那些干扰了正常发展的东西。解释材料的挑选和解释的形式本身也应该导向这样的结果。"为此,我们要与儿童在各种活动中进行合作,同时为了产生变化的解释而收集材料。

Berta Bornstein 也谈到了弗洛伊德(1905a)的"潜伏期的理想",也就是说,成功地避开本能的各种需求。

我想起了我有一本练习本。这本本子里的每一页都代表了一个潜伏期的女孩所做的非常有建设性的工作。这是一个我们可以谈论的最困难的个案之一,她几乎唯一的症状就是尿床。这一症状的背后隐藏着一种性格障碍,这种性格障碍与她母亲自身的同性恋压抑极其吻合。我们看到这本练习本的特点,主要是由彩色粉笔画的非常有结构性的图片组成。这一分析对我来说非常枯燥。这个女孩似乎想蒙蔽我的视线。在这五十幅左右的图片中，只有中间的两幅或者三幅失去了有组织的防御这一特点。这两幅或三幅图片展现出的特征是崩溃、混乱和困惑、瓦解；其中还有一幅，一个像乳房般的物体被剪刀剪开，分开躺在叶子中间。这里出现了口欲期施虐，也出现了尿失禁（无节制）和尿失禁的幻想。如果这个孩子已经三岁了，那就更容易了解到这是关于孩子的尿失禁或者瓦解现象；但是因为她处于潜伏期群组，我不得不把这一切与她潜藏的疯狂联系起来作一个说明。然而，幼儿常常是疯狂的，但又是健康的，因为他们会很自然地就被那些照护者所控制和约束，但潜伏期儿童如果疯狂的话，他们则病得非常严重，并且需要照护。

可以这么说，潜伏期指的是作为自我已经形成它自己的发展阶段，在这一点上我的贡献是发展了这一已经被接受的主题。在潜伏期，尽管本我驱力仍然保持着力量，并且以各种各样间接的形式出现，但健康的儿童不会被迫使遵循本我的需要了。

在所有可以被讨论的潜伏期内容里，我选择以下这些内容在这里谈谈：

（1）儿童在某种意义上来说是独处的，尽管他们需要与也是独处的其他人在一起。在健康潜伏期儿童之间的关系可以亲密地持续很长时期，而不会性欲化为明显的感知觉。性的象征性保留着。在经历过剥夺的儿童中，明显的性欲元素会妨碍他们的游戏和自我—关联性。

（2）潜伏期儿童准备好了进行内射（introjecting），但是没有准备好合并（incorporating）——准备好从所选之人那里吸收所有的元素，但是没有准备好消化或者被消化，或者融入一种涉及本能的亲密关系中。

（3）潜伏期儿童是展示内心现象的行家，这种展示并没有直接涉及他们的整个生活。潜伏期阶段的持续可能表明了一个成年人自我成就的能力，不过是以牺牲本我—自由（id-freedom）为代价而换取的。

（4）心智健全（sanity）是潜伏期阶段中至关重要的，而在这个阶段中那些不能维持心智健全的儿童患有非常严重的临床疾病。他们的自我组织携带着驱力，无论是早期的还是稍晚期的驱力，在一定程度上都是被本我冲动所支撑的。

解释的时机

我认为恰当的解释时刻，就是最早可能作出解释的那个时刻，也就是说，我们获得的材料足以让解释的内容变得清晰的那个最早时刻。但是我的解释是经济和节制的，如果我不确定要解释什么，我会毫不犹豫地等待时机。在等待解释时机的过程中，我发现我自己会参与到一个引导性或者准备性的阶段，我与儿童一起游戏、画图，或者只是被涂掉、浪费掉。然而，我将会只关注一件事情，那就是寻找那些可能在某些时刻被做出恰当解释的线索，这个时刻的解释能够在无意识的移情中带来重点的移动和转换。

或许诸如这样的陈述会被普遍地接受。那就是，一些分析师比另一些能更快地发现并选取出线索，而在这个工作中，快和慢之间是有空间的。对病人来说甚至比解释的准确性更加重要的是这几点：分析师想要帮助的意愿，分析师认同来访者的能力，以及因此可以信赖什么是来访者所需要的能力，以及一旦这些需要通过言语、非语言或前言语语言的方式被表明时，治疗师就能满足这些需要的能力。

治疗的结束

最后，我要邀请你们来思考一下分析的结束。当然，从个案和诊断的角度去考虑治疗结束这个问题总是必要的，但是也有一些普遍重要的事情可以谈谈。在对幼儿的分析过程中，分析师很大程度上是被一些巨大的自然转变帮助了，这些巨大转变是五岁、六岁或者七岁的儿童自然发生的。当早期的分析结束的时候，就是这些成长发生的时候，然而这些成长无疑是被分析的成功所促进的。任何源自分析的改善和进步，会在这种方式中被事件发生的自然过程所夸大。特别是有关儿童的社会化，那些负责管理儿童的人通常很容易对结果感到满意，因为儿童失去了前潜伏期时期（pre-latency era）的野性和易变性，而且在群体中也变得更加快乐了。相比而言，潜伏期儿童的分析师倾向于在一个非常难处理的时刻结束分析性治疗。

听到这个问题被讨论是很有趣的。分析通常在儿童十一或者十二岁的时候结束，然后前青春发育期和青春发育期本身的复杂问题就开始逐渐显现。

分析师做分析计划或许是明智的做法，以便他们要么在青春发育期到来之前结束分析，要么他们可能继续进行分析一直到度过新发展阶段第一年。有可能在随后的分析过程中，有些分析师在间隔了相当长的一段时间之后才会见到他们的病人，分析师一直与病人保持着联系，并期待他们在青春发育期的某段时间内，会需要一周五次的分析。除了青春发育期的实际变化之外，这个时期的青少年很容易就会经历一些意外事件、创伤性友情、强烈的激情、诱惑、手淫焦虑，这些都会导致防御的加剧或者明显的焦虑。

那么问题就来了：对于分析师来说，儿童的哪个年龄阶段被限定在潜伏期呢，比如，是从六岁到十岁吗？在这个本能世界相对平静的年龄阶段，分析师在多大程度上能够声称了解这些儿童呢？从这样的一种精神分析中所发生的那些事情之中，分析师又在多大程度上能够推断出儿童在三岁时是什么样的呢？或者预测出儿童在十三岁时又会是什么样的呢？我不太能确定这些问题的答案，但我知道就我个人而言曾经被误导过，有时候对预后的判断太过良好，有时候又不是足够的好。当儿童生病的时候可能更容易知道该做什么判断，因为那个时候显著的病情会主导整个场景，而且在儿童的病情还持续的时候，我们是不会考虑结束治疗的。当儿童的状况相对好些的时候，那么任何人都不会轻易地让他们处于潜伏期的儿童继续留在分析之中。

一个分析师不可能有足够的案例去经历所有可能发生的事，因此对我们而言，共享经验是很有必要的，而且不要害怕给出在一群人眼里显得愚昧的建议。每个分析师都建立起了一个高度专业化的经验体系，实在是丰富多彩的，但是这些经验需要和其他同行的经验相关联起来，我们和其他同行做着相同的工作，但却是与不同的儿童在开展工作。

123

（唐婷婷　翻译）

11. 分类学：精神分析对精神病学的分类有贡献吗？[①]（1959—1964）

本章节意欲做一些初步的工作，目的是要唤起大家对这个重要主题的关注，我们热切地希望本文将引发拥有各种各样经验的精神分析师参与讨论。

在表达出我特有的观点之前，也就是在说明我为什么确信精神分析有助于精神障碍的分类诊断（classification）之前，我必须简要地回顾一下历史。这里的历史回顾将会是不充分的，也可能是不准确的，但是，如果我忽略了这个工作，就会失去给出我观点的背景基础，近来精神分析的发展已经对精神病学诊断分类拥有了我们自己的态度，而我的观点可能会对这一主题产生意义深远的影响。我所说的近来精神分析的发展是指假自体的概念，精神变态（psychopathy）与剥夺之间的关联，以及对精神病起源并发生于还不成熟的人类完全依赖环境性供养（environmental provision）那个阶段的理解。我已经挑选出了这三个发展性的思想，因为他们让我个人非常地感兴趣。

历史回顾

在精神分析发展早期，弗洛伊德本人从三个方面来考虑精神疾病。一方面是行为，也就是患者与现实的关系。第二个方面是症状的形成，症状形成被弗洛伊德确认为一种沟通方式（communication），这个概念是他对无意识新的理解部分之一。第三个方面是病原学，是弗洛伊德通过引入发展过程的思想而改造的。弗洛伊德研究了本能生命的发展，这让他涉足了童年性欲的理论，这个理论最终导致了人类婴儿前性器本能生命（pregenital instinctual life）理论的出现，以及也导致固着点概念（fixation points）被发现。现在精神障碍的病原学要求临床医生要对病史搜集感兴趣。这种方

[①] 1959年3月18日在英国精神分析学会的科学会议上宣读。

式让精神分析师成为了精神疾病史采集领域的开拓者,正是他们认识到了精神疾病史采集的最重要部分来自于在心理治疗过程中所获得的那些信息材料。

在根据弗洛伊德早年工作所涉及的,以及所感兴趣领域的分类中,患者或者被诊断为精神病,或者被诊断为歇斯底里。附带地我想说,弗洛伊德总是对那些体质因素(constitutional factors)感兴趣。

在20世纪20年代刚开始的时候,弗洛伊德开始发展他自己的人格结构理论。自我、本我和监察官(censor)都是一些有助于使内心冲突(intrapsychic conflict)研究更加清晰的概念,而且内心平衡(intrapsychic equilibrium)被认为是成功防御的依据。在自我中,其各种工作过程的质量和数量变得非常重要。最终超我的概念被构建出来,而且很容易就想到,超我是大规模的内射和认同的结果,其发展的开始可追溯到二至五岁期间,在整个俄狄浦斯情结时期被充分发展。前性器本能发展(pregenital instinctual development)的经历导致了对退行到各个固着点(fixation points)理论的精巧阐述。各个固着点就是那些疾病类型的起源点。这些想法说明,(无法忍受的)焦虑已经使个体卷入并参与到了一定的病理学水平或类型的防御组织中,其结果就导致了个体进一步的本能发展过程受到阻滞。疾病分类学就自然与这些固着点有关系了,也与自我防御机制有关系了,最终安娜·弗洛伊德(Anna Freud, 1936)在精神分析的术语框架中,对这样的分类学观点进行了详尽的陈述。处于整个分类学中心位置的概念是阉割焦虑和俄狄浦斯情结。而这个分类学所涉及的精神障碍全部都是各种精神—神经症(psycho-neuroses)。

弗洛伊德早已经引入了依赖的思想(情感依附客体的爱 anaclitic object-love)(Freud, 1914),而且自我虚弱和自我强大(ego-weakness and-strength)的概念在精神分析的元心理学中显得非常重要。根据这样的思路,精神分析已经发展出了描述边缘性案例和各种性格障碍的语言。患者人格中各种自恋性元素一直被认为是让精神分析治疗不能起效的一种自我障碍的标志,因为患者虚弱的自我能力并不足以发展出移情性神经症(Freud, 1937)。

逐渐地,经过了一段时间,对精神病(psychosis)的理解和研究开始变得更加有意义。Ferenczi(1931)的贡献非常有意义,他认为对性格障碍患者的分析失败不能简单地认为是选择患者的失败,而应该是精神分析技术存在缺陷所致的失败。

这样的思路意味着,精神分析有可能需要学习而使它的技术能适应性格障碍或者是边缘性案例,而不是把这样的案例移交给管理性治疗部门(management),而且也绝对不能失去精神分析的标签。最终,梅兰妮·克莱茵(1932,1948)在这方面做出了特殊的贡献,她的工作显示,在针对儿童的精神分析治疗中,我们必须要面对精神病性障碍,而且如果使用恰当的分析技术,这些患有精神病性障碍的儿童是可以被分析和处理的,所以治疗师处理精神病性表现儿童的失败其实意味着她使用分析技术的失败(同 Ferenczi 的观点),而不是选择患者的失败。

随后,分析性设置的概念开始放宽。Aichhorn(1925)早已经表明过,当患者是一个反社会案例的时候,我们必须要作出特殊的技术性适应。当初,Aichhorn 的工作可能会给我们一些警示,因为他在分析中的所作所为如果被放在歇斯底里或者强迫性神经症案例的治疗中来看,都会被认为是"坏的分析技术"。现在看来,Aichhorn 可能是一个开拓者,他启动了一场真正的精神分析运动,这场运动旨在修改精神分析性技术,以便使其适应和满足精神病患者或伴有反社会倾向的被剥夺儿童的需要。

所有的这些发展都倾向于让每个个案的早年经历显得越来越重要。就在此时,二分法的观点在精神分析圈内出现了。我会说,梅兰妮·克莱茵是脱离开儿童照护(child-care)研究去试图研究人类婴儿最早期发展过程的最充满活力的代表。她始终承认儿童照护是重要的,但她本人并没有对此做过专门的研究。另一方面,已经有人对儿童照料和婴儿照料技术感兴趣了。那些做此类研究的人始终冒着被认为是内在过程动机理论背叛者的风险。弗洛伊德小姐和 Burlingham 夫人在汉普斯托德战争托儿所(Burlingham and Freud,1944)所做的工作领导了对各种外在条件和它们影响的研究进展。很显然,在把自己的工作定义为内在过程研究的那些人与对婴儿照料感兴趣的那些人之间的这种二分态势是精神分析讨论中暂时的分裂状态,其最终将会随着自然过程的发展而消失(cf. Hartmann,1939; James,1962; Kris,1950)。

现在我们把婴儿的自我首先看作是一些依赖于自我—支持(ego-support)的东西,这些东西能够从适应需要的某个高度复杂和精细的系统中逐渐发展出结构和力量,这种需要的适应是由母亲或类似母亲的养育者所提供的。我们也看到了那些儿童照料元素(child-care elements)被吸收进入并成为个体儿童的有趣过程,被吸收的那些照料元素是能够被称为"支持性自我"(supporting ego)的元素。这种环境的吸收与我们早已熟悉的内射过程(introjection processes)之间的关系引起了我们极大的兴趣。

按照所有这些想法,就会展开一个关于机制的研究,通过这个机制,婴儿从与母亲的融合状态中浮现出来,而这个过程要求母亲同时具备恨和爱的能力。在儿童情绪发展理论中,个体作为一个独立的人逐渐地被建立和发展成为了最重要的问题,而这些问题属于当今的研究主题。这些理论性的构想必定会对分类学产生影响。

作为这些新进展的结果,在临床工作中,我们会用一种新的理解来看待自恋。在看待自恋性疾病时,似乎临床医生更加容易被"已吸收的或内化的环境"所吸引,容易错把这些东西(除非我们准备充分)当作真实的个体,而事实上真实的个体被隐藏起来了,被自体内部的自体(the self within the self)秘密地爱着并关怀着。而被隐藏了的那个东西才是真实的个体。

这些进展也导致了对其他一些概念的重新思考。死亡本能概念的消失似乎仅仅是因为其失去了存在的必要性。攻击概念更多地被视为生命的迹象。在顺利的条件下,性欲性冲动和运动性冲动(the erotic and the motility impulses)之间发生了融合,然后,紧随着这个主题的全面发展,婴儿口欲施虐(oral sadism)这一术语就变成了适用的概念。与此相匹配的是母亲希望自己在想象中被婴儿吃掉的愿望。这种融合的失败,或者已经完成了的这种融合又丧失,都会导致在个体中产生潜在的纯粹破坏性部分(也就是,缺乏罪疚感),然而实际上,这种破坏性部分,在其成为客体关系基础的意义上来说保留着生命活性,这就让患者感觉这些客体关系是真实的。

两种本能冲动根源(攻击性和性欲性)的融合属于婴儿发展过程中的一个阶段,在这个发展阶段中存在着极大的依赖性。如果一个婴儿的养育性环境不能够胜任地适应婴儿的需要,那么几乎从一开始,其攻击性(使客体关系感到真实和使客体处于自体之外)和性欲性(承载着力比多满足的能力)的融合状态无论如何也不可能达成。

此外,退行(regression)的概念也已经改变了其在精神分析元心理学中的含义。许多年以来,这个术语的含义是指返回到本能生命的较早阶段,并回归到一个固着点。在儿童照料被认为是理所应当的情况下,这个概念被视为属于个体的原始本能原理的观点。

在真实婴儿(actual infant)的研究中,已经不再有可能去回避考虑环境了,因此在谈到一个真实婴儿的时候,我们必定会谈到依赖和环境的性质。所以,术语退行现在有一个临床应用含义:退行到依赖(regression to dependence)。这是一个朝向依赖重建的倾向,因此,如果使用退行这个词汇,那么环境的行为就变成了不能被忽视的因素。术语退行继续包含有退行到原始过程的思想。患者的退行倾向现在被视为个体实现自我治愈(self-cure)能力的一部分。退行倾向是患者给到分析师的一种指示,它指示分析师应该如何起作用,而不是他应该如何做解释。与这个主题相关联的是通过退行过程而自我治愈的临床事实,而这个退行过程的发生通常是因为遇到了外在的精神分析治疗。

精神病不再被归因为个体对与俄狄浦斯情结相关焦虑的反应，或者是作为一种向固着点的退行，或者被归因为与个体本能发展过程中某一位置发生的特殊联接。取而代之，精神病可以被假定为一种精神病性退行倾向，它属于患病个体沟通（communication）的一部分，分析师可以像把歇斯底里症状理解为一种沟通方式一样来理解精神病性个体的沟通方式。退行代表着精神病性个体的希望，他们希望当初失败的那些环境特定方面有可能重新再被经历过一回，在个体的退行状态中，基于潜藏在个体身上的发展和成熟倾向，个体能够体验到新一次环境促进功能的成功，从而替代曾经的失败经验。

在理论的巨大扩展过程中，出现了一种让临床医生开始能够把情感障碍（mood disorder）关联到精神分析元心理学一般图式的理论发展，而我只能在这里对这些理论进行简单的描述。早期的理论构想使用了消极的术语，如缺乏僵化的防御或缺乏固着，以及一些积极的术语，如自我力量一类，使对精神健康状态的描述成为可能。现在出现的理论首次使精神分析元心理学中所说的"人格中的价值（value）"有可能成为描述精神健康的术语。弗洛伊德在《哀伤与忧郁》一文中对 Abraham 思想的成功发展就体现出了这样的理论性发展，而且这个主题也被克莱茵进行过详细的阐述。现在各种情感障碍已经开始逐渐找到了位置并被理解，而且抑郁症与担忧（depression and concern）之间关系的描述方式也已经准备就绪。在这个领域中，梅兰妮·克莱茵作出了非常有价值的贡献，丰富和加深了我们对超我观点的理解，而且引入了源自于婴儿本能生命的原始超我成分。这部分原始超我成分起源于俄狄浦斯情结充分发展之前的阶段，或者起源于与三个"完整的"人格亚结构之间交互关系相关联的各种冲突性情绪（ambivalencies）发展成熟之前。

在这里限于篇幅，我们不可能重述由梅兰妮·克莱茵的这些工作而带来的非常重要的元心理学的理论性发展。她的这些工作，把那些在自体内部运作的竞争力（contending forces）与本能生命（instinctual life）关联在一起，把各种在自体内部组织起来的防御模式与情绪关联在一起。紧接着，她让我们对个体在其精神生活中的内在心理现实表征的理解发生了巨大的变化和拓展。

梅兰妮·克莱茵的工作已经改变了精神病学的分类学，改变的焦点在于区分出了两种类型的抑郁症。其中一种类型抑郁症的特征标志是情绪性发展基本达成，几乎等同于已经获得了承担责任的能力，或者是已经发展出了感受罪疚感的能力；而另一种类型抑郁症（伴随有人格解体和那些被认为是"精神分裂"的其他特征）的特征性标志是在早期阶段启动的失败，也就是，在情绪发展过程中被梅兰妮·克莱茵称之为"抑郁位"被建立之前的失败。

因为有了这些工作，自然而然地就出现了把轻躁狂作为躁狂性防御的一个临床表述，躁狂性防御是一种对现实抑郁症的否认；也就出现了躁狂—抑郁的摇摆和转换，其意味着是一种解离，也即是，在患者身上对未融合攻击性的控制和对内射的全能性元素的控制，以及被这些攻击和全能元素所占有之间，所发生的一种解离。

在这些陈述的基础上，我们有可能粗略地看到今天分类学的巨大主题。

精神—神经症和精神病

对精神—神经症和精神病这两个术语的确切涵义这个问题，在精神分析师当中达成一种普遍的共识是有可能的。① 这只是全部精神障碍的一个简单的分类。

当然，我现在所说的是情绪发展的各种障碍，并没有包括以下几类疾病：原发性心智缺陷，各种脑炎后遗症状态，动脉硬化性脑病，G. P. I，等等。在那些大脑本身存在疾病或障碍的情况下，往往会自然地存在继发性人格障碍，但是，这种继发的人格障碍不需要被包括在这个初步的分类中。那些提出并研究精神—神经症和精神病的精神—基因理论的人，恰恰是精神分析师们；或者也许有人会说，精神分析师们保留了一些曾经很流行的精神障碍的观点，但它们只是在更为机械论的观点出现之前很流行，而更为机械论的观点于半个世纪前就达到了高峰，并且现在仍然普遍统治着非精神分析的精神病学。

对于精神分析师来说，精神—神经症这个术语指的是患者在婴儿期和儿童期已经达到了一定的情绪发展阶段和状态，而且，生殖器首位期和俄狄浦斯情结阶段的任务已经达成，针对阉割焦虑的特殊防御机制也已经被组织完成。这些特定的防御方式构建了精神—神经症性疾病表现，而此类疾病的严重程度也被反映在那些特定防御机制的僵化程度中。当然，这样的理解不免有点粗略和过分简单化，但精神分析师们已经发现，阉割焦虑是精神—神经症性疾病的核心和关键，然而他们也认识到，此类疾病的模式会随着患者个体的前性器经验的不同而发生多种变异。如果发现患者的最重要

---

① 关于这个问题，我很谨慎地省去"现实神经症"这一术语。

特征是湮灭焦虑（annihilation anxiety），而不是阉割焦虑，那么在总体上来说，精神分析师将会考虑患者的诊断可能是精神病，而不再考虑是精神—神经症。在一定程度上，这是一个危险（threat）是来自部分客体，还是整体客体的问题。

精神—神经症性疾病的各种类型，基本上是围绕着以压抑为核心的防御类型而分类组合的。在此我将不再一一列举这些分类了。在教学精神分析的时候，我们总是说精神分析基本上是建立在对精神—神经症的治疗上面的，而且，尽管已经知道，我们选择的那些可能是很好的精神—神经症教学案例，在走得比较深时也会出现精神紊乱（也就是，显而易见抑郁症最开始要么表现为焦虑，要么表现为心境障碍），但是，我们还是要试图为我们的学生选择一些符合这类疾病教学要求的案例。

精神—神经症的心理学很快就能把学生引导到被压抑的无意识和个体本能生命的领域。我们是基于躯体功能和对这些功能的想象性精细加工两个方面，来对本能生命进行思考的。（就本能这方面来说，相当于弗洛伊德说的性欲，也就是，局部和整体兴奋的全部范围，这些是动物生命的特征；在这些体验中，存在着准备阶段，伴有高潮的行动阶段，余波消退阶段。）

这个主题的进一步治疗，将会导致很大部分经典弗洛伊德精神分析理论的重复。在使用精神—神经症这个术语的时候，暗含着一个前提，那就是个体的人格是完整的，或者，就情绪发展而言，个体的人格已经被构建完成，而且人格还能维持着功能，以及客体关系的能力也是完整的。（也就是意味着：个体的性格没有被愤恨情绪或较多的精神病性组织倾向明显地扭曲。）

暂时先把情感性障碍放在一边，现在我要谈谈精神病，① 主要是为了达到对比目的。

精神病（psychosis）这个术语常被用来意指两种类型的情况，一种类型的个体如同婴儿那样，还不能够达到理解俄狄浦斯情结概念的个人健康水平，另一种类型个体的人格组织结构只是很薄弱，当不得不去承受俄狄浦斯情结的极大张力时，人格结构的脆弱性就会显示出来。我们将会看到，在精神病的第二种类型与精神—神经症之间进

---

① 我认识到，"精神病"（psychosis）这个词汇呈现了各种各样的困难。每当我看到有那么多的人都希望这个词汇被弃之不用，我都十分激动地声明这个词汇存在的必要性和意义。然而，我建议，这个词汇仍然可以用来涵盖不能被包括在精神—神经症或神经症性抑郁术语中的那些情绪障碍。我意识到，在精神病学中，精神病这个术语是被用来描述具有器质性发病基础的各种症状综合征的。这是另外一个容易混淆的地方。然而，我看不到再创造一个新的词汇能给我们带来任何好处。

行边界区分非常的困难。而精神病第一种类型的极端情况与精神—神经症之间,仅仅存在非常微弱的相似性,因为这种精神病类型的人格发展还不曾达到有意义的俄狄浦斯情结阶段,而且阉割焦虑对于一个完整的人格来说从来就不是一个重大的危险。

在一些临床精神病的案例中,我们能够看到一种被称作防御崩溃(breakdown of defences)的表现;最终可能建立起来的那些新防御方式仍然是比较原始性的,然而临床现象的主要特征是一种防御的崩溃,至少是暂时性的防御崩溃;这就是那种通常意义上所指的精神崩溃;防御已经变得不能令人满意了,患者不得不被看护和照料,同时新的防御正在被组织和构建着。① 在防御的组织构建过程中,个体会受到环境各种各样因素的影响,而且各种遗传倾向有时候可能会起着特殊重要的作用。在全部精神崩溃之后,是理论上的一种混沌状态,但是,完全的精神崩溃在临床上是罕见的,即便是有,那也预示着是一种不可逆的变化,完全远离了个人成长,走向了瓦解和碎裂。

正如精神—神经症的研究会引导学生走向俄狄浦斯情结和三角关系情境(它们在个体的幼儿学步期和后来的青春期都达到了高峰)一样,精神病的研究也会引导研究工作者走向婴儿生命的最早期阶段。这就意味着婴儿—母亲关系的重要性,因为没有婴儿能够在这种关系之外成长和发展。(这个主题涉及了这样的观点:在投射和内射机制的运作被建立之前,婴儿是依赖的。)

总论

或许,精神分析能够为精神病学和精神病学分类学所提供的最重要贡献,是其对老旧的疾病实体思想的摧毁。此刻,精神分析师恰恰正处在远离精神病学家的另一极端,而处于这一极端的一类精神病学家认为存在一种疾病,精神分裂症,还有另一种疾病,那就是躁狂—抑郁性精神病,等等(参见 Menninger 等,1963)。

正如我已经说过的那样,精神分析师可以被看作是一位病史采集专家(specialist in history-taking)。说句真话,这种病史采集工作是一个需要大量卷入自己的过程。精神分析性案例描述是一个系列的个案发展历史,是同一个案例的各种不同版本的陈述,各种版本被分类整理到各个层面,而每一个层面都代表着被揭示的一个历史发展阶段。对于精神障碍个案来说,精神病学家在患者生命发展历史中某一时刻,为其做

---

① 参看后面一个关于精神崩溃的注释,它在本章的末尾。

了一次非常细致的临床检查,从而得出了对案例的观点和看法,这与分析师所获得的对案例的观点和看法是迥然不同的,举个例子来说,当患者正处于精神崩溃或正处于住院治疗期间,患者的表现与其他时间是不一样的。

　　从患者的童年到青春期,再到整个成年早期和后期,追踪调查患者的精神障碍是完全有可能的;从整个生命发展线上每一处,观察到患者精神障碍从一种类型转变到另一类型的转换方式也是完全有可能的。用这样的方法去工作的话,对于分析师来说,其想保留从前接受精神病学正规训练所获得的思想是不可能的,精神病学的常规思想认为精神障碍是明确的器质性疾病。事实上很显然,分析师如果在其分析工作过程中仅仅在精神病学范畴内考虑诊断的话,那他正在努力尝试根本就不可能完成的工作,因为患者的诊断不但会随着分析的进程而逐渐变得更加清晰,而且诊断本身也在改变。一位歇斯底里症患者有可能会表现出潜在的精神分裂症,一位精神分裂人格的人结果可能是一个病态家庭团体中健康的一员,一位强迫思维的患者有可能最后会变成抑郁症。

　　执业的精神分析师都会同意这样的思想,不论是从精神常态到精神—神经症,还是从精神常态到精神病,都是一个连续渐变的等级过程,而且我们早已强调过抑郁症与常态之间的紧密关联性。确有可能是这样,在常态与精神病之间要比常态与精神—神经症之间有着更加紧密的联系;也就是说,在某些方面是这样的。例如,艺术家有着与原始过程接触的能力和勇气,而那些精神—神经症患者不敢接触和不能承受这些原始过程,而那些平常人(healthy people)可能会漏掉这些原始过程而致使内心变得贫乏。

积极建议

　　现在我要给出一些积极建议,我希望在这个初级阶段引发大家的讨论。关于这个主题首先应该这样理解,我承认传统精神病学分类的重大价值。

　　我所关心的是一些比较新的思想对分类学的影响(或者,也许这些是旧思想散发出的新意,或者是我醉心于新的语言表达?)。我将选择一些亲自研究以及在多篇论文中尝试阐述的主题。其他的一些分析师也曾经在文献中独立地提出过跟我相同的思想,但是,如果我试图去引用他们的思想,或者试图去把那些作者所使用的各种各样的术语与我自己所使用的那些术语做比较的话,那将会使这个问题变得混乱和令人迷惑。

我将对以下问题给出一些特殊的思考：

i. 真自体和假自体的理念。

ii. 由于被感知到的现实的情感剥夺所导致的行为不良和精神（性格）变态（delinquency and psychopathy）的思想。

iii. 发生在个体有能力感知剥夺之前的阶段，与情感性匮乏相关的精神病的思想。

(i) 假自体

假自体（这是我起的名字）的概念并不是很难理解。假自体建立在服从（compliance）的基础上。假自体具有防御的功能，它保护着真自体。

统辖和调节人类生命的原理可以被构建为以下的言语表达：只有真自体才能感知到真实，但是真自体必须不曾被外在现实所影响过，必须从来也没有顺从过。当假自体被当作真实来利用和对待时，个体就会逐渐发展出无用和绝望的感觉。自然而然，在个体生命中存在着这种状态的全部程度，所以，通常情况下，真自体是被保护着的，但其具备相当的生命活力，而假自体是社会态度。在异常态的极端，假自体很容易就错误地把它自己当作真实，以至于真自体就处于了被湮灭的威胁中（under threat of annihilation）；然后，自杀行为就成为了真自体的一种再次主张自己和对自己再次肯定的方式（a reassertion of the true self）。

只有真自体才能被分析。假自体的精神分析是直接针对几乎全部内化的环境而进行的，那么这种分析只能走向使人感到失望的地步。也许只在分析一开始会出现一个貌似初步成功的势头。在过去的几年中，我们正在认识到，为了与真自体进行沟通，在假自体已经被确定为是重要病理基础的地方，非常必要的做法是，分析师首先要为患者提供一些条件，能够容许他们向分析师移交出内化环境的负担，而且容许他们成为一个高度依赖的，但同时是一个真实的、未成熟的婴儿；当且仅当这样之后，分析师才有可能去分析真自体。

这可能是对弗洛伊德的情感依附性依赖（anaclitic dependence）之现代精神分析的陈述，在情感依附性依赖中，本能驱力依靠的是自体防护力（self-preservative）。精神分裂型（schizoid）患者或边缘性个案对分析师的依赖是非常现实的情况，他们有着如此严重的依赖，以至于许多分析师宁愿选择回避这种负担，并且在选择患者的时候非常的小心谨慎。因此，在选择个案的时候，精神分析师必须要考虑假自体是否是普遍存在的。这种选择要求临床医师要具备一种探察假自体防御的能力,而且当探查到假自体的时候,临床医生必须当时就要判断并作出决定,这个假自体是否在分析中有可能成为积极帮助的资源,或者,在这个特定的案例中,是否它的病理性效力的程度严重到预示着患者在情绪发展上存在着原始性缺陷(initial handicap),以至于应该放弃考虑精神分析性治疗。

依我看来,"假自体"是一个有价值的分类学标签,正是这个术语几乎免除了我们更多的诊断性努力。对于这种类型的个案,其实并不罕见,精神分析可能是危险的,如果分析师上当受骗的话,那确实就是危险。防御是大规模和厚重的,而且可能会带来相当大的社会成功。精神分析的指征是,尽管表面上看防御是成功的,但因不真实感和无用感,患者要寻求帮助。

假自体这种特殊个案的特征是患者的心智过程(intellectual process)成为了假自体占据的一席之地。在智力与精神—躯体之间发生和发展出了解离,其导致了公认的临床现象。在许多这样的个案中,患者可能拥有相当高的智力天赋,这可能会促成症状综合征的形成,尽管智力测试的高 IQ 得分可能产生于解离。

(ii) 精神(性格)变态

首先,我必须给术语"精神变态"(psychopathy)下一个定义。我现在使用这个术语(我相信我这样做是有正当理由的)来描述一种未治愈的行为不良(delinquency)的成人状态。行为不良者是未经治愈的反社会男孩或女孩。反社会的男孩或女孩是被剥夺过的孩子。被剥夺过的孩子是指那些曾经拥有过足够好的事情,之后不再拥有了的人,无论拥有过和失去的是什么,进而在遭受被感知为是创伤性剥夺的时候,他们已经拥有了充分的成长和个体的组织结构。换句话说,在精神变态者、行为不良者和反社会的孩子中,存在着一种认知逻辑,暗含着这样的态度:"环境对我是有亏欠的。"我个人认为在每一个反社会组织的案例中,都存在着一个变化发生点,这个变化主要是个体理解和评价外在事实方面的转变。当然,这种理解和评价通常都不能被意识到,但是剥夺点是不可能被忘记的,除非它在许多接连不断的剥夺中迷失了。

这里主要的论题是,适应不良和这类精神障碍的衍生现象根本上在于养育孩子环境的原初适应不良,而这个适应不良的发生时间要晚于导致精神病的发展阶段。这里需要强调的是环境的失败,因此病理学首先是发生在环境之中,而其次才发生在孩子的反应中。行为不良(delinquents)和精神变态(psychopaths)的分类在逻辑上应该依据环境失败来分类。正是因为这个原因,如果我们试图把精神变态、行为不良和反社会倾向与神经症和精神病摆在一起的话,立即就会出现一些混乱。

这个争论会导致:

(iii) 精神病和分类的问题

如果那些被归在精神病这个宽泛主题下的精神障碍(包含着精神分裂症的各种各样类型),是由于在最大的或双重依赖的阶段所发生的环境性缺陷而造成的,那么分类学就得发生改变以便符合这个思想。这样的想法和发展无疑会让30年前的精神分析师感到惊讶,他们中的绝大多数人会考虑精神病的诊断,因为他们从一开始就相信这样的假设,导致这类疾病的主要病因学是一些非常原始的机制。今天,我提议,我们的认识要转变到一个新观点上,那就是,在精神病中,发挥运作和组织作用的是一种非常原始的防御(primitive defences),其原因是环境的异常和畸形(because of environmental abnormalities)。当然,我们在与精神病患者的工作中可以看到那些非常原始的机制,同样也能在"标准"的患者中,甚至是所有人当中看到。所以,我们并不能仅仅根据发现了原始心理机制来作出各种精神病性疾病(psychotic illness)的诊断。当然,在精神病性疾病中,我们所碰到的是原始性防御,在那些近乎绝对依赖(near-absolute dependence)的最早期发展阶段,如果在现实中确实存在足够好的环境性供给(environmental provision),那么原始性防御就不会也不需要被组织起来。如果我们能同意以下的陈述,那么我们就照顾到了所有那些应该被考虑的相关因素:个体的成熟过程(包括所有那些与生俱来的过程)需要一个促进性环境(facilitating environment),特别是在那些非常早期的发展阶段。促进性环境的失败,会在个体的人格发展过程中,以及在个体自体的构建过程中,导致发展性的故障,而最终结果可以称之为精神分裂症(schizophrenia)。精神分裂症性崩溃是最早婴儿期成熟过程的逆转。

我就要建议,在对精神病的研究中,我们必须要尝试对环境和环境性异常的各种类型作出区分和分类,以及对个体发展过程中这些异常情况运作点作出区分和分类,以及尝试根据目前造成无用结果的临床现象对患病个体进行分类。我重复说一次:导致精神病的各种环境性缺陷属于某一个特定的发展阶段,在这个阶段个体还没有发展出意识到环境性供给或其失败的能力(参看,反社会倾向)。总归会看到,我在努力尝试确定精神病的发病时期,因此,我将会提及个体依赖的程度,而不会涉及个体前性器期的本能生命,也不会涉及婴儿主要性感区域的发展阶段。

这里会引发出基于极端观点的争论。在我们的临床工作中，我们遇到的绝大多数患者，在某种程度上或在某种情况下是健康的，可是他们确实是生病了，所以可以这样说，他们带着他们的病来到了我们面前寻求帮助，这就像是一个妈妈带来了一个生病的孩子。

与生俱来的内在冲突

现在让我们看看那些内在因素（internal factors），那些分析师所关心的因素。撇开健康人的研究不说，也许只有精神—神经症和反应性抑郁症（reactive depression）患者接近真正的内在疾病（internal illness），这些疾病都属于无法忍受的冲突，这些冲突是生命中固有的，而且是伴随着完整的人而存在的。我们有可能要为"相对精神健康"（relative psychiatric health）下一个定义，当个体转向面对自己个人生命中的内心挣扎（冲突）时，相对健康的人能够真诚地承担起那些困难，他们的自我能够以最充分的可能方式，在与现实的关系中，（无意识地）努力尝试去调节本我需求（id）和利用本我冲动（id-impulse）。我把这个问题说清楚是很重要的，因为一些人可能会认为，在提出这个包括环境分类的分类学方法时，我正在置精神分析已经在个体研究方面所获得的进展和成果于不顾。

我试图不去回顾文献，而是很想提及我的两位老师，Rickman 和 Glover 的著作。Rickman 在 1928 年的一些演讲对我的思想发展有着极大的影响，但我没有意识到 Rickman 所论述的正是依赖的重要性。

在 Edward Glover 的著作《论心智的早期发展》（*On the Early Development of Mind*, 1956）中，有许多关于分类学的参考文献。我认为在这本书中，只有两篇参考文献与我正在发展成为一个重要主题的环境类型有关。在这本书的 174 页有这样一个句子："需求真实外部客体的本能，诸如需求母亲乳头的本能，是无法被控制住的，除非与现实的客体共谋。"这句话引自一篇 1932 年的文献，论文题目是《精神障碍的精神分析取向分类学》。另一篇文献是他 1949 年发表在英国医学公报（British Medical Bulletin）上的，题目是《精神分析在英国的地位》（The Position of Psycho-Analysis in Great Britain, Glover, 1949）。在描绘了有点暗淡的英国社会状态和情势之后，他提出了以下评论："归根结底，目前是精神分析历史中的一个令人关注的阶段。无论最近发展出的一些假设看起来有多么荒谬，毫无疑问的是，集中于个体原始认同（primary identification）阶段（也就是，在"自体"（self）与"非自体"（not-self）能被准确地区分之前的发展阶段)的对早期自我发展和心智组织的研究兴趣,将终究会在诊断和治疗上产生重要的结果。"

我也想提到 Ackerman(1953),尽管他自己似乎不认为他所关心的是婴儿发展早早期依赖的特殊征象。

根据环境性扭曲而分类

我认为,根据环境性扭曲(environmental distortion)或者缺陷的程度和特性,对精神障碍进行分类可能是重要且有价值的,环境性扭曲或缺陷的程度和特性可以被看作是病因学上的重要标志。即使是为了反对这个观点,也很有必要从这个观点的角度来看看。

就任何个体来说,从情绪发展过程的一开始,就存在三个状态:一个极端是遗传性;另一个极端是支持的或失败的和创伤性的环境,以及在两个极端的中间是个体活着、防御着、成长着的状态。在精神分析中,我们需要处理的是个体活着、防御着和成长着的问题。然而,在分类学中,我们打算对全部的现象学做出解释,而解释的最好方式首先是对各种环境状态的分类;然后,我们才能继续对个体的各种防御进行分类;最后,我们尝试着去看看遗传性。遗传性,基本上是个体内与生俱来的成长倾向、整合倾向、关联客体的倾向以及成熟倾向。

据我所知,依据环境进行分类将需要比目前已有的关于依赖阶段更加精确的知识。目前我发现使用我在其他论文中所提出的那些概念是有价值的,也就是独立产生于依赖的那些概念,又相应地产生于双重依赖(double dependence)的概念。就双重依赖而言,我指的依赖是在还不能被个体领会的那个时期的依赖,甚至还不能被无意识地领会。因此,这种依赖在对患者的分析过程中是无法传递给分析师的。正如我在别处说到的(第九章),分析师不得不重新穿上患者材料之衣服,使用他们自己的想象力去工作。

总结

以我的角度来看一开始我们做的事情,我们看到了一个集中的环境现象,这个环境可以具体化为一个人,一个母亲,而且正是在母亲里面,婴儿首先开始以一个解剖结构学和生理学的个体显现,然后,逐渐地,大约在出生日期,这个婴儿变成了一个男性或女性的人。正是这个婴儿,那对"照护母婴"(the nursing couple)的成员,以他或她自己的权利在一种环境范围内发展着,就这种环境而言,它在各种基本的功能上是不能失败的,随着个体成长的继续,这些环境的功能在它们的着重点上不断变化着,在它们的性质上不断发展着。

在最有利的条件下,也就是连续性(continuity)被外部环境保持着,而且促进性环境容许成熟过程启动并发展的情况下,新个体就会真正地开始,并最终发展直至能感知真实,以及能体验到适合他们情绪年龄的生命活动。这样的个体是能够被描述和分类的,防御也能够被分类,而人格中的价值和价值的缺乏也能够被标注。在这样的案例中,我们可能发现抑郁性防御或精神—神经症性防御,或者我们可能发现正常态的人。如果我们愿意,我们可能会尝试把这些个体分组,分组的依据是按照类型,以及按照在特殊环境中,各种遗传成分聚合在个体中的方式;还有,(在成熟中)我们可以继续记录个体参与局部环境创造和维持活动的能力。

这一切都假设有一个正常的和足够好的开端,随着真自体的有效运转,其被仅仅是社会态度的假自体保护着。

另一种不寻常的可能状态是精神病性疾病,伴随着原始性防御的组织结构。在这里,这些疾病在病因学上继发于环境的失败,尽管这些疾病在临床上或多或少表现出个体人格结构中的持久性扭曲(permanent distortion)。在正常状态与精神病性状态二者之间是反社会倾向(antisocial tendency),导致反社会倾向的环境失败发生在稍微靠后的发展阶段,即相对依赖阶段,在这个阶段中,个体儿童已经发展出并具备了感知现实剥夺事实的能力。

在我们的治疗性工作中,我们可能选择研究和隔离发生在人格结构中的扭曲。然而,我们目前的急迫需要是分类和对环境性因素的重新评估,评估这些因素在积极或消极方式中对个体成熟发展和自体整合的影响程度。

手稿1964:一个关于精神崩溃的注释

有些患者表现出对精神崩溃的恐惧。对于分析师而言,重要的是记住以下公理:

公理

所害怕的精神崩溃其实早已经存在了。那些被称为患者疾病的其实是一种防御系统,该防御系统是相对于已经发生的崩溃而组织起来的。

崩溃意味着防御的失败，而且，当构成患者疾病模式的新防御系统被组织起来的时候，原初崩溃就结束了。患者只有处在一种治疗性设置的特殊情景中，并且因为自我成长，才能回忆起已经发生过的崩溃。

患者恐惧崩溃的根源之一是一种需要，患者需要记起原初崩溃。记忆只能通过再体验（re-experiencing）来实现。因此，如果在患者的自我治愈倾向中原初崩溃的位置能被认识到并被实际使用的话，那么崩溃就可以被积极地利用。

原初崩溃发生在个体对父母或母亲自我—支持（ego-support）的依赖阶段。由于这个原因，治疗性工作通常在崩溃的较晚版本上被完成，也就是在潜伏期中的崩溃，或者甚至在青春期早期的崩溃；当患者已经发展出自我—自主性（ego-autonomy）和成为病人的能力（capacity to be a person-having-an-illness）时，这个较晚的崩溃版本就会发生。然而，在这类崩溃之后，总是存在属于个体婴儿期或童年早早期的防御性失败。

通常，环境因素并不是单一的创伤，而是一种扭曲的影响模式，实际上，是一种容许个体成熟的促进性环境的对立面。

139

（赵丞智　翻译）

12. 由真假自体谈自我扭曲(1960)

精神分析最近的一项发展是越来越多的对假自体(False Self)这一概念的使用。伴随着假自体概念的,始终是真自体(True Self)的概念。

历史

假自体这个概念,就其本身而言并不新鲜。它以各种伪装出现在描述性精神病学当中,而且在某些宗教和哲学体系中也是声名显赫。显然,这是一个真实存在的值得研究的临床状态,而且这一概念的提出给精神分析带来了病因学的挑战。精神分析通过以下问题来关注假自体本身:

(1) 假自体是如何产生的?
(2) 假自体的功能是什么?
(3) 为何在某些个案身上,有夸大的假自体或者被突出的假自体?
(4) 为何某些人没有发展出假自体系统?
(5) 普通人身上,假自体的等价物是什么?
(6) 什么可以被称之为真自体?

在我看来,假自体这一由我们的病人提供给我们的概念,可以在弗洛伊德早期的构想中被辨识出来。尤其是,我把自体分为真自体和假自体,而弗洛伊德把自体分为一个由本能驱动的、核心的部分(或者弗洛伊德称之为性欲,前性器期和生殖器期),以及另一个指向外部的、与世界关联的部分,而我特地把这两个不同的部分联结了起来。

个人贡献

我自己对这个主题的贡献,源自于我作为一名儿科医师,以及同时作为一名精神

分析师的工作,即:

(a) 我作为一名小儿科医师与母亲和婴儿一起工作,以及

(b) 我作为一名精神分析师,我的临床治疗对象包括可以被分析的一小系列边缘性个案,这些个案都需要在移情中体验严重退行到一个依赖阶段(或几个依赖阶段)。

我的分析经验让我认识到:依赖的或者深度退行的病人,可以教给分析师关于婴儿早期的东西,这要比从直接婴儿观察中学到的东西更多,也比与养育婴儿的母亲接触而学到的东西更多。同时,临床上与正常以及异常母婴关系接触的体验,会影响分析师的分析性理论,因为在某些被分析病人的退行阶段,移情中所发生的关系是母婴关系的一种形式。

我想把我的立场与Greenacre的做个比较,Greenacre在追求她的精神分析实践过程中,同时也保持着与儿科学的联系。对她而言,她的这两种实践体验中的任何一种都会影响她对另一种体验的评估,这一点看来也是非常明显的。

成人精神病学的临床经验可以对精神分析师产生影响,使得精神分析师在对临床状态的评估与对这一临床状态的病因学理解之间形成一条鸿沟。这种鸿沟源自于他(她)不可能从一个精神病性病人或者他的母亲那里,或者从更加疏远的观察者那里,获得关于病人在其婴儿早期可靠的发展史。只有在移情中退行到严重依赖的被分析病人,通过展现出他们在依赖阶段的期待和需要来填补这个鸿沟。

自我—需要(Ego-needs)和本我—需要(Id-needs)

我必须要强调的是,谈到满足婴儿的需要时,我并不是在指对本能的满足。在我正研究的领域中,本能还没有被清晰地定义为婴儿内部的事情。本能就像是打雷声或者撞击声那样,更多地是来自婴儿外部的。婴儿的自我力量正逐渐地发展和增强着,结果就会达成一种状态,在这种状态下各种本我—要求(id-demands)将会被感知为自体(self)的一部分,而不再是外部环境的一部分了。当这样的发展发生时,那么本我—满足(id-satisfaction)就变成了一种非常重要的自我增强剂,或者真自体(True Self)的强化剂;但是当自我还不能够容纳各种本我—兴奋(id-excitements)时,以及直到本我满足成为事实之前,自我也还不能够容纳相关的危险和体验到的挫折时,各种本我—兴奋都将会是创伤性的。

一个病人曾经对我说:"好的管理"(自我—照护),"就像我在这一个小时中所体验到的这些,就是一种喂养"(本我—满足)。他不可能用其他的方式来表达这件事,因为如果我真的有喂养他,他可能已经顺从了,而这将会演变成他的假自体防御,要不然那就是他将会作出反应,并且拒绝我的接近,通过选择挫败我来维持他的完整性。

其他的影响对我也很重要,比如说,当我周期性地被要求记录一个病人的时候,这个病人在婴儿或者幼儿的时候被我观察过,他现在作为一个成年人在接受精神病学的护理。从我的记录中常常可以看到,现在存在于病人身上的精神病性状态,其实在过去就已经在母婴关系中被识别到了。(我在上下文中跳过了父亲与婴儿的关系,因为我在谈论极早期的现象,那些涉及婴儿与母亲关系的现象,或者作为替代母亲的父亲关系。在这一极早期阶段,父亲作为一个男人还没有很重要的意义。)

举例

我可以举出的最好例子,就是一个中年女性的例子,她有非常成功的假自体,但是她感觉自己所拥有的全部生活从未真正地开始存在过,而且她始终在找寻能够接近她真自体的方法。她仍然继续着她已经进行了多年的个人分析。在这个研究性分析的第一个阶段(这个阶段持续了两年或三年的时间),我发现我正在对待和处理的是被病人称之为她的"照顾者自体"(Caretaker Self)。正是这个"照顾者自体"做了以下的工作:

(1)发现了精神分析;

(2)进入了精神分析,并被作为了取样分析,作为一种对分析师可靠性进行精细测试研究的样本;

(3)促使她来做精神分析;

(4)过了三年或者更久以后,逐渐把照顾者功能交付给分析师(这是深度退行的时期,是高度依赖分析师的几周);

(5)在分析中徘徊等候,当分析师间或失败的时候(分析师生病,分析师休假等等)重新返回照顾者的角色;

(6)照顾者自体的最终命运最后将被讨论。

从这个案例的演变来看,我很容易就看到了假自体的防御性本质。假自体的防御功能是为了隐藏和保护真自体,无论真自体可能是什么样的。这样的话,对假自体组织进行分类就变得可能了：

(1) 一种极端的状态：假自体建立得如此实际(real)，以至于观察者很容易就认为假自体就是那个真实的人。然而，在鲜活的关系中，在工作关系和友情中，假自体就开始衰败了。在所被期待的是一个完整人的情境中，假自体就会表现出一些本质的缺乏。在这一极端的状态中，真实自体是完全被隐藏着的。

(2) 不太极端的状态：假自体保卫着真自体；然而，真实自体被认可为是一种潜能，并且被允许过着秘密的生活。这是临床疾病作为有着积极目标的一种组织最清晰的例子，这一组织即使在异常的环境情况下也对个体进行保护。这就是对病人而言"症状具有一定价值"的这一精神分析观点的延伸。

(3) 更接近健康的状态：假自体主要关心的是，找寻环境条件来使得真自体将来成为它自己变得有可能。如果没办法发现那样的环境条件，那么假自体就必须要重新组织出一种新的防御来抵抗对真自体的剥削，而且如果对这种防御的有效性有所怀疑的话，那么临床结果就会出现自杀行为。在这种情况下的自杀行为是对整个自体的摧毁，以此来避免真自体的湮灭。当自杀行为成为了剩下的唯一能抵抗真自体背叛的防御时，那么事情就演变成了全部假自体在组织自杀行为。当然，这也会涉及假自体自身的灭亡，但是同时也排除了假自体继续存在的必要性，因为假自体的功能就是保护真自体不被侵犯和凌辱。

(4) 更进一步接近健康的状态：假自体是建立在身份认同基础之上的(举个例子而言，病人提到，她童年的环境和她的乳母为她的假自体组织增加了不少色彩)。

(5) 健康状态：假自体所代表的是整个自体组织礼貌和客气的表现，以及守规矩的社会态度的表现；可以这么说，健康的假自体是一种"真实情感不自由流露和开放在外的状态"(not wearing the heart on the sleeve)。总的来说，这种状态在很大程度上归功于个体放弃无所不能和初级过程的能力，其收获是能够在社会中处于一种永远无法被真自体单独获得或者维持的位置。

到目前为止，我一直保持在临床描述的界限范围内讨论问题。然而，即使在这有限的范围内，识别出假自体也是至关重要的。例如，本质上是虚假人格的病人，不应当被指配给正在接受精神分析训练的学生做分析，这一点很重要。在这里，虚假人格(False Personality)的诊断，要比根据已被接受的精神病学分类对病人作出的诊断更加重要。另外，在社会工作中，由于各种类型的案例都必须被接纳并继续进行治疗，所以这一虚假人格的诊断对社会工作者避免极端的挫败也是重要的，而这一挫败是与治疗性失败联系在一起的,无论这种治疗性工作表面上看起来多么像社会工作,但其基础也是分析性的原则。虚假人格的诊断在甄选精神分析或者精神病学社会工作的受训学生中尤其重要,也就是说,要在所有类型的个案工作受训者中做这样的甄选。在学生时期,有组织的假自体是与阻碍学生成长的一系列僵化性防御关联在一起的。

心智与假自体

在智力性方法与假自体之间存在着一种并非罕见的联合,这种联合会产生一种独有的危险。当假自体在一个具有高智力潜质的个体中被组织和建立起来时,有一种非常大的可能性,就是心智会变成假自体的住所,并且在这种情况下,智力活动与精神—躯体存在(psychosomatic existence)之间就会发展出一种解离状态。〔一定可以假设,在健康个体中,心智并不是个体从精神—躯体存在中逃离而被利用的一种手段。我在1949年《心智及其与精神—躯体的关联》(Mind and its Relation to the Psyche-Soma)一文中详尽阐述了这一主题。〕

当这种双重异常发生时,(i)假自体被组织起来隐藏真自体,并且(ii)试图成为个体的一部分,并通过利用良好的智力来解决个人问题,这样一个非常容易欺骗人的独特临床现象就产生了。

这个世界可能会以某种高度来看待学业或学术成就,而且有可能会发现,相信高智力成就的个体有着非常真实的痛苦是很困难的,可是高智力个体学业或学术越成功,他们就越感到自己的"虚伪"(phoney)。当这样的个体用这样或者那样的方式毁灭他们自己,而不是履行承诺的时候,这总会让那些已经发展出对这些个体高期待的人们感到震惊。

病因学

精神分析师之所以对这些概念感兴趣,其主要缘由是来自对假自体早期发展方式的研究,这些早期发展方式处于母婴关系中,以及处于假自体没有能在正常发展过程中变成一个有意义重要功能的(更重要的)方式中。

在个体发育发展过程中,与这个重要阶段相关的理论归属于对婴儿与母亲(退行的病人与分析师)现场生活的观察,而并不属于为了对抗本我—冲动在早期组织起来的自我—防御机制理论,尽管这两个主题之间也会有重叠。

为了阐明相关发展过程的状态,考虑母亲的行为和态度是必要的,因为在这一领域内,依赖是实在的,并且几乎是绝对的。仅仅只是参照婴儿本身是不可能陈述究竟发生了什么的。

在探寻假自体的病因学工作中,我们是在探索和调查客体关系的最初阶段。在这一阶段,婴儿大部分时间里是未整合的(unintegrated),并且从未被完全整合过;各种感觉—运动元素的凝聚都基于一个事实,那就是母亲"抱持着婴儿",这有时是指身体上的抱持,而始终是指象征性的比喻。婴儿的手势和比划(姿态)定期地表达了一种自发性冲动;发出这一手势和比划(姿态)的源头就是真自体,而这个姿态证实了潜在真自体的存在性。我们需要调查母亲满足婴儿在自发性姿态(或者感觉—运动的组合)中所表露出的那种特有的无所不能的需求的方式。我在此处已经把真自体的理念与自发性姿态(手势和比划)联系在一起了。在这一个体发展的时期,肌体运动性与性欲性元素的融合正处在成为发展事实的过程中。

母亲的作用

调查母亲所起到的作用是必要的,而在这么做的时候,我发现很方便的是比较两个极端;在一个极端,母亲是一个足够好的母亲,而在另一个极端,母亲不是一个足够好的母亲。那么问题就来了:"足够好的"(good-enough)这个术语要表达的是什么意思?

足够好的母亲能够满足婴儿无所不能(全能)的需求,并且在某种程度上能够理解婴儿的这种需求。足够好的母亲能够反复地这么做。通过母亲对婴儿无所不能需求表达的反复实现,母亲把自己的力量赋予了婴儿虚弱的自我,借此,婴儿的真自体就开始存活了。

不是一个足够好的母亲是无法实现婴儿无所不能需求表达的,因此她就反复地不能满足婴儿的自发性姿态(手势和姿势)所表达的需求;相反这种母亲就会用她自己的姿态来替代婴儿的姿态需求,而由于婴儿顺从了母亲自己的姿态便被赋予了母亲的意义。婴儿的这部分顺从便是其最早阶段的假自体,其源自于母亲没有能力去感知和理解她婴儿的需求这一失败的事实。

我的理论中的一个本质部分就是,除非是由于母亲反复地成功满足了婴儿自发性姿态或感官幻象（hallu clnation）的需求，否则真自体不会变成一个鲜活的现实。[这个理念与Sechehaye的包含在术语"象征性实现"（symbolic realization）中的理念是密切相关的。这个术语在现代精神分析理论中起着重要的作用，但是它还不够精确，因为正是婴儿的自发性姿态或者幻象使得一切变得真实，而婴儿使用象征（符号）的能力则是其中一种结果。]

根据我所构想事件的方案，现在有两条可能的发展线。第一种情况，母亲的适应性足够好，因此婴儿开始相信那些魔术性出现和表现的外在现实（因为母亲相对成功地适应了婴儿的自发性姿态和需求），并且这一外在现实以一种不与婴儿无所不能需求相抵触的方式表现出来。在这一基础上，婴儿就可以逐渐地消除无所不能的幻象。真自体有一种自发性，而这种自发性也已经加入到了婴儿世界的事件中。婴儿现在可以开始享受无所不能的创造和控制的幻象了，并且随之逐渐开始能够认识到虚幻的元素，也就是游戏和想象这一事实。这就是象征的基础，它们起初既是婴儿的自发性或幻象，同时也是被创造出的和最终被力比多贯注的外在客体。

在婴儿与客体之间存在着某些东西，或者某些活动或感知。正是这些东西把婴儿与客体［也就是母亲这方的部分客体（maternal part-object）］联结在一起，就这一点而言，这是象征形成的基础。另一方面，当这些东西使得婴儿与客体分离而不是联结的时候，就这一点而言，它促成象征形成的功能也就被阻滞了。

第二种情况，尤其属于正在讨论中的主题，那就是母亲对婴儿的幻象和自发性冲动的适应性是不充分的，不够好的。这样的话，就会导致使用—象征能力（capacity for symbol-usage）的发展过程无法开启（要不然就是，随着婴儿从顺从中获益而出现了相应的退缩，这一发展过程也就碎裂了）。

当母亲的适应性一开始就不够好的时候，婴儿可能会被期待在身体上死亡，因为此时婴儿对外部客体的贯注（cathexis）还没有被开启。此阶段婴儿保持着孤立性。但实际上，婴儿还活着，只不过是虚假地活着。对被迫进入一种虚假存在状态（a false existence）的反抗现象可以在婴儿最早期的发展阶段中发现。临床上可表现为一种普遍的易激惹性，以及喂食和其他功能紊乱的现象，尽管这些临床现象可能会暂时消失，只是在之后的发展阶段还会以更加严重的形式出现。

在第二种情况中，母亲无法充分地适应婴儿的需求，婴儿逐渐被诱惑进入一种顺从状态（compliance），以及以一种服从性假自体状态（a compliant False Self）来对环境的要求做出反应，而且婴儿似乎接纳了这样的情况。通过这个虚假自体，婴儿建立起了一套虚伪的关系,并且依靠内射机制甚至获得了一种真实的表现,因此儿童可能会成长为好像母亲、护士、阿姨、兄弟,或者任何在当时能够控制场面的人。假自体有一个积极的并且是非常重要的功能:掩藏真自体,假自体通过顺从环境的要求来起到掩藏真自体的作用。

在假自体发展的极端例子中,真自体被隐藏得那么好,以至于自发性在婴儿的生活体验中不占主要位置。那么顺从就成为了婴儿生活的主要特点,同时模仿也就成为了一种生活专长。当婴儿个人中的分裂程度不是太大的时候,通过模仿进行着一些近乎个人的生活,并且对于儿童来说甚至有可能扮演着一个特殊的角色,如果真自体还存在的话,这个特殊角色将会是真自体的一部分。

通过这样的方式,有可能追溯到假自体的起源点,现在假自体可以被看作是一种防御,是一种抵抗无法想象的、对真自体进行利用和剥削(exploitation)的防御,而这种利用和剥削将会导致真自体的湮灭。[如果真自体曾经被剥削过和湮灭过,就以上陈述的意义上来说,婴儿之所以有这样的生活,那是因为其母亲不仅仅是"不够好",而且还以一种无规律逗弄人的方式对婴儿表现出忽好忽坏的行为。这样的母亲有着作为她疾病那部分的需求,需要在那些与她发生联系的人当中,引起和维持一种困惑和混乱的关系状态。这种现象可能会出现在治疗的移情性情景中,这时病人会想方设法让分析师变得疯狂(Bion, 1959; Searles, 1959)。这种移情现象在某种程度上,有可能会摧毁婴儿对其真自体防御能力的最后残留部分。]

我已经在我的《原初母性贯注》(Primary Maternal Preoccupation, 1956a)一文中,尝试着发展出母亲所起作用这一主题。在这篇文章中我所做的假设是,在健康的情况下,怀孕的母亲会逐渐地完成她对自己婴儿的高度认同。这种在怀孕期间就开始发展的认同,在母亲分娩后坐月子时达到高潮,并且在分娩后的几周和几月内逐渐下降并停止。这件发生在母亲身上的健康的事情,也同时具有疑病性和继发性自恋的含意。

就母亲对她的婴儿而言,这种特殊的适应性定向(special orientation)能力,不仅仅取决于她自身的精神健康,也会被环境所影响。在最简单的情况下,受到从男性天生功能影响而发展来的社会态度本身的支持,男人要为女人去应对和处理外部现实,进而使得作为母亲的女人能够安全地和合乎情理地暂时轮休和以自我为中心。这种情景很类似于一个患病的偏执性个体或家庭的情况。[这里提醒了我们,弗洛伊德(1920)对具有接纳性外皮层的活体囊泡的描述……]

这个主题的发展并不属于本文讨论的范围,但是母亲的功能应当被理解,这一点是重要的。母亲的这个功能决不是近期的发展，其属于文明化的结果，或者属于高雅而复杂的功能，或者属于智力理解的功能。不能允许母亲总是很好地执行这个母性本质功能的理论，是不可以被接受的。这个本质的母性功能，能够让母亲了解她的婴儿在其发展的极早期阶段所有的期待和需求，并且使得母亲在婴儿的放松和安静状态中，能感受到她的个人满足。恰恰就是因为与她的婴儿达成的这一认同，使得母亲知道了该如何抱持婴儿，所以婴儿是通过其存在，而不是通过其反应才开始了他们的生命。这里就是真自体的起源点，如果婴儿不能与母亲建立起这种专门化的关系（specialized relationship），他们的真自体就无法变成一种现实，而这种专门化的关系可以用一个普通的术语来描述：奉献（献身，devotion）①。

真自体

"假自体"（A False Self）的概念需要另一个所对应的概念来平衡，这个对应概念可以被恰当地称为"真自体"（True Self）。在生命发展的极早期阶段，真自体其实只具有一个理论上的位置，婴儿的自发性姿态和个人想法都来自于这个理论位置。婴儿自发性姿态是行动中的真自体。只有真自体才具有创造性，也只有真自体才能感受到真实性。鉴于真自体才能感受到真实性，那么假自体存在的结果就是一种非真实的感受，或者一种无用的感受。

假自体，如果能够成功地发挥它的功能，那么它就会掩藏真自体，否则就得发现一种能够使得真自体开始存活的方式。或许可以尽一切办法来达成这样的结果，然而，我们最近距离地观察到了那些在心理治疗期间对事情逐渐发展出了真实感或者价值感的例子。我曾经转介的一个病人，已经接近了长程精神分析的结束时期，这时才是她生命的真正开始。之前她没有容纳过真实的体验，她也没有过去的经验。她已经浪费了五十年的生命现在才开始，不过最终她还是感受到了真实，因此她现在想要活着。

真自体来自于身体组织的活力和各种身体功能的运作，包括心脏的跳动和呼吸。真自体与初级过程的理念（the idea of the Primary Process）紧密地联系在一起，而且最初在本质上并不是对外界刺激的反应，而是对初级过程本身的反应。不过除了尝试理

---

① 基于此，我把我在广播中对母亲们的系列谈话称之为"平凡奉献的母亲与她的孩子"（Winnicott，1949a）。

解假自体的目的之外,极少有需要构想出真自体概念的理由,因为真自体只不过是把各种活力体验的细节聚集到一起而已。

当婴儿的复杂性逐渐达到了某种程度,以至于说假自体掩藏了婴儿的内在现实,要比说假自体掩藏了真自体来得更忠实和准确。到现在为止,婴儿已经建立起了一个界膜(limiting membrane),有一个内在部分和一个外在部分,并且已经在相当大程度上能够从母亲的照护中脱离出来。重要的是要注意到,按照这里正在被构想的理论,客体的个人内在现实的概念所适用的阶段,要晚于正在被称之为真自体的概念适用的阶段。真自体根本就是出现于个体有任何精神组织出现的时刻,并且真自体几乎就意味着感觉—运动活力的总和。

真自体快速地发展着其复杂性,并且通过自然的过程与外部现实关联起来,随着时间的推移,通过这样的过程促成了个体婴儿的发展。随后婴儿开始能够无创伤性地对各种刺激作出反应,因为这些刺激都在个体的内在世界中,即在精神现实中有着相应的对应物。然后婴儿把所有的刺激都解释成为了投射物,但是这一阶段并不必然被达成,或者只是部分被达成,或者被达成了可能又丧失了。因为这个阶段曾经被达成过,那么即使当对那些被观察者认为真正属于婴儿外部的环境因素作出反应时,现在婴儿也能够保持一种全能感了。所有这些发展都为婴儿在将来因纯属巧合的操作而开启智力推理的能力做了好几年的前期铺垫。

在真自体存活的每一个刚出现的阶段,如果没有被严重打断,那么其结果就是真实存在感被加强,并且伴随着这一过程发生的是,婴儿也会发展出一种不断增强的能力,来容忍以下两种现象,它们是:

(1)真自体存活的连续性被打断。(一种可以被观察到的方式是,出生过程可能是创伤性的,就比如,发生了没有意识到的、不清晰的产程延迟。)

(2)以顺从为基础的,与环境相关联的反应性或假自体体验。这成为了婴儿的一部分,这种婴儿(在一岁生日之前)可以被教会说"Ta",或者,换句话说,婴儿可以被教会去承认环境的存在,而且这逐步被婴儿从智力上接纳了。感激之情可能随之而来,也可能就没有。

假自体的正常等价物

通过自然发展过程这个方式,婴儿发展出了一种能适应环境的自我组织;但是这个过程并不是自动发生的,实际上,如果起初真自体(我这么称呼它)已经变成一种存活的现实,那么自我组织才有可能发生,这是由于母亲足够好地适应了婴儿的生存需求。在健康的生存状态下,婴儿的真自体有一种顺从的面向,一种婴儿可以顺从但不被暴露的能力。这是一种妥协(compromise)的能力,而妥协能力是一种发展成就。在婴儿正常发展的过程中,假自体的等价物就是在儿童身上发展出一种社交方式(social manner),而这种社交方式是适应性的。在健康状态下,这种社交方式代表着一种妥协。同时,在健康状态下,当问题变得至关重要时,妥协便停止而变得容许真自体出现了。当这种情况发生时,真自体就不顾及(override)顺从的自体了。在临床上,这种情况构成了反复重现的青少年问题。

假自体的程度

假如这两种极端的描述,及其病原学是被认可的,那么对我们而言,允许我们在临床工作中考虑,存在着程度低或高的两种假自体防御就不那么困难了;这两种假自体防御的范围是,从自体的健康有礼貌这一端,逐渐到真正分裂顺从的假自体却被误认为是整个儿童本身的这一端。显而易见的是,有时这种假自体防御可以形成一类升华的基础,比如儿童长大后成为了一个演员。就演员来说也存在着不同程度的假自体,有些人可以本色出演,并且能做他们自己,有些人也能表演,然而有些人就只能表演,而且当他们不处在角色中时,以及不被赞赏或鼓掌欢迎(不被承认为存在着)的时候,这些人就彻底迷失了。

在健康的个体中,这些个体的自体中拥有顺从的一面,但他们依然是存在着的,并且他们是创造性和自发性地存在着,同时他们具有使用象征的能力。换句话说,这里所说的健康是与个体能够在某个区域中生存的能力紧密地联系在一起的,而这个区域就处于梦境(dream)与现实之间,也被称作为文化生活区域(an area of cultural life)。(参见《过渡客体与过渡现象》,1951。)相比之下,在真自体与掩藏真自体的假自体之间有着高度分裂的那些个体,你就会发现他们使用象征的能力很差,而且文化生活也很贫乏。我们可以观察到,这样的人并不是在追求文化生活,而是极度的心神烦躁和坐立不安,没有能力聚精会神,并且需要从外部现实中收集各种冲击和侵入(impingements),以便于他们的生存时间(living-time)可以被他们对这些冲击和侵入所产生的各种反应填满。

临床应用

当诊断的目的是为了治疗,才对个案进行诊断性评估时,或者是为了筛选精神病学或精神病学社会工作的候选人而进行评估时,识别假自体人格(the False Self personality)的重要性已经被提及了。

对精神分析师的影响

如果这些考量被证实为有价值的,那么正在执业的精神分析师肯定会受到以下方面的影响:

(a) 在对虚假人格进行的精神分析过程中,必须要认识到一个事实,那就是分析师只能与病人的假自体谈论有关其真自体的事情。这就好像是照护者带来了一个儿童,而一开始分析师与那个照护者讨论儿童的问题,此时儿童并没有被直接地接触。直到照护者留下儿童与分析师一起,而且儿童已经能够单独与分析师待在一起并开始游戏时,精神分析才算是开始了。

(b) 存在着一个过渡临界点,在那个点上分析师开始与病人的真自体取得联系,从那时起,病人肯定对分析师表现出一段时期的极度依赖。这部分内容在分析性实践中经常被错过。病人会以患上了某种疾病,或者通过其他方式,给予分析师接管他们假自体(照护者)功能的机会,但是分析师在那个临界点没能看见正在发生的事情,其结果就是有其他人关心了病人,并且病人在伪装退行到依赖的一段时期内变得依赖其他人,那么这个机会就被错过了。

(c) 那些还没有准备好的分析师,他们还不能够面对病人以此种方式变得拥有巨大的依赖需求并满足这种需求,所以他们必须要谨慎小心地选择他们要做的个案,不包括这种假自体类型的病人。

在精神分析的工作中,很有可能见到分析无止境地进行而不能结束的现象,因为他们所进行的分析是基于与假自体的工作。有一个案例的分析工作,其中是一个男性病人,他在来见我之前已经做过了相当多的分析,而我与他的工作真正开始于某个时刻,也就是当我向他解释我意识到了他其实是不存在(non-existence)的那个时刻。他评论说,这些年来所有分析师与他一起做的那些良好的分析工作其实是无效的,因为这些工作都是基于他存在而做的,然而这些年他仅仅是一种假性存在。当我说出我意识到他的不存在时,他感到他第一次与人产生了沟通和联系。他的意思是说,他那从婴儿期就被掩藏起来的真自体,直到现在才与他的分析师发生了沟通和联系,而且这是一种唯一不危险的沟通途径。这是假自体这一概念对精神分析性工作产生影响的典型方式。

我已经讨论了这个临床问题的一些其他方面。例如,在《退缩和退行》(Withdrawal and Regression, 1954a)一文中,我在对一个男性病人的治疗中,追踪了我与(他描述的)假自体的接触关系中移情的演变过程,经历了从我与他的真自体的第一次接触,到对其进行直截了当的分析。在这种情况下,退缩必定要被转化成我在文章中所描述的那种退行。

我们必须要明确一个原则,在我们分析性实践的假自体领域,我们发现,只有通过识别出病人的非存在性,而不是通过与病人进行持续不变的基于自我防御机制的长期工作,才能使得我们的分析工作取得更多的进展。病人的假自体可以与处在防御性分析中的分析师进行无限期地合作,打个比方说,病人在游戏中始终站在分析师这一边。这种没有价值的工作只有当分析师能够指出,并详细说明某些基本特征的缺席时才能被终止:诸如,"你没有嘴巴","你还没有开始存在","身体上你是一个男人,但是从你的经历来看,你对男性一无所知",等等。如果对这些重要事实的认识,能在正确的时刻变得清晰,那么就能为分析师与真自体的沟通和联系铺平道路。一个曾经有过基于假自体的大量无效分析的病人,兴致勃勃地与那个认为这就是他的完整自体的分析师合作,然而他告诉我:"唯一让我感到希望的时刻是,当你告诉我说你看不到希望,但是你还继续与我做分析的时刻。"

在这种基础上,如果分析师没能成功地注意到这些事情,我们可以说病人的假自体(就像在后期发展阶段复杂的投射)就欺骗了分析师,这使得分析师把病人的假自体就当作是一个具有完整功能运作的人;然而,不管假自体建立得有多么的好,它终究是缺乏某些东西的,而缺乏的这些东西正是创造性源泉的本质核心元素。

随着时间的推移,我将会描述更多的假自体这一概念在其他方面的应用,而且这一概念本身也极有可能会在某种程度上需要改进。我把我工作(也和其他分析师的工作联系起来)的这一部分专门提出来并作了解释,其目的是想表明我持有这样的观点:掩藏着真自体的假自体这一个现代概念,连同其病因学的理论,能够对精神分析性工作产生重大的影响。就我能够理解的来说,它并不涉及基本理论领域的重大改变。

(唐婷婷 翻译)

13. 绳子：一种沟通的技术①(1960)

1955年3月，一个七岁的男孩被他的母亲和父亲带到了帕丁顿绿色儿童医院(the Paddington Green Children's Hospital)的心理门诊。家中的另外两个成员也来了：一个是十岁的女孩，患有心智缺陷(M. D.)，她在智障学校(E. S. N.)上学，另一个是相当正常的四岁小女孩。这个案例是由家庭医生转介而来的，因为家庭医生在这个男孩身上发现了一系列暗示着性格障碍的症状。为了清楚地描述这个案例，所有与这篇文章的主题不直接相关的细节都被省略了。男孩的智商(I. Q.)测试结果是108。

我在一次时间较长的访谈中，第一次见到了男孩的父母，他们清晰地描绘了男孩的发展，及其发展中的扭曲(distortions)。他们却遗漏了一个重要的细节，然而，这个重要细节在与男孩的访谈中被呈现了出来。

不难发现母亲是一个抑郁的人，并且报告说她曾由于抑郁症而住院治疗。根据父母的报告，我能够注意到母亲一直照顾着男孩，直到他的妹妹出生，那时他已经三岁零三个月了。这是第一次重要的分离，第二次分离发生在男孩三岁十一个月的时候，当时他的母亲做了一个手术。当男孩四岁零九个月的时候，母亲去住精神病院接受了两个月的治疗，在此期间他由母亲的姐妹好好照顾着。到这个时候，每个照顾过这个男孩的人都一致认为他挺难照料的，尽管他也表现出许多很好的特质。他有突然变化的倾向，并且会通过说话让人感到恐慌，比如，他会说要用刀把他母亲的姐妹切成小碎片。他发展出了许多稀奇古怪的症状，比如，他有一种舔东西和舔人的强迫性；他强迫性地发出喉咙部的噪音；他经常拒绝上厕所，并且随后搞得一片混乱。他对他姐姐的心智缺陷明显地感到焦虑，但是在这个问题被明确注意到之前，他发展中的扭曲就已经开始显现了。

---

① 首次发表于《儿童心理学和精神病学杂志》(the Journal of Child Psychology and Psychiatry)，1, pp. 49-52.

在对其父母的首次访谈之后,我单独访谈了这个男孩。在场的还有两个精神病学社会工作者和两个访问者。男孩并没有立刻显现出不正常的印象,并且他很快开始和我玩涂鸦游戏。(在这种涂鸦游戏中,我随意地画了某种线条,并且邀请我正在访谈的儿童把我的涂鸦变成某样东西,随后儿童涂鸦给我,轮到我把它变成某种东西。)

在这个特别的案例身上,涂鸦游戏展现出了奇妙的结果。男孩的惰性立刻变得明显起来,而且几乎我画的每样东西,都被他转化成了与绳子有关的东西。在这十幅涂鸦画里出现了下列物体:

套索,鞭子,短马鞭,

溜溜球绳,

打结的绳子,

另一根短马鞭,

另一根鞭子。

在这次与男孩的访谈之后,我第二次访谈了孩子的父母,并问了他们关于孩子专注于绳子的事情。他们说,我能提出这个主题,他们感到很高兴,但是他们在第一次访谈中没有提到这个事情,那是因为他们不确定这个主题是否有意义。他们说,孩子强迫性专注于与绳子有关系的任何事情,而事实上,无论他们何时进入房间,他们很容易就发现,孩子用绳子把桌子和椅子连接在一起;他们也可能会发现一个靠垫,比如,用绳子把它连接在了壁炉上。他们说,这个男孩对绳子的专注正逐渐发展出一个新的特征,这让他们感到很担心,而并不是引起了他们一般的担忧。他最近曾尝试用一根绳子缠绕在她妹妹的脖子上(这个妹妹的出生导致了男孩与母亲的第一次分离)。

在这个特殊种类的访谈中,我知道行动的机会十分有限:因为这个家庭住在乡下,在六个月里我不可能见男孩的父母或男孩的频率超过一次。因此我采取了以下的行动方式。我向母亲解释说,这个男孩正在处理对分离的恐惧,他试图通过使用绳子来否认分离的事实,就像人们会通过使用电话来否认与朋友的分离一样。男孩的母亲表示了怀疑,但是我告诉她,假如她可以改变想法而去寻找我所说事情的一些意义的话,我希望她可以在适当的时候开门见山地与男孩谈谈这件事情,让男孩知道我说了什么,然后根据男孩的反应来发展分离的主题。

我没有接到他们的任何消息,直到过去了六个月之后,他们再次来看我。母亲没有向我报告她做了什么,但是我问了她,随后她很快就告诉了我在上次见过我之后发生了什么事情。她一开始认为我说的是愚蠢的,但是有一天晚上,她和男孩开启了关于这一主题的对话,并且发现男孩渴望谈论他与她的关系,以及他对与她缺少联系的恐惧。在孩子的帮助下,她重温了她能够想起的所有与孩子的分离,而由于男孩的反应,她很快就变得相信我所说的是对的。另外,从她与男孩谈完话的那一时刻开始,绳子游戏就停止了。男孩再也没有用过去的方式连接物体了。她也与男孩进行了许多次对话,谈关于他离开她时的感受,同时她也表达了非常重要的意见,她认为当她遭受严重抑郁的时候,那是他丧失母亲的创伤中最重要的分离:她说,这不仅仅是她的离开,还有由于她专注于其他的事情而造成了他与她之间失去了关联。

在后来的一次访谈中,母亲告诉我,在她与男孩的首次谈话一年之后,男孩子又出现了在家中玩绳子和用绳子把东西连接在一起的状态。事实上,她把孩子的这种反复,归咎于她要去医院做个手术,并且她对孩子说:"从你玩绳子的行为中,我可以看出你为我的又一次离开感到担心,但是这次我只是离开你几天,而且我只是去做一个不太严重的手术。"这次谈话之后,男孩新一阶段的绳子游戏停止了。

我一直与这个家庭保持着联系,并且已经在男孩的学校教育,及其他事宜的各种细节上给予了帮助。现在,初始访谈已经过去了四年,父亲报告孩子再一次出现了对绳子游戏的专注,这与母亲最近的抑郁情绪有关系。这一阶段的绳子游戏持续了两个月,随后在整个家庭外出度假,并且同时家里的情况有所改善(在一段时期的失业之后,又找到了工作)的时候,男孩的情况又好转了。与此有关的还有母亲状态的改善。父亲还提供了一个与所讨论主题相关的有趣细节。在最近这一阶段中,父亲觉得有意义的是,男孩通过绳子把某些事情用行动表现出来了,因为这显示了所有这些事情是多么紧密地与母亲的病态焦虑联系在了一起。父亲有一天回到家,发现男孩正倒挂在一根绳子上。他是如此无力,且表现得好像他死了一样。父亲意识到他自己必须表现出对此不在意,于是他闲逛到花园做了半个小时的零散工作,之后,男孩感到无聊,并且停止了这个游戏。这是对父亲没有焦虑的一次大测试。然而,第二天,男孩在一棵树下做了同样的事情,母亲很容易从厨房窗口看到了这幅情景。母亲被强烈地震惊到了,她冲到了男孩面前,当然男孩正用绳子把自己吊在树上呢。

接下来发生的其他细节对理解这个案例可能会有价值。尽管,现在这个十一岁的男孩,正沿着向"难缠的家伙"(tough-guy)的路线发展着,他表现得非常害羞和难为情,并很容易脖子就红了。他有一些泰迪熊,对他而言就像小孩子一般。没人敢说这些泰迪熊是玩具。他对它们非常忠诚,在它们身上耗费大量的感情,而且还仔细地为它们缝制裤子。父亲说男孩似乎从他的泰迪熊家庭中得到了某种安全感,他用这种方式像母亲般地照顾着泰迪熊们。如果有客人来了,他很快就把所有的泰迪熊放到他姐妹的床上,因为没有一个家庭成员之外的人可以知道他有这样一个泰迪熊家庭。伴随着这些的是男孩不愿意排大便,或者有一种想储存他粪便的倾向。因此,不难猜出,他有一个基于他自己的不安全感的母性认同,而这种不安全感与他的母亲有关,而且这可能发展成同性恋。同样的方式,对绳子的专注可能会发展成性变态。

评论

以下的评论似乎是恰当的。

(1) 绳子可以被看作是所有其他沟通技术的一种延伸。绳子的加入正如它也能帮助我们捆绑物体(客体),以及帮助我们抱持零散(未整合)的材料一样。就这方面而言,绳子对每个人都有象征性意义;夸张地使用绳子很容易可以被看作是一种不安全感或者缺乏沟通的想法的开端。在这个特定的案例中,我们有可能发现一种异常性正在潜行进入孩子对绳子的使用中,而重要的是找到了一种方式来陈述这种变化,而这种变化有可能导致对绳子的异常使用演变为性变态。

如果我们考虑得实际一些,似乎有可能达成这样的一种陈述,那就是绳子的功能正在从连接变成对分离的一种否认。作为一种对分离的否认,绳子就变得只是绳子了,它变成了一种孤立的东西(译者:自在之物),某种具有危险特性的东西,而且这种东西必须要被牢牢地掌控住。在本案例中,母亲看起来已经可以在一切太迟之前处理男孩对绳子的使用,这时绳子的使用仍然包含着希望。当没有了希望,并且绳子代表着对分离的一种否认时,那么一个非常复杂的态势就已经发生了——那个人就变得很难被治愈了,因为出现了某种继发性获益,继发性获益起源于每当为了掌控某个客体而不得不操纵它时所发展起来的技巧。

倘若这个案例使得对性变态(perversion)发展的观察变得有可能,那么我对这个案例也因此表现出了特殊的兴趣。

(2) 也可以从这篇材料中看到对父母进行的使用。当父母可以被使用的时候,他们可以相当有效率地开展工作,特别是如果我们记得起一个事实,即永远不会有足够的治疗师去治疗那些需要治疗的人。这是一个很好的家庭,他们一起度过了由于父亲失业造成的困难时期;他们能够对精神发育迟缓的女儿负起全部的责任,尽管这个女儿导致了在社会上和家庭内部巨大的缺陷;在母亲患有抑郁性疾病的阶段,包含住院治疗的一段困难时期,他们都存活了下来。在这样的家庭中肯定蕴藏着巨大的力量,也是基于这样的假设,我决定邀请这些父母来承担对他们自己孩子的治疗工作。在这么做的过程中,他们自身也学到了很多,但是他们确实需要被告知他们正在做着些什么。他们的成功也需要得到赞赏,同时使得整个过程被言语化。他们已经见证了他们的儿子所经历疾病的事实,这给予了父母有能力处理其他困境的自信心,而这些困境在我们的一生中总是时不时地发生着。

总结

本文简单地陈述了一个案例,用以说明一个男孩对绳子的强迫性使用,尽管男孩的母亲在抑郁症阶段有所退缩,但是一开始男孩利用对绳子的强迫性使用来尝试与他的母亲进行象征性的沟通,随后转变成了男孩对自己与母亲分离的否认。作为一种否认分离的象征,绳子变成了一个令人害怕的东西,并且是必须被掌控的东西,而随后绳子的使用变成性变态。在本案例中,通过治疗师向母亲解释她的任务,母亲自己对孩子做了心理治疗。

(唐婷婷 翻译)

14. 反移情①（1960）

我想要说的内容，可以简而言之。

我认为现在对反移情（counter-transference）这个术语的使用，应当恢复到它的原初使用方式中。我们可以根据我们的喜好来使用词语，尤其是像反移情这样人造的词语（artificial words）。像"自体"（self）这样的词汇自然比我们知道的含义要多；它使用我们，并且可以指令我们。但是反移情是一个我们可以奴役的术语，对相关文献的精读使我感到，这个术语正处于失去其身份的危险之中。

现在恰好有一篇关于这个术语的文献，而我已经设法研究了它。在我的一篇名为《反移情中的恨》（Hate in the Counter-transference，1947）（主要是关于恨的）的论文中，我说过反移情这个术语的一种使用，即用来描述"在反移情过程中的异常感受，并且是被分析师压抑了的一套关系和身份认同。对反移情的评论是，产生反移情的分析师需要更多的个人分析……"。

为了那篇文章的目的，我随后给出了另外两种可能的意义。

关于反移情，如果是基于分析师自己的个人分析失败的讨论，那肯定没多大用处的。在某种意义上，这就可以终结这种辩论。

然而，反移情这个术语的含义是可以被扩展的，而且我认为我们都同意稍微扩展一下这个术语的含义，以使得我们可以借此机会重新检视一下我们的工作。不过，我要先返回去谈谈我已经表达过的观点。在我开始之前，我必须先回到 Michael Fordham 在他的文章开头的评论，在那段评论中，他引用了荣格的话来反对"移情是精神分析技术的产物"这一观点，并强调移情是一种普遍的超越个人或社会的现象。撇开我不知道"超个人"（transpersonal）究竟意味着什么这一事实，我认为在此处产生了

---

① 1959 年 11 月 25 日在伦敦，刊登于由英国心理学会医学分会（the Medical Section of the British Psychological Society）主办的反移情专题论文集（a Symposium on Counter-Transference）的第二部分，并首次发表于英国《医学心理学杂志》（*the British Journal of Medical Psychology*），33，pp. 17 - 21。

一个混淆,这是由于对我认为是弗洛伊德引入的移情这一术语使用的扭曲所致。精神分析技术的特性就是这种对移情的使用和对移情性神经症的使用。移情不仅仅是一种密切交往关系的事情,或者人际关系的事情。移情涉及一种方式,即一种高度主观的现象重复出现在了分析过程中。精神分析在很大程度上,存在于为了这些移情现象的发展而安排的情景条件中,存在于在正确的时机对这些移情现象的解释中。解释把特定的移情现象与病人心理现实的某一点相关联,而且在一些案例中,这也同时意味着把特定的移情现象与病人过去生活史的某一点相关联。

在典型的分析中,病人逐渐地在与分析师的关系中一步一步地处理怀疑和憎恨,这种怀疑和憎恨可以在以下现象中被观察到,即分析师会见其他病人会让病人感到危险(不安全),或者因为分析师度周末和休假而打断治疗。随着时间的推移,解释使得这一切有了意义,毫不含糊地说,这并不是搞清楚了现在,而是搞清楚了病人的人格动力学结构。这个工作完成之后,紧接着病人就失去了某种特定的移情性神经症,并开始在其他方面积极活跃起来。(通常这一工作并非是以如此清晰的方式被完成的,但是为了教学的目的,这可能是对基本原理的一种合理描述。)

Michael Fordham(1960)给出了一个总是提问题的病人的好例子。最后她(病人)说:"你就像我的父亲一样,你从不回答问题。"通常病人会给予线索,以便分析师可以进行充分的解释,但是这里有一些(但却是重要的)解释是由病人达成的,毫无疑问的是,分析师随后可以成功地给出更加完整的解释。

对于我而言,花一些时间来讨论移情这个问题是必要的,因为如果我们对移情这个术语不能达成一致的看法,那么我们肯定无法开始讨论反移情。

附带地,我可以提醒一下 Fordham 医师,他使用的有些术语对我而言没有什么价值,这是因为它们属于荣格主义学派对话中的行业术语,反过来,他也可以告诉我,哪些我用的术语对他来说也是无用的。我说的那些无用术语指的是:超个人的,超个人无意识,超个人分析性理想,原型的,心灵的性对抗(contra-sexual)元素,阿尼姆斯和阿尼玛,阿尼姆斯和阿尼玛的结合物。

在这些语言词汇中,我不能与人进行交流沟通。对于这个大厅里的某些人来说,这些是日常用词,但是对于另一些人来说,这些术语没有明确的含义。

我们也必须要谨慎地对待以下这些词汇的使用:自我,无意识,幻象的(illusory),共振的(共振地反应),分析,等等,这些术语被不同群体的工作者以不同的方式使用着。

现在,我可以回到移情—反移情现象这一主题,并检验其所指的是在专业工作中普遍地发生了什么。专业工作非常地不同于日常生活,不是吗?

所有这一切都始于希波克拉底(Hippocrates,古希腊医师,称医药之父)。也许是他建立了专业性态度(professional attitude)。医学誓言描绘了一幅在大街上普通男人或女人的理想化版本的图像。然而,也就是说当专业性地投入工作时,我们应该是一副什么模样。包含在这个誓言里面的一个承诺是,我们不能与病人发生通奸行为。此处我们对移情的一个方面就有了完整的认识,那就是病人需要理想化的医师,并且他们要与医师坠入爱河,这只能是在梦想中发生的事情。

弗洛伊德容许在专业关系中发生和发展全方位的主观现象;分析师自己需要进行个人分析,实际上是对分析师在维持专业性态度时处于一种张力和负担状态的认识。我使用这样的措辞并非是故意的。我并不是在说,分析师的个人分析是为了使他免于神经症的困扰;个人分析是为了增强心理工作者性格的稳定性和人格的成熟度,这是分析师的或专业工作的基础,也是我们维持专业关系能力的基础。

当然,一种专业性态度也可能建立在防御、抑制,会让强迫性有条理的基础上,而且照我来看,在专业的情景中,心理治疗师尤其处于紧张状态之下,因为分析师的任何自我—防御结构都会减弱他们应对新情景的能力。心理治疗师(精神分析师,或者分析性心理学家)必须要保持一种敏感和脆弱性,但仍然还要在他的实际工作时间内保持着他的专业角色。我认为行为举止良好的专业分析师,要比那些保持着属于一种弹性防御组织的脆弱性(同时行为举止良好)的分析师,更容易遇到。(Fordham用他自己的语言谈论了同样的观点。)

例如,与社会工作相比较,在精神分析中使用移情现象要多得多。与社会工作者相比较,这给了分析师治疗上的优势,但是非常有必要记住属于更普遍的个案社会工作者(case-worker)的优势,他们与病人的自我—功能相配合,他们处于一个能把个体自我—需要与社会供养联接起来的有利位置。作为精神分析师,我们经常会妨碍社会工作者的工作,因为这不属于我们的功能。

在精神分析中,移情性神经症是特征性的本我—驱动(id-derived)。在社会工作中,有人可能会对社会工作者说:"你让我想起了我的母亲。"对此社会工作者除了相信这句话之外,没有什么别的需要做。在精神分析中,这句话就会给予分析师一些线索,所以分析师不仅能解释从母亲转向分析师的移情感受,而且还能解释潜藏在移情之下的无意识本能元素和被唤起的各种冲突,以及相应组织起来的防御。通过这样的方式,无意识便开始拥有了一种意识的等价物,并开始变为关系到人的鲜活过程,同时开始成为了可以被病人接纳的一种现象。

病人在精神分析中所遇到的当然是分析师的专业性态度,而不是我们在私下生活中碰巧遇到的不可靠的男人和女人。

我想首先明确这一观察,即使最后我可能会修正我现在所说的话。

我想要陈述的是,工作中的分析师处在一个特别的状态之下,也就是说,他们的态度是专业性的。精神分析的工作是在专业性设置之下开展的。在这种设置下,我们假设:分析师免于了这类或这种程度的人格和性格障碍,即不能维持专业关系,或者只能以过度的防御为巨大代价来维持专业关系。

精神分析的专业性态度很类似象征意义(symbolism),因为它假设了分析师与病人之间的距离。这种象征位于主观性客体与客观性知觉的客体之间的间隙之中。

此处可以看到我不同意 Fordham 的陈述,尽管稍后我也有可能会同意他的观点。我不能同意他的陈述是下面这段话:"他(荣格)把分析关系比作为化学性相互作用,并继续认为治疗可以'不凭借任何设置……根本就不是相互影响的结果,在治疗中医生连同病人的整体存在起到了作用'。"后来他非常地强调,分析师建立起具有专业性质的防御去抵抗病人的影响是徒劳无益的,并继续说:"通过这么做,分析师只是否认了他能够使用一种非常重要的信息器官。"

我坚持认为,在病人与分析师之间存在着分析师的专业性态度,他的技术,以及用他的心智所做的工作。我宁愿因为坚持这个观点而被大家铭记在心。

现在,我并不害怕说这些观点,因为我不是一个知识分子(an intellectual),而事实上,可以这么说吧,我个人非常多的是从身体—自我(body-ego)出发去做我的工作。但是,我认为我自己在我的精神分析工作中,我是用从容的但有意识的心智努力来工作的。我的头脑中出现了一些想法和感受,但是在我作出解释之前,这些想法都已经被很好地检查和筛选过了。这并不是说那些感受就没有被考虑进来。一方面,我可能会胃疼,但是这通常并不会影响我的解释;另一方面,我可能会被病人给出的想法稍微刺激到了我的性欲或攻击性,但是同样这种事情也不会影响我的解释性工作,不会影响我要说什么,我怎么去说,或者我什么时候说。

在心理治疗的时间中,分析师是客观的,并且始终如一的,同时他不是一个拯救者,也不是一个老师,不是一个同盟者,或者不是一个道德说教者。在这种分析性关系中,分析师自己的个人分析的重要作用是,增强了分析师自己的自我功能,以至于他可以保持专业性的卷入（投入），同时保持着这种不太紧绷的张力。

就此而言，所有这些情况都是真实的，反移情这个术语的意义只能是神经症性的特征，这种特征会侵蚀专业性态度，并且妨碍由病人决定的分析性处理的进程。

在我看来，要谈反移情就必须除去某一种特定类型病人的诊断范围，而现在我想要描述一下这类诊断，这类诊断在我看来改变了整个问题，并且使我愿意同意那些我刚才不同意的陈述。现在正在讨论的主题是：分析师的角色；而这一角色一定要根据对病人诊断的变化而变化。两位讲者都没有时间更加简明地探讨诊断这件事情（尽管 Fordham 引用了荣格的观点："然而，很明显，他确信病人能够对分析师产生非常激烈的作用和影响，并且很显然，这可以在分析师身上引发病理性的表现。他说，特别是在治疗边缘性精神分裂症的案例时，这种情况非常明显；而荣格用一种有趣的方式发展了这一主题。"）

因此，我现在正从一个不同的位置谈论这个事情，而这一变化来源于一个事实，那就是，我现在指的是对边缘性案例的管理和治疗，对于这些边缘性案例而言，精神病性这个术语要比神经症性这个术语更加合适。但是，来找我们做精神分析的绝大多数人不是精神病性的，而精神分析的学生们首先应当被教会对非精神病性案例的分析。

你可能会期待我使用类似精神—神经症、精神病，或歇斯底里、情感性障碍和精神分裂症这样的术语，但是为了我们此处讨论的目的，我不打算用这样的方式对案例进行分类。

对我来说，两种类型的案例似乎完全改变了治疗师的专业性态度（professional attitude）。一种案例是有反社会倾向的病人，而另一种案例是需要退行的病人。第一种类型，也就是或多或少有反社会倾向的病人，是对剥夺（deprivation）的一种持久性反应。治疗师被病人的疾病所迫使，或者被病人疾病中仍有希望的那一半所迫使，去修正并继续不断地修正改变了病人生命进程的自我支持的失败。治疗师唯一可以做的，且不说要卷入治疗，就是利用在尝试中所发生的事情，开始认真思考对原初剥夺或剥夺的精确陈述，正如病人当时作为一个孩子所感知和感受到的那样。这可能涉及与病人的潜意识工作，也可能不会涉及。全身心投入地与表现出反社会倾向的病人进行工作的治疗师，将不会处于一个很好的位置去理解精神分析技术，或者移情的运作，或者移情性神经症的解释。我们设法去避免把反社会的案例指派给学习精神分析的学生去做，准确地说，这是因为我们无法通过这些案例教授精神分析。这些案例更适合使用其他的方法去处理，尽管有时精神分析可以作为有益的补充。我将把对反社会倾向的进一步思考先搁置一边。

我提到的另一类病人,就是需要退行的那种类型的病人。如果说这类病人引起了什么重要的变化,那就是病人需要进入和经历婴儿的依赖阶段。在此种情况下,精神分析也是无法被教授的,尽管可以采用改良的形式来进行实践。这里的难处在于诊断问题,在于发现隐藏不成熟真自体的虚假人格的虚伪之处。在这种案例中,如果被隐藏着的真自体将要展现出他自己时,病人将会崩溃,这是治疗必然的一部分进程,而分析师将需要能够承担起病人婴儿部分的母亲角色。这意味着分析师要大规模地给予病人自我—支持。分析师将需要保持对外部现实的定向性适应,与此同时,实际上要与病人认同,甚至要与病人融为一体。病人肯定会变得高度依赖,甚至是绝对地依赖,而且这些描述是真实的,即使病人的人格中有一部分健康的组织结构还作为分析师的同盟一道在工作着,并且事实上这部分健康的功能一直在告知分析师如何行事。

你会发现,现在我正在使用的措辞与 Fordham 使用的措辞变得一致了。

现在我在这里再说一遍,可以这样说,以这种方式主要与变得完全非常依赖的病人进行工作的分析师,可能无法理解和学习到基于与绝大多数病人工作的精神分析技术,因为绝大多数病人的婴儿依赖需求曾经由他们自己的母亲和父亲们成功地照顾过。(我不能过分强调一个事实,即大部分人,如果被分析的话,确实需要经典的精神分析技术,以及在病人和分析师之间分析师具有的专业性态度。)

相反地,经典的精神分析师,一个接受过这种工作训练的分析师,以及当移情性神经症发展并反复地再发展时,一个对自己的处理能力有信心的分析师,有很多地方可以向那些关心和尝试着为某些病人提供心理治疗的人学习,而那些病人需要经历的恰恰是属于婴儿期的情绪发展阶段。

因此,从这一转变了的位置开始思考,随着病人被诊断为精神病性或精神分裂症性病理,以及移情被病人退行到婴儿依赖的需要所主导,我发现我能够与 Fordham 医生的一大堆观察结果汇合在一起了,然而尽管如此,我认为他没有恰当地把这些与病人的分类学联系起来,因为他没有时间。

边缘性精神病人会逐渐突破我称之为分析师的技术和专业性态度的屏障,同时迫使出现一种具有原始性质的直接关系(direct relationship),甚至迫使进入到关系融合的程度。这一过程必须要以一种逐渐而有序的方式进行并完成,同时恢复和疗愈也是相应有序的,当然,无论在治疗内还是在治疗外,混乱都会在很大程度上占据一定的优势,而这正是病人疾病的那一部分。

在训练精神分析师和这类人的过程中,我们一定不能把学生放在与精神病性病人的原始性需要有关的位置上,因为很少有学生能够承受得住,也很少有学生能从这种体验中学习到任何东西。另一方面,在一个恰当组织的精神分析实践中,对于那些迫使以他们自己的方式穿越专业性边界的病人是留有空间的,并且对于制造这些特殊测试和需求的病人也是留有空间的,而这些特殊的测试和需求似乎都包含在本文讨论的反移情主题之下。我可以开始谈谈分析师的反应这一主题了。事实上,我发现我一定要来讨论我所经历过的所有类型的事情,而这些事情与由 Fordham 医生提出的想法衔接了起来。举个例子,我被一个病人袭击了。我说此事的目的并不是为了公开这件事。这不是一个解释,而是对这个事件的一个反应。病人越过了专业的白线,并且得到了一点点真实的我(the real me),而我认为这让她感觉到了真实。但是,这个反应并不是反移情。

就这一点而言,让反移情这个词恢复它的本来含义不是会更好吗?反移情的本来含义指的是,通过对精神分析师候选人进行甄选和对其进行分析,以及对其进行训练,我们希望消除的那些东西。这将准许我们来自由讨论分析师能够与精神病性病人所做的许多有趣的事情了,而这些病人都是暂时退行和依赖的,为此我们可以使用 Margaret Little 的术语:分析师要对病人的需求作全部的响应。在这一主题或相类似的主题之下,关于如何使用分析师自己对精神病性病人的影响所产生的意识或无意识的反应,或者如何使用分析师自己对病人自体中精神病性部分的影响所产生的反应,以及这些精神病性病理对分析师的专业性态度的影响,有太多可以被讨论和陈述的了。这是一个让荣格主义者和弗洛伊德主义者都感兴趣的主题,已经有很多人对此写了一些东西并谈论了很多,我是其中之一。这可以形成,实际上肯定会形成对这一主题进一步讨论的基础,但是,我认为把本次专题讨论会的主题:反移情,全面延伸并扩大其使用范围,只会产生困惑。

(唐婷婷 翻译)

15. 精神分析的目的①(1962)

在进行精神分析治疗的过程中,我的目的在于:

保持活力;

保持健康;

保持觉醒。

我的目的在于做我自己和表现我自己。

对于一段已经开始的精神分析,我期望可以继续,期望在分析过程中可以幸存下来,并且最终能够结束它。

我很享受我本人做精神分析的过程,我也常常期待着每一个分析的结束。只是为了分析本身的缘故而去做分析,对我来说没有任何意义。我之所以要做分析,是因为病人需要做分析,而且需要我陪他们做分析。如果病人不需要分析,那么我就会改做其他的事情。

在分析中,有人会问到:一个人能被允许进行多少次分析?与之相比,我的临床座右铭是:一个人最少需要多少次分析?

然而,这些都是表面问题。精神分析的深层次目的究竟是什么?在一种如此认真准备和小心谨慎维持的专业设置中,我们究竟在做什么?

在我刚开始做分析的时候,我确实有很大一部分工作是为了适应个人期待。如果不这样做,那就太没有人性了。然而一直以来,我都在向着标准分析的位置移动。接下来我必须要说明,我所说的标准分析(*standard analysis*)这个术语是什么涵义。

对我来说,标准分析意味着我是站在被移情性神经症(或精神病)所放置的立场上与病人进行交流的。在这个立场上,我就具备了某些过渡现象的特征,因为尽管我代表着现实原则(reality principle),而且我也是那个必须密切关注时间的人,可是对病人

---

① 1962年3月7日提交给英国精神分析协会。

而言,我仍然还是个主观性客体。

我在分析中做的绝大部分工作具有言语化表达的性质,即把病人当天带来供我使用的那些材料以言语化的形式表现出来。出于两个原因,我会作出解释:

(1) 如果我不作任何解释,那么病人就会认为我理解了一切。换句话说,正是由于我的解释不那么完全在点儿上,或者甚至解释错了,才让我在病人的印象中保持了一些外在性。

(2) 在恰当的时机进行言语化表达可以动员智力的力量。只有在一种情况下动员智力过程才是坏事情,即当智力过程与精神—躯体存在已经变得严重解离的时候。我的解释都是很经济的,至少我希望如此。

在分析中,病人的无意识合作会产生某些材料,如果我的解释是准确针对这些材料而作的,那么每次分析中能作一个这样的解释我就很满意了。我要说一件事情,或者我会分成两三个部分来说清这件事情。我从来不使用过长的句子,除非是我感到非常疲劳或厌烦了。当我在分析中快要精疲力尽的时候,我就会开始教学了。此外,在我看来,一个解释中如果包含了"此外"这个词,那就已经是一段教学了。

把次级过程的材料应用于初级过程,这会促进病人的成长和整合。

病人在这次分析中带给我些什么呢?这个问题取决于病人的无意识合作,这种合作早在做第一个激发变化的解释时就已经建立了,甚至比这更早。一个不证自明的公理是,分析工作是由病人自己完成的,这就叫做无意识合作。合作的方式包括病人做梦,病人对自己所做的梦的回忆,以及病人用一种有效的方式报告这些梦。

无意识合作与阻抗具有相同的性质,但是后者属于一种负性移情元素。对阻抗进行分析可以解放无意识合作,而这种合作属于正性移情元素。

尽管精神分析可能是无限复杂的,但是就我所做的工作来说,还是有一些简单的事情可以讨论的,其中一件就是,我希望能在分析中找到一种趋势,让我们越来越接受移情中的矛盾两价性,同时越来越远离那些更加原始的机制,比如分裂、内射与投射、客体报复(object retaliation)、瓦解(disintegration),等等。我知道这些原始机制是普遍存在的,而且它们也具有积极的意义,但同时它们也是各种防御,它们极大地削弱了病人凭借本能及强烈的爱与恨而与客体建立的直接联接。我的一个病人有着疑病症幻想和被害妄想,在针对这些无休止的本能衍生物的分析工作快要结束时,病人做了一个梦:我吃掉了你。这已经是像俄狄浦斯情结那样简单质朴的内容了。

只有当分析促使病人的自我功能增强(ego-strengthening)到顶峰时,这种简单质朴才可能成为一种福利。我愿意就这一点作些特别的说明,但首先我必须提到一个事实,那就是在许多案例中,当分析师移除了病人的那些病理性环境影响后,我们就获得了某种洞见,其让我们知道了,我们什么时候已经变成了病人童年和婴儿期父母形象的当下代表,而相比之下,我们又在什么时候正在替代这些形象。

就我们所能理解的这些而言,到目前我们可以看到,我们自己对病人自我部分的影响经历了三个阶段:

(a) 在分析的初期阶段,我们期待病人有几分自我—力量(ego-strength),因为我们仅能通过进行标准分析并把它做好而给予病人以自我—支持(ego-support)。这与母亲对婴儿的自我支持功能是一致的,(在我的理论中)这种功能可以使婴儿的自我得到加强,其唯一需要的条件就是母亲在这段时间里能够发挥其独一无二的作用。这是一个暂时而又极其重要的阶段。

(b) 接下来是一个较长的治疗阶段,在此阶段中,病人对分析过程的信任,使得他/她会在分析中进行各种各样(关于他/她自己的)自我独立性方面的探索和尝试。

(c) 在第三个阶段,此时病人已经独立的自我开始展现出来,并开始主张和维护自己独特的个性特征,而且病人开始理所当然地感到自己的存在价值以及自己的存在是正当合理的。

我会特别关注这个自我—整合(ego-integration)的过程,也为这个过程的发生感到高兴(尽管一定不是为了让我高兴这个过程才会发生)。观察并等待病人的成长是一件非常享受的事,病人会越来越有能力将其一切事务都聚拢到个人全能感的领域内加以处理,甚至包括真实的创伤。

自我力量可以带来临床上的变化,一来防御强度会朝着越来越松弛的方向转变,二来防御也变得越来越少被调动和利用,其结果就是个体不再感到被某种疾病所束缚,而是感到自由和轻松,即便是还没有完全摆脱症状。总之,我们会看到病人从最初的封闭状态,逐渐进入到成长和情绪发展的过程中。

改良分析(modified analysis)的情况又如何呢?

根据我的经验,当我识别出我遭遇到了某些特定情况时,我发现我自己先要以精神分析师的身份去工作,而不是马上进行标准分析。这些特定情况是:

(a) 病人对疯狂的强烈恐惧主宰了整个情境。

(b) 病人的假自体已经很成功了,而且在某个阶段如果分析成功了,那种表面的成就甚至辉煌将被摧毁。

(c) 病人由于早年的剥夺而产生的一种反社会倾向,要么表现为攻击,要么表现为偷盗,甚至两者都有。

(d) 病人没有文明(精神)生活——只有一个内在的精神现实和一个与外在现实的关系——二者是相对不发生联接的。

(e) 有一个病态的父母形象主宰着整个情境。

上述这些以及许多其他的疾病模式都会引起我的注意。至关重要的是,我的工作一定是建立在诊断基础上的。在我工作的过程中,我会持续不断地对病人做出个人诊断和社会诊断,我也确切地依照诊断而进行工作。从这个意义上讲,只有对个体做出诊断,认为该个体在他/她的环境中需要精神分析时,我才做精神分析。有时候一个人对分析缺乏意识层面的愿望,我甚至可能会设法启动其无意识的合作。但总的来说,分析是为那些想要分析,需要分析,而且能够承受分析的人而准备的。

如果我面对的是一个不适合被分析的个案,那么我会转变成一位能够满足这位特殊病人需要的或者努力尝试去满足这位特殊病人需要的精神分析师。我认为,一位精通标准精神分析技术的分析师,通常能够极好地完成这种非分析性的工作。

最后,我还想说以下的话:

我上述的观点和思想都基于一个假设,即所有的分析师在我们作为分析师的这个范畴里都是相类似的。然而,分析师又都是不一样的。我本人就与我二三十年前的状态很不一样。毋庸置疑,有些分析师在最为单纯的动力学领域内,分析工作做得最好,在这个领域内,爱与恨的冲突以及由此衍生出的意识和无意识幻想,构成了病人的主要问题。另外一些分析师同样出色或更为擅长在移情性神经症或移情性精神病的领域中,去处理更为原始的心理机制。他们通过解释各种部分客体报复、投射和内射、疑病性和偏执性焦虑、对联接的攻击、思维紊乱、等等这样的方式,既拓展了可操作的工作领域,也扩大了可以处理的个案范围。这是一种研究性分析,其唯一的危险是,病人婴儿般依赖的需要有可能会被埋没在分析师的表现过程中。当我们凭借在合适的个案中使用标准分析技术的经验,最终对标准技术充满了信心时,自然而然,我们也就愿意相信我们可以正确处理边缘性个案而不至于脱离正轨,而且我想不到任何理由让我们不去做这样的尝试,特别是在由于我们的工作而使诊断发生了对我们有利的改变之时。

依我看,如果我们碰巧解释的心理机制属于精神病性类型的障碍和个体情绪成熟过程中的原始阶段,那么我们在标准技术实践中所追求的工作目标一直就没有改变。如果我们的工作目的继续维持在言语化移情发展中的各种意识感知,那么我们正在做的就是精神分析。如果我们分析师没有那样做,那也是做了一些我们认为在那个时刻更加合适的其他工作。这有何不一样呢?

(赵丞智 翻译)

16. 对克莱茵学派贡献的个人之见[①](1962)

在你探索弗洛伊德本人著作之外的过程中,你已然无意中发现了其他重要的人物,并且你将会遇到用传统精神分析的方法作出贡献的分析师,而且他们所作出的贡献已经被广泛地接受了。比如说,你将会遇到安娜·弗洛伊德,她在她父亲生命的最后二十年里有着独一无二的位置,并且在父亲生病的时期,她一直坚韧不拔地照顾着他,而你至少对她在《自我及防御机制》(1936)一书中对精神分析理论的经典总结是熟悉的。无论如何,安娜·弗洛伊德对精神分析在美国的发展道路有着极其巨大的影响,同时她激发起了其他分析师对他们正在从事的工作的兴趣,造就了其他人名下许多研究的发表。

现在,安娜·弗洛伊德在英国显得不是那么重要了,因为她已经去了美国,只是因为在第一次世界大战结束后的二十年里,在弗洛伊德女士和他的父亲作为受二战纳粹迫害的避难者来到伦敦之前,精神分析在伦敦已经有了巨大的发展,正是在此期间,我自己的精神分析性思想正在生根立茎,因此,你可能会感兴趣的是,从我这里听到一些关于我思想生根的土壤之事。

你知道,梅兰妮·克莱茵和安娜·弗洛伊德两人有公开的论战,并且这个辩论本身还没有得到解决。不过在我思想的早期和形成时期,这个论战对于我并不是那么重要,然而,现在这种辩论却妨碍了自由的思想,仅仅这对我而言是重要的。事实上,梅兰妮·克莱茵和安娜·弗洛伊德在维也纳期间有过一段关系,但是这对我而言没什么意义。

依我之见,英国的精神分析是一座高楼大厦,其基础是由 Ernest Jones 奠定的。如果有什么人值得我感谢,那就是 Ernest Jones 了,在 1923 年,当我发现我需要帮助的时候,我也正是去了 Jones 那里。他让我和 James Strachey 联系,后来我去 Strachey

---

① 1962 年 10 月 3 日,给洛杉矶精神分析协会候选人的演讲。

那里接受了十年的分析,但是我总还觉得,正是因为 Jones 才有了我可以使用的 Strachey 和英国精神分析协会。

因此,我来接受精神分析,却对不同的分析师之间的人格冲突毫不知情,并且仅仅因为太高兴了,以至于不能获得对我自身困难的有效帮助。

那个时候,我刚刚开始作为会诊儿科医师,你可能想象得到,记录数不清的案例病史,以及从未经指导过的住院患儿父母那里获得了唯一的证实,即任何人可能都需要精神分析理论,而通过我自己被分析的体验,这个精神分析理论正在对我产生意义,这一切多么令人兴奋啊!在那个时候,还没有其他的分析师同时也是儿科医师,因此在那二三十年里,我都是一个孤立的现象。

我提及这些事实,是因为我作为一个有熟练技术的儿科医师,为了让母亲告诉我关于她们的孩子和关于她们孩子发展失调的早期历史。我很快就处于一个感到震惊的位置,这既是因为精神分析理论对儿童生命的洞见,也是因为我将要描述的精神分析理论中存在的某种不足。在20世纪20年代,那个时候,精神分析认为所有的事情都以俄狄浦斯情结作为其内核。精神—神经症的分析使得分析师反反复复把焦虑归因于儿童四到五岁期间与父母双亲关系中的本能生命。在精神分析中,那些表现出的最早期困难被当作退行到前性器期固着点来进行治疗,但是动力学却来自处在学步期或学步后期充分发展了的生殖器期的俄狄浦斯情结的冲突,也就是说,这个时期恰恰是度过了俄狄浦斯情结和潜伏期刚开始之前的时期。现在,无数的个案历史展现给我,那些产生困扰的儿童,无论是精神—神经症患者、精神病患者、心身疾病患者,还是反社会人格者,在他们的婴儿期也展现过情绪发展方面的困难,甚至在小婴儿时期就有过发展的困难。偏执性高度敏感的儿童甚至可能在生命的最初几周或几天之内,就已经开始处于那样的模式了。一定是在某些地方发生了某种错误。当我开始用精神分析治疗儿童时,我能够证实精神—神经症的起源在俄狄浦斯情结中,然而我了解到问题其实产生于更早期。

我从二十多岁起就开始给我的同事看许多试探性的和骇人听闻的文章,来指出这些事实,并且最终我的观点累积到了顶峰,生成了一篇我称之为《食欲和情绪障碍》(Appetite and Emotional Disorder)的文章(1936)。在这篇文章中,我给出了一些个案病史的例子,这些例子不得不在某种程度上,与作为个体内心冲突起源点的俄狄浦斯情结理论和解一致了。其实婴儿是有可能在情绪上生病的。

在我的人生中有一个重要的时刻,那就是当我的分析师闯入了他对我的分析中,并且告诉我关于梅兰妮·克莱茵的事情。他曾经听说了我仔细采集个案史的情况,以及我尝试着把我在自己的分析中所获得的东西,运用到来我这里看病的各种儿科障碍儿童身上的事情。我特别仔细地研究了因为噩梦而被带到我这里的儿童个案。Strachey说:"如果你正在把精神分析理论运用到儿童身上,那么你应该去见见梅兰妮·克莱茵。她在Jones的怂恿下来到了英国,给一些对Jones来说是特殊的人提供精神分析治疗;她所说的一些事情或许是真实的,或许不是,而你必须自己去找到答案,因为在我对你的分析中,你不会得到梅兰妮·克莱茵所教授的东西。"

因此我去听梅兰妮·克莱茵的演讲,并随后去见梅兰妮·克莱茵,然后我就发现她是一个对婴儿期的焦虑有很多说法和观点的分析师,而我在她的帮助下开始专心致志地工作了。我跟着她详细地记录了一个案例,而她则善意地从头读到尾,在我自己被Strachey分析的基础上,我做了一个前克莱茵式的分析,在此基础之上,我继续试着向她学习了一些东西,而我发现,我学到的这些东西只是她浩瀚所知的一部分。

这对于我来说是困难的,因为一夜之间我已经从一个先驱者转变成了一个有先锋导师的学生。梅兰妮·克莱茵是一个慷慨的老师,同时我认为自己是幸运的。我记得曾经有一次找她做督导,而整个一周的工作我什么也想不起来了。她的回应仅仅是告诉我她自己的一个案例。

如今,我从梅兰妮·克莱茵那里学习精神分析,并且我发现其他老师相对来说是严格的。有一件事值得一提,她有着惊人的记忆力。如果她愿意的话,在周六的晚上,她可以非常详细地复述一周内工作的每一个病人,而不需要参考笔记。她比我自己都记得我的个案和我的精神分析材料。后来她把我托付给一个和她很近也很亲的人做分析,但是必须说清楚的是,我从未被她分析过,也从未被她分析过的人分析过,因此,我没有资格成为她的克莱茵学派核心组的成员。

现在,我必须详述我从梅兰妮·克莱茵那里确实得到了些什么了。这对我而言是困难的,因为那时我仅仅在我个案的材料层面,以及她告诉我的个案层面工作,同时我并不知道她教给我的这些东西是极其独创的。这些事情是有意义的,它们把我的个案史详细采集与精神分析理论联系到了一起。

对梅兰妮·克莱茵而言,儿童精神分析与成人精神分析全然类似。因为我也持着相同的观点开始这项工作,所以从我的观点来看这从来不是一个问题,并且我现在仍然坚持这样的观点。准备期的想法归于个案的类型,而不是归属于儿童精神分析的一套技术。

那时,梅兰妮·克莱茵使用成套非常小的玩具。我发现这些真的有价值,因为它们很容易操作,并且它们用一种特别的方式让孩子们的想象汇合到了一起。谈话是一种进阶技术,我一直使用的画画也是一种进阶技术,因为使用画画保持了记起某个噩梦或者游戏例子的便捷性。

梅兰妮·克莱茵有一种让内在心理现实变得非常真实的方法。对她而言,使用玩具进行特定的游戏是儿童心理现实的一种投射,这种投射是由儿童定位的,定位于内在的自体和身体。

用这样的方式,我开始逐渐地认识到了儿童对于小玩具的操纵,以及其他特定的和限制性的游戏,其实是一种瞥见儿童内在世界的方式,同时分析师看见的心理现实之所以被指称为是"内在的",那是因为这一心理现实确实属于儿童他(或她)自己的概念,这个概念有一个属于自体的内在部分,和一个属于非我(not-me)的外在部分,而这个非我的外在部分是被拒绝的。

因此,在内射的心理机制与进食的功能之间以这样的方式有了紧密的联系。同样地,投射与身体的排泄功能——流口水、出汗、大便、小便、尖叫、踢腿,等等,有了联系。

这样的话,分析师的材料,或者是与儿童的客体关系有关,或者是与内射和投射机制有关。同样地,术语"客体关系"意指与内在的或外在的客体所建立的关系。因此,儿童就会在一个世界中成长,正是通过投射和内射机制,儿童和这个世界都一直被丰富着。然而,供儿童投射和内射的材料还有一个史前时期作为基础,即儿童内在的和组成儿童的东西是起初儿童摄入和吸收的东西,而这种摄入和吸收与儿童进食的身体功能有关系。由此,尽管分析师可以永远根据投射和内射进行分析,但是最终还是要改变到与进食有关的情境中,那就是口欲期的性欲望和施虐狂的情境。

接下来,与分析师度周末或度假有关的愤怒之侵入性(biting)移情,将会导致具有迫害性质的内在客体力量的增强。这样一来的结果,就是儿童感到了痛苦,或是感受到了来自内部的威胁,或是躯体生病了;要不然就是基于投射机制,儿童感受到了来自外部的威胁,进而发展出了恐惧症,或者无论是觉醒还是睡眠的时候,都会出现威胁性幻想,或是变得多疑敏感。诸如此类,等等。

如此一来,一个极其丰富的精神分析性世界向我展示开来了,同时我的案例材料确证了这些理论,而且不断重复地确证着。到最后我把这一切视作理所当然。无论如何弗洛伊德在《哀悼和忧郁症》(Mourning and Melancholia, 1917)一文中已经勾勒出了这些观点的雏形;但 Abraham(克莱茵在柏林的老师)(1916)向梅兰妮·克莱茵打开

174

了这一片新的领域,而克莱茵是如此享受在这一新领域中标明界限的工作。

对我而言重要的事情是,虽然俄狄浦斯情结的影响一点也没有消失,但是如今的分析工作却在与前性器期驱力相关的焦虑基础上展开了。分析师可能会发现,多多少少在纯粹精神—神经症的个案身上,前性器期的材料是退行性的,并且动力学是属于四岁时期的,但在另一方面,在许多个案身上还有着属于婴儿生命较早期的疾病和防御性组织,并且事实上,许多婴儿从未在学步期年龄达到俄狄浦斯情结那种健康水平的状况。

在20世纪30年代初,我很幸运地接受了一个三岁的女孩,作为我的第二个儿童受训个案,她从一岁生日起就开始生病了(厌食症)。分析的材料是俄狄浦斯情结,连同对原初情景(primal scene)的反应,而且这个孩子一点也没有精神病性特征。后来她好了起来,而如今她幸福地出嫁了,并且养育着她自己的家庭。然而,她的俄狄浦斯期冲突在她一岁生日的时候就开始了,那个时候她第一次和她的父母坐在一张桌子上。在这之前从来没有表现出过症状的孩子,伸出手去够食物,同时严肃地看着她的父母,然后就缩回了她的手。因此,在接近一岁的时候,她出现了严重的厌食症。在分析的材料中,原初情景是以用餐的方式展现出来的,而有时候父母会吞食(吃)孩子,然而在另外一些时候,孩子弄乱了桌子(床),并破坏了整个计划或环境。她的分析师为了让她在进入潜伏期之前拥有生殖器期的俄狄浦斯情结而及时结束了分析。

但是,这是一个过时了的案例。无论病人是儿童还是成人,梅兰妮·克莱茵的方法使得我能够继续与婴儿期冲突、婴儿期焦虑和原始性防御进行工作,并且逐渐地弄清楚了反应性抑郁症的理论(始于弗洛伊德)和带有迫害性期待特征的某些陈述的理论,同时使得我搞清楚了这类事情的意义,诸如,临床上在疑病症与被害妄想症之间来回转换的现象,以及在抑郁与强迫性防御之间来回转换的现象。

我发现与克莱茵一起的工作始终都没有改变对弗洛伊德主义技术原则的严格应用。始终小心避免脱离分析师角色的行为,而主要的解释也是针对移情的解释。对我来说,这些都是自然而然的,因为我自己的分析师是完全正统的弗洛伊德学派。〔后来我有了第二任分析师:Joan Riviere夫人。〕

我所发现的东西是对材料更加丰富的理解,尤其是我发现,能够有机会把内在的或外在的心理现实这个术语定位于一个位置是有价值的,同时,免除使用"较弱的幻想"(weaker fantasy),即使拼写时使用"ph"(weaker phantasy),也是有价值的。

沿着克莱茵路线工作,分析师最终达成了对克莱茵称之为"抑郁位"(depressive

position)的复杂发展阶段的理解。我认为"抑郁位"是个糟糕的名字,但是在精神分析性治疗中,临床上达到这一位置涉及了病人处于抑郁状态中,这确实是事实。此时病人处于抑郁中是一种发展成就,并暗示着人格整合达到了某种高度,以及标志着对所有破坏性负有责任的接受,而这些破坏性与一个人活着有密切的关系,与本能生命有密切的关系,以及与挫折带来的愤怒有密切的关系。

从我的病人所呈现的材料中,克莱茵能够使我明白,担忧的能力(the capacity for concern)和感受罪疚的能力(the capacity to feel guilty)是如何成为一种发展成就的,而且恰恰是这些能力,而并不是抑郁,特征性地标志着婴儿和儿童个案在成长中达成了"抑郁位"。

达到这一发展阶段与恢复和修复(restitution and reparation)的理念有关,而且的确是这样,没有修复的体验,人类个体无法接纳在他们自己的天性中那些具有摧毁性和攻击性的想法,也因此,在这一发展阶段中爱的客体持续地在场是必须的,因为人类个体只有通过这种方式才有机会得到修复。

依我看来,这是克莱茵最重要的贡献,并且我认为这些观点与弗洛伊德俄狄浦斯情结的概念相并列。弗洛伊德所关注的是三元关系,而克莱茵的抑郁位所关注的则是二元关系——在婴儿与母亲之间的关系。这个位置的主要组成部分(main ingredient)是婴儿或幼儿的自我—组织和自我力量的程度,由于这个原因,把抑郁位的开始时间点放在早于八到九个月或一年这个阶段是困难的。但是这又有什么关系呢?

所有这一切观点和理论的发展,都属于两次战争之间的年代,英国精神分析协会(the British Society)在那个年代得到了迅速的发展,同时在那个年代克莱茵是精神分析蓬勃发展的代言人。Paula Heimann 和 Susan Isaacs 给予了她极大的支持,我的第二任分析师 Joan Riviere 也给予了她支持。

由于在那些日子里发生了很多事情,而我不能自称可以用克莱茵她自己赞同的方式来表达出她的观点。我认为我的观点开始与她的观点发生分离,同时,我发现在任何情况下她都从未把我当作一个克莱茵学派的人。这对于我来说并不碍事儿,因为我从来没能跟随过其他任何人,即使是弗洛伊德。但是,弗洛伊德是很容易去批判的,因为他总是对他自己进行自我批判。例如,我简直无法发现他"死本能"这一观点的任何价值。

不过,克莱茵完成了更多大量的我们无法忽视的成就。她越来越深入地进入了她病人的心理机制当中,并且后来把她的观点应用于成长中的婴儿。我认为,她恰恰是在这里犯了错误,因为在心理学上深入(deeper)并不总是意味着发展的早期(earlier)。

假设起源于发展最初开始阶段存在着一个偏执—分裂位置(paranoid-schizoid position)是克莱茵理论中的一个重要部分。术语"偏执—分裂位"肯定又是一个糟糕的用词,但是尽管如此,我们不能忽视我们所面临的事实,即这两种机制以极其重要的方式呈现了:

(1) 对以牙还牙报复的恐惧(talion dread),

(2) 把客体分裂成"好的"和"坏的"。

最终,克莱茵似乎认为婴儿都是以这种方式开始的,但是这似乎忽略了一个事实,那就是,只有在足够好的养育(good-enough mothering)条件下,这两种机制才有可能变得相对不那么重要,一直到自我—组织功能足以让婴儿有能力使用投射和内射机制来获得对客体的控制。如果没有足够好的养育,那么结果是婴儿会陷入混乱状态(chaos),而不可能出现对以牙还牙报复的恐惧状态,以及也不可能出现把客体分裂成"好的"和"坏的"的状态。

关于好和坏,我认为这些术语是否能在婴儿变得能够从迫害性内在客体中区分出良善之前使用,这是存在着疑问的。

克莱茵在最近二十年来富有成效的生活中写出的如此多的著作,可能已经被她的倾向性搞砸了,因为她倾向于把心理机制出现的年龄推回到越来越远的早期,以至于她甚至在生命的最初几周就发现了抑郁位;另外,她对环境性供养(environmental provision)总是唱高调地支持,却从来没有完全承认过,伴随着婴儿早期的依赖性是真实的,而在这一早期发展阶段,如果不描述母亲,其实是不可能描述婴儿的,在这个时期里,婴儿还没有能够从母亲中分离出一个完整的自体。克莱茵声称已经对环境因素给予了充分的关注,但是依我看来,她并不具备做到这一点的气质。或许在下面这一点上她是有收获的,因为她无疑对越来越进一步地退回到个人个体化的心理机制有着强大的动力,正是这些心理机制构成了新的人类,但这个新人类正处于情绪发展阶梯的最底层。

最重要的一点是,无论我们可能想要对她近二十年的立场和观点做出何种批判,我们都无法忽视她在英国期间所进行的工作已经产生的非常重大的影响,并且这种影响将会在正统的精神分析中无处不在。

至于克莱茵与安娜·弗洛伊德之间的,以及她们各自的追随者之间的公开论战,对我来说一点也不重要,也不会对你有什么重要性,因为这是一个局部事件,并且最终会出现一阵强风使之烟消云散。唯一重要的事情是,稳固地建立在弗洛伊德基础上的精神分析,不应当错过克莱茵的贡献,我现在将要尝试总结一下她的贡献:

在儿童精神分析中严格正统的技术。在分析初始阶段使用小玩具来促进分析的技术。分析两岁半儿童及所有更大年龄儿童的技术。

识别出幻想是由儿童(或成人)定位的,例如,被定位于自体的内在或外在。

对内在良善的和迫害性的力量或"客体"的理解,以及对他们在满足或不满足的本能体验中的根源(源自于口欲期和口欲期施虐期)的理解。

投射和内射作为心理机制的发展与儿童身体吸收和排泄的躯体功能的体验有关,这一点很重要。

强调客体关系中摧毁性元素的重要性,例如,且不说指向挫折的愤怒,只谈摧毁。

个体达成担忧能力(抑郁位)理论的发展。

从建设性的游戏、工作效能和生育到抑郁位的关联。

对否认抑郁的理解(躁狂性防御)。

对内在心理现实受到威胁后混乱的理解,以及对与这种混乱相关防御(强迫性神经症或者抑郁心境)的理解。

这几种假设:婴儿期冲动,对以牙还牙报复的恐惧,以及矛盾两价性达成之前客体的分裂。

总是企图在不考虑环境供养质量的情况下,来描述婴儿的心理状态。

接下来是某些更加存疑的贡献:

保留对生本能和死本能理论的使用。

企图根据以下两点来陈述婴儿的摧毁性:

(a) 遗传;

(b) 嫉羡(envy)。

178

(唐婷婷 翻译)

17. 沟通与非沟通导致的某些对立面的研究[①](1963)

> 思想的每一个要点都是理智世界的中心
>
> ——Keats

我以 Keats 的这一观察作为开始，这是因为我知道，我的文章只包含一个观点，一个相当明显的观点，而且我已利用这个机会来重新提出我对人类婴儿情绪发展中早期阶段的构想。首先，我会描述一下客体—关联（object-relating），不过我会逐渐开始去谈"沟通"（communicating）这个主题。

在我为一个国外的协会准备这篇文章的时候，我从一个不固定的位置起始，很快就进展到了要提出我自己的主张，而且让我惊奇的是，我要声明：我有不与大家沟通的权利。这是我内心深处，对于那种被无休止剥削的恐惧性幻想的一种抗议。换句话说，这是一种有关被吃掉或被吞没的幻想。用这篇文章的语言来说，这是一种被发现的幻想。关于精神分析中病人的沉默这个主题已有相当可观的文献了，不过我不会在此时此地去研究或总结这些文献。另外，我也不打算试着全面地讨论"沟通"这一主题，事实上，我将会容许我自己在相当大的自由度内跟随我想要谈的主题，无论它把我带向何处。最终我会容许有一个附带的主题，那就是"对立面"的研究。首先，我发现我需要重申我对早期客体—关联（object-relating）的一些观点。

客体—关联

直接去看一个人的沟通和沟通的能力，我们可以发现，这些都与关联到客体

---

① 1962 年 10 月，这篇文章的不同版本被提交给了旧金山精神分析协会，而 1963 年 5 月，才提交给了英国精神分析协会。

(relating to objects)的现象紧密相连在一起。关联到客体是一种复杂的现象,而关联到客体的能力发展绝不仅仅是成熟性过程的一个简单的事情。我的观点一如既往,(心理状态的)成熟需要并依赖于促进性环境的质量。在既没有贫困也没有剥夺占优势的养育情境中,促进性环境可以说是理所当然地被考虑在人类成长的最早期和绝大部分成型阶段的理论中,那么个体涉及具有客体性质的变化是逐渐发展出来的。起初作为主观现象的客体变成了一种客观性知觉的客体。这个过程需要时间,在个体能够基于一种没有被扭曲的客体—关联的必要过程,达成了调节和适应贫困及剥夺的能力之前,这个过程需要经历几个月,甚至几年。

在这一早期阶段,促进性环境在不断给予婴儿无所不能的体验;我的意思是,这种体验不只是一种魔法性控制(magical control),我是说,这个术语还包含了体验的创造性面向。在某个领域内,也就是在与主观性客体的关系领域之内,对现实性原则的适应就自然地产生于这种无所不能的体验。

我认为,进入这一领域的 Margaret Ribble(1943),错过了一件重要的事情,即母亲与她的婴儿的认同(我称之为原初母性贯注的一种暂时状态)。她写道:

> 人类婴儿生命的第一年不应当经历挫折或者贫困,因为这些因素会直接导致婴儿过度紧张,并且刺激到婴儿潜在的防御性活动。如果这些体验的效应没有被巧妙地中和的话,就可能会导致行为障碍。对婴儿来说,快乐原则肯定处于支配地位,而我们可以安全地工作的部分就是使他的种种功能达到平衡,并且变得容易。只有当婴儿达到了相当的成熟度之后,我们才能训练婴儿适应我们作为成人所知的现实原则。

她指的是有关客体—关联的事情,或者有关本我—满足的事情,不过我认为她可能也会同意更加现代的关于自我—关联性的观点。

在促进性环境的保护下,能够体验到无所不能感受的婴儿,可以创造并再创造客体,同时这个过程逐渐在内部建立起来,并且聚集为一种记忆背景。

毋庸置疑,最终那些变成理智(the intellect)的部分,确实会影响着未成熟个体完成这种非常困难的转变的能力,这种能力指的是从关联到主观客体转变为关联到客观知觉性客体的能力,同时我认为,最终给出智力测验的结果确实会影响个体从适应环境范围内的相对失败中幸存的能力。

在健康状态下,婴儿创造出了那些实际上闲散在周围等待被发现的东西。但是,在健康状态下,客体是被创造出来的,而不是被发现的。正常客体—关联的这种迷人的面向已经在许多文章中被我研究过了,包括那篇《过渡性客体和过渡性现象》(Transitional Objects and Transitional Phenomena, 1951)。除非客体是被婴儿创造出来的,否则好客体对婴儿来说就没什么益处。恰恰是由于需要,婴儿才创造出了客体,我可以这么说吗?然而,为了创造出客体,客体必须被婴儿发现。这是一个不得不被接受的悖论,而且仍未在这次似乎是想消除悖论的重新陈述中得以解决,尽管这次重述有其聪慧之处。

如果我们考虑到客体的定位,那么还有一点也很重要。客体从"主观性的"到"客观知觉性的"变化过程缓慢而平稳地进行,并且那些不满足婴儿的情境要比满足的情境对这个过程有效得多。就客体—关联的建立这个方面而言,源自于喂养的满足,可以说相比较于客体在满足婴儿的途中而言,后者的效应价值更大。本能—满足给予了婴儿一种个人的体验,但它确实对客体位置的变化没起到多大作用;我曾经有个案例,对于这个精神分裂样的成年病人来说,满足了他,客体就被消除了,以至于他都不能躺在躺椅上进行治疗,对他而言,躺下就重现了他在婴儿期获得满足的情境,在那些曾经得到的满足中,他的外部现实或者客体的外在性都被消除了。我换一种方式来谈这个事情,婴儿感到被一种令人满足的喂养所欺骗了(fobbed off),而我们可以发现,哺乳母亲的喂养焦虑可能是出于某种幻想性恐惧,这种幻想就是,如果婴儿没有被满足,那么母亲将会受到攻击或者被毁灭。喂养之后,母亲认为被满足了的婴儿在几个小时内就不是危险的了,可同时婴儿也就丧失了客体(母亲)—贯注(object-cathexis)。

相反地,婴儿体验到了攻击,这种攻击属于肌肉的性欲冲动,属于肢体的活动,以及属于一种无法抗拒的力量去迎击固定不动的客体,而这种攻击,以及与其紧密相连的想法,有助于安放客体位置的过程,有助于从自体中把客体分离出去,以至于由此自体开始作为一个实体浮现了出来。

在婴儿达成融合之前的发展领域中,我们必须要考虑到婴儿对促进性环境的失败,或者对环境—母亲的失败所产生的反应性行为,而这可能看起来很像是攻击;事实上,这种反应就是一种痛苦。

在健康状态下,当婴儿达成了融合(fusion)时,客体行为的令人挫败面向,就培养婴儿意识到有一个"非我"(not-me)世界的存在而言是有其价值的。适应失败就婴儿能够憎恨客体而言是有价值的,也就是说,我们可以保有这样一个观点:当认识到客体不能令人满意地表现时,婴儿就会把客体当作是一种潜在的令人满意的对象而去追寻。根据我对此的理解,这是一个很好的精神分析理论。在陈述这一理论细节时常常被忽视的地方是:在以下这些过程中婴儿取得了巨大的成长和发展,即婴儿为了达成融合(fusion),以及为了让环境的失败由此起到积极的作用,也就是使得婴儿开始知道存在着一个被拒绝的世界,我刻意没有说是外部世界。

在健康的发展进程中有一个中间阶段,在这一阶段,病人与好的或者潜在的满足性客体有关的最重要体验就是它的拒绝。这种客体的拒绝性体验是创造客体过程的一个部分。(这为与神经症性厌食患者工作的治疗师造成了一个真实而可怕的问题。)

我们的病人教会了我们这些事情,而让我苦恼的是,我必须以仿佛这些是我自己观点的方式把它们提出来。所有的分析师都面临着这种困难,而且在某种意义上,让一个分析师比其他任何人更具有原始的独创性,这是非常困难的事情,这是因为,除了我们听取了彼此各自文章中的观点,并且私下讨论了问题这一事实之外,我们所说的任何事情真的是昨天我们的病人刚刚教给我们的事情。在我们的工作之中,特别是在与人格的精神分裂样部分,而不是与精神—神经症性部分的工作之中,即便是我们觉得我们知道了真相,但是事实上我们能做的只是等待,一直要等到病人告诉我们为止,而且只有这么做的时候,我们才能创造性地给出我们应该作出的解释;如果我们经由我们自己的智慧和经验而提前作出了一个解释,那么病人一定会拒绝或者摧毁这个解释。在我写下现在所说的内容时,实际上我正在说的这些话,恰恰是一个厌食症病人正在教给我的内容。

沟通的理论

尽管我已经就客体—关联方面开始了我的陈述,但是这些事情确实看起来会影响对沟通的研究,因为随着客体从主观性存在转变成客观知觉性存在,自然而然地就会发生沟通的目的和手段的变化,以至于在这个变化过程中,幼儿作为一个具有生活体验的存在,逐渐离开了无所不能的领域。如果说客体是主观性的客体,那么与主观性客体的沟通就没有必要是清晰和明确的了。如果说客体是客观知觉性的客体,那么沟通要么是清晰明确的,要不然就是无言无反应的(dumb)。那么这里就会出现两件新的事情,一件是个体使用和享受的沟通模式,另一件就是个体的非沟通性自体,或者处于真正孤立状态的个体的核心自体。

在这一条争论主线中，存在着一种复杂的情况，它起因于这样一个事实，即婴儿在同一时间发展出了两种关系——与"环境—母亲"的关系，以及与客体的关系，这个与客体的关系变成了与"客体—母亲"的关系。"环境—母亲"是人，而"客体—母亲"是物，尽管"客体—母亲"也是母亲，或者也是母亲的一个部分。

婴儿与"环境—母亲"之间的相互沟通在某种程度上无疑是微妙的，而对此的研究会把我们带进和婴儿一样多的对母亲的研究中去。而我只会浅谈一下这个事情。也许对婴儿来说存在着与"环境—母亲"的沟通，是通过体验她的不可靠性而带来了沟通的证据。婴儿是碎片状的，如果母亲能够把她自己置于婴儿的位置上，以及如果母亲能够从婴儿的临床状态中认识到这种破碎性，那么这种破碎性就可能被母亲当作是一种沟通。当母亲的可靠性主导了整个养育情境的时候，婴儿仅仅只通过持续地存在着，以及继续按照个人成熟的进程发展着，那就可称之为沟通，但是这几乎不值得使用"沟通"这个名号。

回到客体—关联：当客体变得可以被幼儿客观性地知觉到的时候，那么对我们而言，把沟通与其某一对立面进行对比就变得有意义了。

客观知觉性客体

客观知觉性客体（objectively perceived object）逐渐变成了由部分客体组成的一个人。而沟通的两个对立面是：

（1）单纯性非沟通。

（2）主动性或反应性非沟通。

在沟通的这两个对立面中，第一种状态很容易被理解。单纯性非沟通（simple not-communicating）就像是在休息。这是一种拥有自己权利的状态，这种状态会过去，然后进入到沟通状态，而这种单纯性非沟通状态会自然地重现。为了研究第二种状态，有必要从病理和健康两个角度去思考这一点。我首先会从病理学的角度来谈这个问题。

迄今为止，我一直把促进性环境视作理所当然，会恰当地调整适应由个体存在和成熟过程所引发的需要。在我此处的论点所需要的精神病理学中，这种促进性环境在某些方面和某种程度上已经失败了，就客体—关联方面而言，婴儿便发展出了一种分裂（split）。借由分裂的一方，婴儿联接到了正在呈现的客体，并且为此，发展出了我称之为的假自体或顺从自体（a false or compliant self）。借由分裂的另外一方，婴儿联接到了主观性客体，或是联接到了仅仅基于躯体体验的现象，而这一切几乎不会受到客观知觉性世界的影响。（例如，在临床上，难道我们没有在自闭症患者的摆荡运动中看到这一点吗？在自闭症患者抽象化的画中，这是一种死胡同般的沟通，难道这些就没有普遍的有效性吗？）

由此，我正在引介与主观性客体进行沟通的理念，也同时引介与由婴儿客观知觉到的客体进行主动性非沟通（active non-communication）的理念。毋庸置疑，从观察者的立场来说，尽管死胡同般的沟通（与主观性客体的沟通）是无效的，这种沟通却携带着所有的真实感。相反，那种发生自假自体与世界的沟通却感觉不真实；这不是一种真正的沟通，因为它并不能涉及自体的核心，也就是可以称之为真自体的部分。

现在，通过研究极端案例，我们触及了严重疾病（婴儿精神分裂症）的精神病理学；然而，我们必须要去检查的是所有这种疾病的模式，以至于这种模式也可以在更加正常的个体中被发现，这些正常个体指的是那些发展没有被促进性环境总体失败所扭曲的个体，而且在这些个体身上成熟过程有机会得以展开。

在更加轻微的精神疾病的案例中，也就是那些存在部分病理和部分健康的案例中，显而易见的是，一定会意料到一种主动性非沟通（临床性退缩），这源自于一个事实，即沟通是如此容易地与某种程度的虚假的或者顺从性的客体—关联连接在一起；与主观性客体进行无声的或者秘密的沟通，携带着一种真实感，这种主动性非沟通必须要周期性地进行，以此来恢复内在的平衡。

我正在假定，在健康的（也就是在客体—关联方面的发展而言是成熟的）人当中，有一种需要是与处于分裂状态的人的需要相一致的，即分裂的一部分需要与主观性客体进行静默的沟通。"有意义的关联和沟通是静默的"，这一理念是有存在空间的。

真正的健康，不必非要描述为那些可能一直有疾病模式（illness-patterns）的健康人群中的剩余部分。我们应当能够利用在真实感受建立过程中的非沟通，给出一个有关健康的积极陈述。在这么做的时候，依照人类的文化生活来讨论可能是有必要的，这是婴儿和幼儿期过渡性现象的成年人等价物，而在这一领域中，沟通的建立不以客体的状态是主观性的还是客观知觉性的为参照。依我看来，精神分析师在谈及文化现象时，是没有其他语言的。精神分析师可以谈论艺术家的心理机制，但是无法谈论在艺术和宗教中沟通的体验，除非他们愿意在中间区域游荡，而中间区域的起源是婴儿的过渡性客体。

在所有类型的艺术家中，我认为可能会发现一个内在的两难困境，这个两难困境有两个共同存在的倾向，急切地需要沟通的倾向和更加迫切地需要不被发现的倾向。这可能说明了一个事实，即我们无法设想一个艺术家能够结束占据他全部本性的任务。

在人类情绪发展的早期阶段，静默的沟通涉及客体的主观性方面。我认为，这种沟通方式与弗洛伊德的心理现实概念和永远不能被意识化的无意识概念有关。我将会补充一些内容，即在健康人中，从这种静默沟通到梅兰妮·克莱茵描述得如此清楚的内在体验的概念，存在着一个直接的发展过程。例如，在梅兰妮·克莱茵的案例描述中，关于儿童游戏的某些方面被展示为"内部的"体验；也就是说，儿童有一系列来自内在心理现实中情结的大量投射，以至于房间、桌子和玩具都变成了主观性客体，同时儿童和分析师都处于儿童内在世界的这个样本中。那些在房间外面的事物就处于儿童范围之外了。在精神分析中这是我们熟悉的基础，尽管不同的分析师用各种方式描述这种现象。在分析的开始阶段，这种现象与"蜜月期"的概念有关系，也与最初某几次咨询中特殊的澄清有关系。这种现象与移情中的依赖有关系。这种现象也汇集到了我自己正在从事的工作中，是有关在儿童的短程心理治疗的最初几次咨询中如何充分开发和利用的工作，特别是对反社会倾向儿童的治疗，对于这些儿童而言，进行完全的精神分析咨询是不可得的，甚至往往是不明智的。

但是，我这篇文章的目标不是为了临床咨询，而是要达成对梅兰妮·克莱茵谈及的"内在的"（internal）术语的非常早期版本的理解。起初，由于婴儿还没有适当地建立自我边界，也还不能有效地运用投射和内射的心理机制，那么术语"内在的"是不能按照克莱茵的意义被使用的。在这一早期阶段，"内在的"仅仅意味着"个人的"（personal），而"个人的"在个体的意义上，指的是其自体正处在进化发展过程中的一个人。促进性环境，或者母亲对婴儿不成熟自我的自我—支持，这些仍然是儿童成为一个能存活的生物所必要的基础部分。

思考起神秘主义的心理学，它通常都会全神贯注于对神秘主义者的退缩的理解，退缩是指进入一个复杂内射机制（sophisticated introjects）的个人内在世界。或许我们还没有给予神秘主义者退缩到某个位置足够的关注，而在那个位置上，他们可能与主观性客体及主观性现象进行秘密的沟通，与此同时，他们也就失去了与共享现实世界之间的联系，而共享现实世界是通过获得真实感达到相互平衡的。

一个女病人做梦梦到：在她工作的地方，她有两个女性朋友都是海关官员。在过关的时候，这两个女性朋友以关心她们这一很荒谬的理由，检查遍了她和她的同事们的所有的行李和物品。然后，她就开了一辆轿车，无意中，穿过了一道玻璃墙。

这个梦里的一些细节表明，不仅仅这两个女人没有权力在那里做这样的检查，而且通过她们检查每样东西的方式，她们也让自己出尽了洋相。很显然，病人是在嘲笑这两个女人。实际上，她们并没有到达秘密的自体。她们代表的是不允许孩子有她自己秘密的那个母亲。病人说，在她童年（九岁）的时候，她有一本偷来的学校笔记本，在里面她收集了诗歌和谚语，并且她在本子上写了"我的私人笔记"。她在扉页这么写道："一个人在他的心里想做什么样的人，那他就是什么样的人。"实际上，她的妈妈曾经问过她："这句谚语是你从哪里找来的？"这就很糟糕了，因为这意味着她的妈妈肯定读过了她的本子。如果她妈妈曾经读过她的本子，但是什么都没说，那就还算好。

这就展现出了一幅图像，即儿童建立起了非沟通的私人自体，同时这个私人自体也想沟通，并且也想被发现。正是在那个捉迷藏（hide-and-seek）的复杂游戏中，儿童体验到能隐藏起来固然是欢乐，但是不被发现却也是灾难。

另一个不会让我谈得太深或太详细的例子，来自对一个十七岁女孩的诊断性访谈的描述。她的妈妈担心，唯恐她会变成精神分裂症患者，因为她们有家族性特质，但是目前可以说，她正处于完全郁闷无力和左右为难的困境之间，这些都属于青春期的表现。

下面提取自我对这次访谈的报告：

> 然后，X继续谈她儿童期感觉极好的无责任性。她说："你看到了一只猫，并且你和它在一起了；它是一个主体，不是一个客体。"
>
> 我说："似乎你活在一个主观性客体的世界中。"
>
> 然后她说："那是一个很好的表达方式。那就是为什么我要写诗的原因。那就是作为诗歌基础的那一类东西。"
>
> 她补充说："当然，它只是我的一个虚空的理论，但看起来就是那样的，而且这也解释了为什么男人比女人写的诗更多。对女孩而言，因为照顾孩子或者生孩子，她们被缠住了，于是富于想象力的生活和无责任性都朝向孩子去了。"

然后，我们谈到了在富于想象力的生活与每天实在的存在之间保持开放性的桥梁。在12岁和14岁的两年中，她都保持着写日记的习惯，每次日记大约都持续了7个月时间。

她说："现在我只记下那些我在诗歌中感受到的东西；在诗歌中，有些东西就像结晶一样被析出。"——随后，我们把她的这些记录与自传进行了比较，她认为自传属于更晚些年龄的记录。

她说："老年期和童年期有着密切的关系。"

当她需要与童年期的想象力建立沟通桥梁的时候，这座桥梁不得不体现在诗中，像结晶一样被析出。她可能会对写自传感到无聊。她没有出版她的诗歌集，甚或都没有展示给其他人看过，因为尽管她对每一首诗都会喜欢一阵儿，但是很快她就会失去对那首诗的兴趣。比起她的朋友来，她总是能更容易地写更多的诗，因为她似乎天生就有写诗歌的技能。但是她对下面这个问题不感兴趣：这些诗歌真的好吗？还是不好呢？也就是说：其他人会认为这些是好诗歌吗？

我认为，健康的人具有一个人格核心，这一人格核心相当于分裂人格（the split personality）中的真自体那部分；我认为，这一人格核心从来就不与知觉性客体的世界发生沟通，并且个体的人知道，其人格核心一定永远不能与外在现实沟通，或者不能被外在现实所影响。这是我的主要观点，它也是理智世界的中心，也是我文章的核心。

尽管健康的人是沟通的，并且是享受沟通的，另一个同样真实的事实是：每个个体都是一个孤立的，长久非沟通的，永远是未知的，实际上未被发现的人。

在生活和生存中，这一铁的事实被属于文化体验的整个范围的共享所柔化了。在每个人的人格中心里都存在着一个无法沟通的部分，而这个中心部分是神圣的，并且是最值得保护的。暂时忽略那些更为早期的和碎裂的，且源自于环境—母亲失败的体验，我想说的是，那些导致原始性防御组织的创伤性体验，可以产生对孤独的人格核心的威胁，对其被发现的威胁，对其被改变的威胁，以及对其被沟通的威胁。这种原始性防御主要在于对秘密自体的一种更进一步的掩藏，甚至主要在于对其进行投射和无止境地播散的另一个极端。强奸，以及被食人族吞食，这些事情与对自体核心的侵犯相比来说，以及与通过沟通渗透进防御而对自体的中心部分进行改变相比来说，那都只是琐碎小事。对我来说，这就是对自体的冒犯和侮辱。此时，我们可以理解人们对精神分析的憎恨了，因为精神分析已经穿透了一段很长的路径进入了人类人格的中心，并且对人类个体想处于秘密地被孤立状态的需要造成了一种威胁。问题是：人类如何在不必非得被隔绝的状态下，处于孤立的状态？

这个问题的答案是什么呢？难道是我们停止尝试去理解人类吗？答案可能来自于母亲，母亲们除了作为主观性客体时，是不与她们的婴儿进行沟通的。直到母亲变得具有了客观知觉性的时候，她们的婴儿已经擅长于进行各种间接沟通的技能了，其中最明显的沟通技能就是对语言的使用。然而，恰恰就是这个过渡时期，我对这个过渡时期具有特殊的兴趣，在这个过渡时期中，过渡性客体和现象就有了一个空间，并且开始为婴儿建立象征的使用。

我认为对自我发展很重要的一个基础，在于个体与主观性现象沟通这一领域，只有这种沟通才能产生真实的感受。

在可能达到的最好情况下，成长就会发生，而此时儿童拥有三条沟通线：永远静默的沟通；明确的、间接的、愉快的沟通以及第三种或者沟通的中间形式，即在游戏中出现并渐渐沾染上每种文化经验的沟通。

静默的沟通是否与原始性自恋的概念有关联呢？

在临床实践中，存在着某些事情是我们必须要在工作中考虑的，即作为一种积极贡献的病人的非沟通。我们必须要问问自己，我们的临床技术为病人以他们非沟通的方式进行沟通留有空间了吗？为了让这种情况发生，作为分析师的我们一定要对这样的信号有所准备："我正在非沟通"，并且能够把这种信号与沟通失败相关的呼救信号(distress signal)区分开来。这种情况可以与"有人在场时独处"的理念联系起来，起初这是儿童早期生命中的一种自然事件，然而到后来这就逐渐成为了一种获得性退缩的能力(the acquisition of a capacity for withdrawal)，并且不会丧失退缩发生时已经形成的身份认同。这种情况可以表现为全神贯注于一项任务的能力。

我的主要论点现在已经阐述完毕了，我或许可以就此打住。然而，我想要仔细思考一下那些沟通的对立面是什么。

对立面

沟通的对立面有两个：单纯性非沟通，和主动性非沟通。换个说法，沟通可能单纯起源于非沟通，就如同是一种自然过渡(a natural transition)；或者沟通也可以是一种对静默的否定(a negation of silence)，或者是一种对主动性或反应性非沟通的否定。

在纯粹的精神—神经症案例中，分析没什么困难，因为整个分析过程都是通过言语化的中介完成工作的。病人和分析师都希望分析如此进行。然而，这太容易让一场分析（被分析的病人人格中有被掩藏着的精神分裂样成分）演变成一种无限延长的共谋了，共谋双方就是分析师与病人对非沟通的否定。这样的一种分析会变得冗长而乏味，因为这种分析没有什么结果，尽管分析工作看起来做得很好。在这样的分析中，一段时间的沉默可能是病人能够作出的最积极的贡献了，于是分析师便被卷入了一场等待的游戏之中。当然，分析师可以解释动作、姿态和各种各样的行为细节，但依我来看，这种情况下，分析师最好还是等待。

然而，更加危险的情境是，在分析中会出现这样一种态势：因为分析师站在一个主观性客体的位置上，或者因为病人在移情性精神病中处于一种依赖状态，那么分析师被病人允许抵达病人人格中最深层的地方；此时假如分析师进行了解释，而不是等待病人自己创造性地发现，那么这种情况就会很危险。恰恰正是在此时此地，当分析师还没从主观性客体转变成一个被客观知觉到的人之时，精神分析是危险的；但是，如果我们知道了如何恰当地运作我们自己的行为的话，这种危险是可以被避免的。如果我们能够等待的话，我们就成为了病人自己时间中的客观知觉性客体，但是如果我们不能以一种促进病人分析进程（相当于婴幼儿的成熟过程）的方式来运作我们的行为的话，我们对于病人而言就突然变成了一种非我（not-me）的东西，于是我们知道得就太多了，而且我们就是一种危险，因为我们在与病人自我—组织的寂静和沉默的中心点的沟通中太过接近了。

由于这个原因，我们发现，即使是在简单的精神—神经症案例中，避免分析师与病人在分析之外的接触也是方便和实用的。在精神分裂样或者边缘性病人的案例中，我们如何管理超出移情之外的接触这件事，变成了我们与病人工作中非常重要的一部分。

这里我们可以讨论一下分析师作解释的目的。我一直认为，解释的一个重要功能是建立分析师理解的界限。

作为孤立者的个体

我就要提出并强调个体的永久孤立性的理念，并且宣称：在个体的中心，与非我（not-me）世界没有任何方式的沟通。在这里，平静如水与寂静无声相关联在一起。这就带我们通向了那些被认为是这个世界的思想家们的著作。附带地，我可以提一下

Michael Fordham 对自体这一概念的非常有趣的评述,因为这个评述已经在荣格的著作中出现过了。Fordham 写道:"所有的事实都表明,人类的原始性体验(primordial experience)产生于孤独中。"顺理成章地,我提到的这个理念也出现在了 Wickes 的《人类的内在世界》(*The Inner World of Man*, 1938)一书中,但是,在病理性退缩和健康的中心性"自体—沟通"之间是否总是能区别出来,这里不总是确定的(cf. Laing, 1961)。

在精神分析师当中,可能有许多人提及"平静,寂静"的人格中心的观点,以及原始性体验(primordial experience)产生于孤独中的观点,但是分析师通常并非只关心生命的这一方面。在我们的直接同事中,可能是 Ronald Laing 最慎重地开始提出了,"让潜在自体显露出来"连同关于暴露自己的羞怯(cf. Laing, 1961, p. 117)。

个体是一个孤独者这一主题,在对婴儿期和精神病的研究中有其重要性,但是,在对青少年的研究中也有其重要意义。青春发育期的男孩和女孩可以用各种方式来描述,但其中一种描述方式的关注点是,青少年是一个孤独者。这种对个人孤独性的保持是探索自我身份同一性的一个部分,也是探索建立不会导致对核心自体(the central self)侵害的个人沟通技能的一个部分。这可能就是为何青少年基本上远避精神分析治疗的一个原因,即使他们对精神分析的理论很感兴趣。他们觉得自己将会被精神分析强奸,不是性意义上的强奸,而是精神意义上的强奸。

在临床实践中,分析师可以避免在这方面确证青少年的恐惧,但是青少年的分析师必须要预料到被青少年充分地考验,并且一定要准备好使用间接方式的沟通,以及要识别出单纯性非沟通。

在青春期,当个体正在经历着青春发育期的变化,而还没有充分地准备好成为成人社会的一份子时,他们就会加强防御来对抗被发现,也就是说,要防御在那里准备好被发现之前被发现。在那里,那些真正私人的东西和那些感到真实的东西,必须要不惜一切代价地被防御,纵使这意味着对妥协的价值保持暂时性的无知也在所不惜。青少年往往容易形成集合体(aggregate)而不是团体(group),并且他们通过外表看起来是一样的,来强调每个个体本质上的孤独感。至少,在我看来是这样的。

所有这一切都与身份同一性(认同)危机有关联。Wheelis,一个已经与身份同一性问题斗争过的人,清晰而粗略地陈述(1958)了分析师的职业选择这个问题,并且把这个问题与他们的孤独感和对亲密的需求联系了起来,而在精神分析工作中,对亲密的需求注定是不会有什么结果的。在我看来,对这个问题的探讨最深入的分析师是

Erik Erikson。他在自己的书《年轻男子 Luther》(*Young Man Luther*,1958)的后记中讨论了这一主题,并且他谈到了"来自内在空间的平和"这一短语(换言之,不是来自外在空间的探索,诸如此类的)。

在结束前,我想再次谈谈属于否定的对立面(the opposites that belong to negation)。梅兰妮·克莱茵在躁狂性防御的概念中,使用了"否定"一词,在其中抑郁症这一种事实被否定掉了。Bion(1962a)在他关于思考(on thinking)的文章中,提到了某些类型的否定,而 de Monchaux(1962)在对 Bion 文章的评论中继续对 Bion 文章的这一主题进行了讨论。

如果我以"活泼生动"(liveliness)这个概念为例,我不得不至少考虑这术语的两个对立面,一个是毫无生气和死气沉沉的状态,正如在躁狂性防御中的那样,而另一个则是单纯性缺乏生机的状态。在这里,静默等同于沟通,而寂静等同于运动。通过使用这个概念,我得以支持自己根深蒂固的对生本能和死本能理论的反对。我知道,我所不能接受的是,生(Life)把死(Death)作为了它的对立面,这当然要除去临床上在躁狂—抑郁的摆荡中,以及在躁狂性防御的概念中的情况,此时抑郁是被否认了的,并且是消极的。在个体的发展过程中,婴儿生命(living)产生于非生命(not-living),并且从非生命中创建了它自身,而存在(being)变成了一个替代非存在(not-being)的现实,正如沟通产生于寂静无声(silence)之中那样。而只有在憎恨已经来临时,死亡才在婴儿的生命过程中变得有意义,而这是在发展较晚时期发生的事情,所以死亡离我们可以用来建立攻击的根源性理论的现象还很遥远。

因此,对我来说,把"死"这个词与"本能"这个词联系在一起没有什么价值,而且谈到憎恨和愤怒时,使用死本能这个词也仍旧没什么价值。

找到攻击性的根源是困难的,但是,在对不成熟阶段进行思考时,使用诸如生和死那样没有任何意义的对立面,对我们是毫无帮助的。

我想在本文的最后谈到的另外一件事情是,活力(aliveness)或者活泼生动(liveliness)的一个完全不同的对立面。这个对立面在我们大部分的案例中都没有起效。通常,婴儿的母亲心里已经存在着精力充沛的内在客体,而婴儿适合了母亲对一个有活力的孩子的先入之见。通常来说,母亲并非是沮丧的或者抑郁的。然而,在某些案例中,母亲的核心内在客体在她孩子婴儿早期的某一关键时刻就死去了,而母亲的这种心境就是一种抑郁性心境。此时,婴儿不得不去适应一个死去客体的角色,要么婴儿就得充满生机和活力,以抵消母亲想法中"孩子死去一样无生机活力"的先入之见。

这时,婴儿活泼生动的对立面是源自于母亲抑郁的一种反生命(anti-life)的因素。

在这样的个案中,婴儿的任务就是存活下来,而且看起来生机勃勃,并富有活力地进行沟通;实际上,对这样一个个体而言,这是一个极限目标,个体因此拒绝了那些属于更加幸运的婴儿的愉悦,即生命和活着可能带来的愉悦。活着便成为了一切。抵达起始点并且维持在那里,对婴儿来说是一个持续不断的挣扎。难怪有些人做着存在(existing)的特殊生意,并且把它变成了一种宗教。[我认为 Ronald Laing(1960,1961)的两本书正是在尝试陈述这一性质的困境,而许多人由于环境的异常都肯定会与这一困境做抗争。](理论上)婴儿在健康的发展过程中是以(心理上的)无生命作为开端的,而逐渐变得有活力,这仅仅是因为存在(being)了,实际上,就是活着(alive)了。

正如我已经在更早期阶段提到的那样,这种存活状态(being alive)是一个健康婴儿与母亲—形象(the mother-figure)的早期沟通,这是一种尽可能不自觉的自然状态(unselfconscious)。婴儿否认母亲抑郁的一种活泼生动(liveliness)状态是一种企图去满足被期待的沟通。母亲处于抑郁状态的儿童所表现出来的活泼生动状态是一种具有安抚性质的沟通,而对于不成熟的自我,就其整合和按照一般遗传进程的功能来说,这种状态是反常的,并且是一种难以容忍的障碍。

总结

我已经试着陈述,我们必须要认识到健康这一方面的需要:非沟通的核心自体,永远是免于现实原则的,并且永远是静默的。这里的沟通并非是非言语(not non-verbal)的;它是,像天体音乐般的,绝对个人化的。它属于存活着。

同时,在健康人身上,正是源于此种非沟通,沟通才自然而然地发生了。

显性沟通(explicit communication)是令人愉快的,而且涉及极其有趣的技巧,包括言语的技巧。有两种极端状态,一种是显性沟通,其是间接的;另一种是静默的或者个人化的沟通,其使人感到真实;每一种状态都有它自己的位置,而对于许多人而言,存在着中间文化领域状态,许多人但并不是所有人都存在这种中间领域的沟通模式,这是一种最有价值的妥协。

192

(唐婷婷 翻译)

18. 儿童精神病学的训练①(1963)

我发现这篇文章很难写。我认为,其原因是,在这个讨论里我们所关心的既不是科学真理,也不是诗词的真实性。

其实,我不得不说的东西,一定会被我自己的成长发展史所影响,一定会被我自己对于某些关键事态的那些感受所误导,也一定是一种符合我个人经历有限范围的部分性陈述。

我想很简短地陈述一下我们所做的工作,这个工作现在被称之为儿童精神病学,并且有了它自己的专业特性。如果要保留"儿童精神病学"(child psychiatry)这个词,我们应当非常清楚,它所指不是普通精神病学(general psychiatry)的一个部分。

我将探讨我们的工作与相近专业工作的关系,同时我会给出一些积极的建议。

儿童精神病学医师的训练,取决于我们对我们所从事工作性质的观点,而我想请求保留儿童精神病学医师准入方面的多样性。特别是,不要让管理上的规划排除受训医师从儿科进入儿童精神病学科的可能性。

我认为我在本文中所探讨的问题,同样也是儿童指导训练中心(the Child Guidance Training Centre)、塔维斯多克诊所(the Tavistock Clinic)和莫兹利儿童精神病学分部(the Maudsley Child Psychiatry Department)所面临的问题。最近在塔维斯多克诊所(the Tavistock Clinic)有一个关于这个主题的讨论会,我想当时在场的人都会同意,在那个场合下这个基本问题被充分地探讨了。

什么是儿童精神病学?

首先要问大家一个问题:什么是儿童精神病学?在儿童精神病学中的工作基本

---

① 投稿给专题论文集并首次出版于《儿童心理学和精神病学》(the Journal of Child Psychology and Psychiatry)4, pp. 85 - 91.

是临床实践性的。每一个案例,我们都面临着挑战。就临床改善来说,我们可能会失败,然而我们也常常会成功。就失败而言,真正的失败只能说是面对案例挑战的失败。因此,我们的一部分工作是私下里完成的,而这种离开团队的工作在某些方面却展示出了比团队工作更大的成就,即在每一个个案中,某人在一个深入的层面上满足了另一个人的需要。

儿童精神病学医师的许多工作的基础是,与儿童进行的心理治疗性访谈。如果儿童精神科(病学)医师没有心理治疗性访谈的技能,或者他不是用这种方式与儿童建立联系的合适人选,那么他甚至可能无法做出诊断,更不用说知道如何转变困境了,或者也无法理解团队其他的成员们正在做什么了。儿童精神科医师的培训计划必须要把以上这些因素考虑进去。

同样地,儿童精神科医师也需要与儿童的父母工作。或者也可能儿童精神科医师正在探寻一个计划,这个计划可以使母亲,或父亲,或其他代替父母的人,在某个阶段或者困难时期为儿童提供适宜的环境。这一切背后蕴藏的理论是,适宜的环境供给能够促进儿童内在成熟的过程。

通常我们发现,我们在做的诊断是基于健康,或者常态情况下的,而我们所面对的无疑是,在儿童发展过程中,他们与自体、与父母、与家庭单元,以及与普遍性环境之间关系方面存在的症状。健康几乎就是成熟的同义词——在某个年龄阶段的成熟。

分类

我发现,尽管不可能对我们的工作作一个综合性描述,然而作为代替,我将尝试给出一个粗略的分类:

案例证明:

(a) 个体情绪发展进程中固有的困难。那些无帮助或者实际上有害的环境因素。基于发展中固有困难相关的防御性组织与各种环境失败交织在一起而形成的症状学。基于防御失败与新的防御重组而形成的各种疾病。

(b) 与躯体疾病相关或继发的疾病。

(c) 把我们带到边缘学科(儿科学,神经科学,成人精神病学,产科学)的问题。

(d) 涉及社会的疾病:反社会倾向;与法律程序的合作。

(e) 处于教育专业边缘的问题。

儿童精神病学医师必须具有医学的资质,并且应该是一个具有临床经验的医师。

由于他将需要为儿童患者的生命和死亡负责,而且肯定偶尔会面临自杀行为,他还需要具备什么额外的资质呢?第一个答案当然是,他需要体验的机会。[这一点上我是幸运的,因为我自己在皇后医院(The Queen's Hospital,现在叫 Queen Elizabeth Hospital)作为内科医生工作了十年,并且从1923年起在帕丁顿绿色(Paddington Green)儿童医院工作至今,我自己管理一个临床科室,我可以实施我自己的意愿和计划。Hector Cameron 才有了这样的条件。但是对任何有这样一个机会缓慢而自然地来到儿童精神科的人来说,这都是不同寻常的经历。]这里的伦理道德是,我们必须有计划允许那些愿意使我们儿童精神科的发展道路专业化的人,有机会在一个自然的步调下发展。另一方面,如果刚刚起步的儿童精神科医师就立刻被邀请去做教学,那么他必须教其他人要求他说的东西,而不是他自己已经发现的东西,这一点是可惜的。

儿童精神病学的背景

然而,我必须陈述主题了。我将用这样的方式来靠近这一主题。教育心理学家有教育学的背景,这我感到很高兴;这一背景支持了他的学习过程,给了他身份,并且照顾了他的收入。现在,谁将支持那些和临床工作有关的人?大学对心理学关于人类事务的实践应用是持怀疑态度的,特别是对那些个体人类被帮助的领域。除非心理学在学术上不再循规蹈矩和回避动力学无意识,否则大学对心理学也是持怀疑态度的。

不同类型的社会工作者,正在努力建立起他们自己作为专业工作者的身份。那么儿童精神科医师呢?什么东西能给他们做背景支持呢(除了他们因为医学资格而自动获得的东西)?

我们只需要考虑两种背景支持,儿科学和精神病学,并且我们可以说,对每一个个案,我们一直是如此的失望,以至于我们现在除了自主权之外不能考虑其他任何事情。我们的主席是儿科医师这一事实刚好可以表明如今存在着开明的儿科医师,他们不仅友善,而且还具有积极的支持性。同样是在帕丁顿绿色儿童医院和之后在 St Mary's 医院(由于我们被合并),我被慷慨并且怀有很大善意地对待。但是我不能允许我自己的好运导致我无视儿科学的整体情况。儿科学,还有精神病学都已经不足以作为儿童精神病学的背景支持。

我将先谈谈成人精神病学,然后谈儿科学,随后尝试着提出一些积极的规划和构想。

精神病学

在规划的层面,用普通精神病学来代表儿童精神病学,这项任务在多大程度上是可以被信任的?我的意思是普通精神科大夫通常意识不到儿童精神科大夫是做什么的,也意识不到什么是儿童精神科大夫。如果真是这样,那么普通精神病学何以代表儿童精神病学呢?当然,普通精神病学与儿童精神病学之间有大量重叠的领域。谁能判定精神缺陷是属于精神病学的,神经病学的,还是儿科学的呢?没有必要去判定这个问题。青春期也会逐渐融入成年期,并且因此当病人卡在他们青少年抑郁自然消解期的时候,儿童精神病学与成人精神病学的工作就重叠了。在精神病学的观念中,父母和父母形象也常常被认为是有问题的;而成人型的精神病学综合征确实周期性地出现在儿童精神病学的临床实践中。来儿童精神科就诊的人总是会有一部分一开始是从成人精神科转诊过来的,而我也不希望这种情况有所改变。无论如何,我们需要成人精神科医师在我们自己的影响力很不优雅地下降之时支持我们一下。但是我确实希望表达的观点是,对于我们而言,成人精神病学关心的是一些性质不同的问题。如果你的儿子希望进入儿童精神科,如果你建议他先要成为一个精神科大夫,你这是在建议他浪费大量的时间,而他本来可以更好地利用这些时间学习儿科学。

成人精神病学产生于对那些器质性大脑疾病患者的关注,或对那些被认为有躯体或遗传疾病患者的关注,难道不是事实吗?成人精神病学一直坚持以生物化学和神经生理学的观点来解释精神障碍,在我们国家所付出的代价是,失去了本可以与动力性心理学进行合作研究而有所贡献,难道这不是真的吗?考虑到成人精神病学医师不得不应对衰退型精神病人的巨大工作负担,以及应对这些病人的照护需求所带来的几乎无法解决的问题,这些事实是可以被理解的。但是,基于这些相同的考量,使儿童精神病学自身从成人精神病学中分离出来是必要的,特别是关于儿童精神病学医师的训练应该是独立的培训。

重要的领域

成人精神病学关注以下两组问题:

(a) 心智障碍,继发于遗传倾向,继发于脑组织缺陷,继发于脑组织疾病,继发于退化性疾病,诸如:动脉硬化,这些疾病会附带影响大脑组织功能。

(b) 心智障碍，源于早期情绪痛苦的晚发表现。

在这第二组分类中绝大部分都是成人精神病学的案例，而这时成人精神科医师总是太晚进入这个领域。在这些晚发的疾病案例中，起病时间应该是在病人的婴儿期或者童年早期。儿科医师是自然地参与到了（这类病人发展早期）最大应激时刻的医生，但幸运的是，因为儿科医师内心平静，他们并不知道这一点。如果儿科医师知道这个问题，那么他就有可能寻求儿童精神科医师的帮助，而且，一定比例的成人精神科医师的案例是儿科和儿童精神科联合治疗失败的结果。我们儿童精神科的成功能够避免儿童最终到成人精神科就诊。

儿童精神病学所关注的是：

(a) 人格的发展，以及在健康状态中和各种家庭、社会模式中个体的性格特质。

(b) 在情绪发展初期和早期阶段出现的各种障碍，那时候防御组织正处在逐渐变得确定并聚集成型的过程中，并且这种过程还组织着环境供给和反应。

我们儿童精神科的绝大部分案例都可以（作为临床问题）得到满意的处理，并且我们启动的每一个进步都会被扩展为更大程度的进步，因为我们的病人是不成熟的，而他们的成长过程可以获得解放和自由。我们几乎没有遇到过由于脑组织退化造成的障碍，而这一特点把我们与成人精神科医师区分开来。另外，鉴于父母在家已经能够适应患病儿童的需要，我们通常可以依靠父母来为儿童病人提供类似保育院或精神病院的照护。

精神病学与人格发展理论

当我在探索这个领域的时候，我想说的是，当我去观察成人精神病学对理解导致人格成长和性格特质建立这一发展过程的贡献之时，我个人并没有深刻的印象。据说精神病学的临床实践在最近三十年有了很大的进步，但是从弊端的角度也有一些是可以谈的。这里我很明确地要让我自己表达一些个人观点了。当收容院（asylum）这个词闪过我脑子的时候，我认为让患有精神疾病的人进入收容院几乎是不可以的，除非也许在一些宗教的修道场所可以做到。

当然，断断续续的治疗也让许多个案产生了临床上的改善，但这有从根本上增加了我们对精神疾病的发展方式或治疗所产生改变的任何理解吗？或许通过断断续续的给予，精神科大夫还帮助了病人苟延残喘地活着，但实际上他们在生命意义上早已经自杀了呢？而在惊厥性抽搐治疗的过程中，病人发展出来了对治疗的仇恨，换句话说就是没有凶杀的仇恨,这有可能对瓦解的人格产生有价值的整合作用。但即便是这些治疗理论当中有它们的现实性,它们也并不来自于精神病学。最后,在我一系列的个人控诉中,前额叶脑白质切除术的治疗方法真的让我感到惊愕,并且让我对成年精神病学产生了怀疑,从此我不再对患者的康复抱有希望。幸运的是,现在前额叶脑白质切除术已经过时了,而我在这个疗法中所看到的仅仅是精神病人疯狂的妄想与由某些医生所表现出的妄想相遇和相识了。

或许我很少分享这些我个人的成见。我在此之所以这么做,其实表明了我对医疗行业残酷无情的竞争这个部分的不情愿,以及对医疗行业之内批评同事这个部分的不情愿。然而,也有一些时刻,我们必须提出批评,并且也期待被批评,同时我们也要在互相尊重彼此是人的框架中进行这样的相互批评。

我很高兴,我从来就没有在精神病院工作过,如果我在精神病院工作,我可能会不得不做这些不好的事情。我必定是不能做这些不好的事情的,因此我可能还是要回到躯体性儿科学领域,而在躯体儿科学领域我可以极大地得到自我享受。但是,随后我可能就会错过我认为非常有价值的儿童精神病学的实践了。

儿科学

现在,我要谈谈儿科学这一主题了。众所周知,我的倾向是儿科学可以作为儿童精神病学常规受训的基础。儿科学给予学生和医生真正了解儿童患者及其父母的最好机会。如果儿科医师愿意的话,他们甚至可以在不了解儿童精神病学的情况下成为儿童精神科大夫。儿科医师肯定完全具备处理躯体紧急情况的能力,而这种能力让儿科医师在处理医生与患者父母关系的工作中处于一个非常有利的位置;如果儿科医师那么有思想的话,他能以向母亲介绍婴儿喂养的方式,在母亲进行向宝宝介绍这个世界的非常精细的工作中与母亲相互配合,并且因此为孩子奠定心理健康的基础,从而减少日后严重精神病性障碍的发生。正是在我作为儿科实习医师的时候,我发现了病史采集(history-taking)的治疗性价值,并且发现假如病史采集的目的不是为了收集事实信息的话,那么病史采集就会为我们的治疗提供绝好的机会这一事实。

对我而言,精神分析就是病史采集的无限扩展和延伸,而治疗只是一种副产品。

贯穿于我的职业生涯,我始终都坚持认为儿科学是儿童精神病学合适的根基,而我想在这篇文章中表达的最主要的事情是,在任何有待制定的计划里,医生想从儿科学转到儿童精神病学的通道必须是保留开放的。我的意思是说,儿科学的临床实践已经超过十年了。如果儿科医师被强迫接受成人精神病学的训练,如果他打算去获得心理医学的文凭(D. P. M.)[1],那么他无可避免地就不再是一个真正意义上的儿科学临床实践者了。在儿科学的临床实践中有太多可以学习和体验的内容了,以至于去投身于另一种像精神病学那样的专业是没有可能的,而精神病学包含的内容太多了,以至于都没办法再关注于婴儿和儿童了。

尽管儿科学没能成功起到它本该与儿童精神病学相关联的必然作用,就目前来说这是一个事实,但我仍然强烈地坚持保留我的观点。自从向这个国家那些对儿科学负有责任的人介绍了儿童精神病学就是半个儿科学的观点之后,二十五年的光阴已经被浪费了。官方的儿科学已经完全有意地避开了这一主题,而现在花费更长时间等待儿童精神病学变成躯体儿科学的双胞胎是不会取得任何进展的。儿童精神病学与躯体儿科学成为双胞胎的任务本来是可以被完成的,但是现在没有完成。

儿童精神病学自身的权益

然而,儿童精神病学医师向儿科医师优先开放,并且要求进行儿科学训练和体验。儿童精神病学科发展的唯一解决之道是,成为一个有自身权益的学科并设计出属于它自己的训练计划。我想问一下,有没有哪个儿科学教授曾经与一个精神病学教授一起讨论"有一天会出现一个儿童精神病学教授"这一问题呢?

但是,这里我强调的是"但是",有时候儿科医师倾向于认为他们可以很容易地就转变成儿童精神病学医师,就如同把名字从"小儿科"改成"儿童健康科"一样。这当然是不可能的事情。如果儿科医师真想转到儿童精神病学领域来,他们必须准备好对专业的重新定向,并且准备好大量减少他们作为躯体儿科医师所行使的权力。

精神分析的位置

精神分析的位置引发了儿童精神病学与精神分析之间关系的一些问题,我会简短地谈谈这个问题,因为我相信这次会议不会打算以此作为一个主要议题。但我也不能回避这个议题。在有可能成为儿童精神病学众多的基础性准备工作和学科中,儿科学

---

[1] 心理医学的文凭。

是最好的一个相近学科,我对于这个观点是很坚信的,而我必须快速地谈到另一个主张,即在儿童精神病学领域中(无论是儿科学医师还是精神病学医师)真正必要的基础性准备工作是进行精神分析的训练。对我来说重要的是,我所必须要谈的这个主张现在已经被广泛地认识到了,然而几年前这还是一个很有革命性的观点。以我的经验来说,当一个候选人申请儿童精神病学的工作职位时,如果他是一名分析师或者他已经成为精神分析学院(the Institute of Psycho-Analysis)的学生了,那这就是一个优势。(此处为了讨论的目的,我必须纳入荣格学派的训练,尽管如果寻找差异的话,我们可以在这两个学派之间发现重要的差异。)如今,许多从事临床工作的儿童精神病学医师已经完成了这些训练中的一项。当然,这并不意味着精神分析的训练就使得候选人具备了儿童精神病学医师的资格了;这里还涉及精神分析的训练是关于成人的还是儿童的。然而,这一训练确实需要包含一项动力学的且可被应用的儿童发展理论的教学。某些更进一步地训练儿童精神病学的机构,几乎都坚持精神分析的训练,比如塔维斯多克诊所(the Tavistock Clinic);在其他机构这也是相当普遍的共识,比如在弗洛伊德女士的汉普斯特德诊所(Hampstead Clinic),在那里接受训练的初级心理治疗师理所当然地会导向精神分析和属于精神分析理论的培训。

我的观点是,有能力为自己的个案负责的儿科医师会有很好的机会发展成一名儿童精神病学医师,前提是在获得躯体治疗经验的同时,他也能接受精神分析的训练。

甄选

所有这一切都与甄选的观念联系在一起。

精神分析训练中重要的事情是候选人的个人分析。为了本文的目标,我想把这种个人分析作为甄选的一个部分。精神分析训练在甄选之后进行,而甄选程序是严格进行的。首先是自我选择;然后是甄选;并且随后有进一步的伴随着病人自己被分析的自我选择。就儿童精神病学而言,由负责任的人根据申请人的人格和健康以及成熟度来仔细进行甄选是有必要的。问题的关键是:谁来挑选以及谁来持续挑选,以及谁有权利拒绝儿童精神病学医师的候补者? 精神分析的机构(The Institute of Psycho-Analysis)可以为此作出重要贡献。例如,你在你的婴儿身体出现紧急状况时肯定会打电话找来照顾你婴儿的那个医生,或者你会把你的母亲或兄弟交给那个精神科大夫,但你会不会为他们选择一位儿童精神病学领域的执业者,这并非是完全肯定的。这是一件充满困难的事情,不过应当有免于甄选即可进入儿童精神病学领域这一观点,比起儿童精神病学医师应当设有心理医学的文凭（D. P. M.）或者没有在精神病院工作经历的观点来说，会带来更糟糕的前景。

结论

首先，让我们把儿童精神病学建立成一项有自己权益的事业；然后，如果成人精神病学医师愿意学习婴儿和儿童的躯体发展和情绪发展理论，并且愿意经历包含了甄选程序和个人分析的精神分析训练，就可以允许成人精神病学医师继续进入儿童精神病学领域。也允许儿科医师在相同限制性条件下得到相同的机会。但是没有官方精神病学和官方儿科学的积极合作，这些事情都不可能被达成，因为精神分析训练需要寻找资金援助。也要有愿意促进此事的儿科学医师们，或者精神病学医师们，或者儿童精神病学医师们坚持不懈地努力调整，使得他们自己的精神分析训练与他们的全职工作相配合，而他们的全职工作为他们维持自己的家庭和家族生活提供了必要的基本安全保障。

总结

儿童精神病学是一项有着自己专业领域的工作，而普通精神病学更加关注于大脑的退行性过程和神经病学现象，后者的疾病现象在平常儿童精神病学科室并不常见。儿童精神病学关注于个体儿童的情绪发展，以及来自环境和儿童内心冲突对成熟过程的干扰。这使得儿童精神病学与儿科学的关系变得很密切。

普通精神科医师或者儿科医师需要来自精神分析学派（Psycho-Analysis）和分析心理学派（Analytical Psychology）所提供的补充性训练。这些精神分析机构也提供甄选机制（来选拔儿童精神病学医师候选人）。

总是会有从普通精神病学领域转到儿童精神病学领域的医师，但是保留从儿科学执业领域转入儿童精神病学执业领域渠道的开放性是重要的。

（唐婷婷　翻译）

19. 性格障碍的心理治疗①(1963)

尽管选择了"性格障碍的心理治疗"作为本文的题目,但我也不可能不去讨论"性格障碍(Character Disorders)"这个术语的含义。正如 Fenichel(1945,p.539)这么评论道:

> 可能会产生的一个问题是,是否存在着不是"性格分析"(character analysis)的精神分析?所有症状都是特定的自我态度的结果,在分析中,把这些特定自我态度的表现看作了阻抗,而这些特定的自我态度在婴儿的冲突时期就开始发展了。这是真的。而且,从某种程度上来说,所有的精神分析的确都是性格分析。

再次,

性格障碍并没有形成一个疾病分类学的单元。以性格障碍为基础的机制可能与以神经症症状为基础的机制是不同的。因此歇斯底里性格的治疗比起强迫性格的治疗可能会更加容易,而强迫性格的治疗可能又比自恋性格的治疗更加容易。

显而易见的是,没有哪个术语的含义是非常宽泛的,那样这个术语也就没有什么用了,要不然我就需要以某种特殊的方式使用它了。在后面的案例中,我肯定要说明我在本文中对某些术语的理解,以便于使用。

首先,下面这三个术语,除非它们被辨认清楚,否则一定会产生混淆:性格(character),好的性格(a good character)和性格障碍(a character disorder),这三个词

---

① 1963年5—6月,在罗马的第11届欧洲儿童精神病学大会上朗读。

使我们想起的是三种非常不同的现象，而同时对待这三个术语是虚假的，不过这三者之间是相互关联的。

弗洛伊德（1905b）写道："一种相当可靠的性格"（a fairly reliable character）是成功分析的先决条件之一（Fenichel，1945，p.537）；但是，我们正在思考的是人格中的不可靠成分，而Fenichel问道：这种人格中的不可靠性可以被治疗吗？他可能也问了：人格不可靠性的病因学是什么？

当我审视性格障碍时，我发现我正在审视着完整的人。"完整的人"这个术语暗示着达成了某种整合程度，它本身就是精神健康的一个标志性符号。

本文之前的许多文章已经教会了我们很多，并且也加强了我关于"性格是属于整合的某种东西"的观点。性格是成功整合的彰显，而性格障碍则是自我结构的扭曲，尽管如此，但仍然还维持着整合状态。或许，记住整合有一种时间的因素是有利的。儿童的性格形成于稳定发展进程的基础之上，并且在这方面，儿童既有过去也有未来。

使用性格障碍这个术语来描述儿童尝试着调节和适应他们自身发展的异常或不足似乎是有价值的。我们总是假设，人格结构是能够禁得起发展异常所带来的张力的。儿童需要与焦虑、强迫、心境，或怀疑等等个人模式达成妥协，并且也需要把这一切与对直接环境的需求和期待联系起来。

依我看来，性格障碍这个术语的价值特别与人格扭曲的描述有关，当儿童需要适应某种程度的反社会倾向之时，这种人格扭曲就出现了。这就直接导致了我使用性格障碍这个术语来陈述。

我使用这些术语，能让我们不要太集中注意行为本身，而是要注意那些不当行为（misbehaviour）的根源，而这些不当行为遍及正常行为与不良行为（delinquency）之间的整个领域。这种反社会倾向可以在你自己的健康儿童中检测到，例如他在两岁的时候从妈妈的手提包里拿走一个硬币。

反社会倾向总是产生于某种剥夺或丧失，并且象征着儿童要求夺回被剥夺前一切皆好的状态。我没法在这里讨论这个主题，但是我称之为反社会倾向的这件事必须要被提及，因为在对性格障碍的解析之中，这一点经常被发现。正在调节和适应他们自己可能隐藏着的反社会倾向的儿童，有可能会发展出对此的反向形成，比如说，他们会变得一本正经，也可能会逐渐变得牢骚满腹，并习得某种抱怨性格，当然也可能变得精通白日梦、说谎、轻微的慢性手淫行为、尿床、强迫性吸吮手指、夹紧大腿根部等等，或者也可能周期性地以行为紊乱的方式显现出（他或她的）反社会倾向。后者总是与希望联系在一起,并且这既不是偷窃的本性,也不是攻击行为和破坏的本性。这是具有强迫性的行为。

然而,根据我看待事物的方式,性格障碍最值得注意的部分指的是对完整人格的扭曲,而这一扭曲又源自于人格内部。正是这一反社会元素决定了社会因素与这一人格的扭曲有关。社会(儿童的家庭等等)必须迎接挑战,也肯定会喜欢或者不喜欢这样的性格和性格障碍。

那么,这里是我的对性格障碍的最初描述:

性格障碍不是精神分裂症。性格障碍是在完整人格之中所隐藏着的疾病。性格障碍在某些方面与社会有关,并且从某种程度上来说也积极地与社会有关。

根据以下情况,性格障碍可以被分为:

就个人总体人格尝试隐藏疾病因素的部分来说,是成功或者失败。这里,成功指的是人格,尽管贫瘠,但也已经能够从社会化性格扭曲的部分来找到继发性获益,或者能够融入社会习俗。

这里,失败指的就是人格的贫瘠,由于隐藏的疾病因素,没能作为一个整体建立起和社会的关系。

事实上,社会因素对有着性格障碍的人的命运起着决定性作用,并且以多种方式起着决定性作用。例如:

社会在某种程度上容忍个体的疾病。

社会容忍个体没能有所贡献。

社会容忍甚至享受个体贡献模式的扭曲。

抑或,社会面临着来自个体反社会倾向的挑战,而且社会的反应被以下因素所激发:

(1) 报复。

(2) 想要社会化个体的愿望。

(3) 理解并且运用这一理解去预防个体的反社会倾向。

有着性格障碍的个体可能遭受着以下痛苦:

(1) 人格的贫瘠,满腹委屈感,不真实感,意识到缺乏严肃的目标,等等。

(2) 社会化失败。

此处就是心理治疗的基础,因为心理治疗与个体经受痛苦并且需要帮助有关。然而,性格障碍者的这些痛苦仅仅属于个体疾病的早期阶段;继发性获益很快就会接管并减轻痛苦,同时也会干扰个体寻求帮助或者接收帮助的动力。

我们必须认识到,关于"成功"(被隐藏和社会化的性格障碍)这一问题,心理治疗使得个体生病,因为疾病藏在防御与个体的健康之间。相对而言,关于"未成功"隐藏的性格障碍,即使个体在早期阶段可能有过最初的动力去寻找帮助,但因为社会的反应,这一动力未必能把病人带到对更深层次疾病的治疗中去。

性格障碍者治疗的线索来自在自然治愈个案中环境所扮演角色的启示。在某些轻度的个案中,环境之所以能"治愈"它们,是因为造成问题的原因正是在个体的依赖期,某种环境在"自我—支持"和保护领域的不足。这就解释了为何儿童初期的性格障碍常常被治愈,仅仅简单地通过在他们自己的儿童发展时期利用家庭生活就可以。即使在最早期的阶段,也就是儿童高度依赖父母的阶段,父母对孩子有着失败的管理(大部分是不可避免的),他们仍然有第二乃至第三次机会来帮助他们的孩子度过这一时期。因此家庭生活是一个提供最佳机会给研究者来研究性格障碍病因学的地方;同时,实际上正是家庭生活本身,或者它的替代物,使得儿童的性格被以某种积极的方式构建起来。

性格障碍的病因学

在思考性格障碍的病因学时,必须要理所当然地同时思考儿童的成熟过程,自我无冲突的范围(Hartmann),还有焦虑驱动的向前运动(克莱茵),以及促进成熟过程的环境的功能。如果成熟对任何一个儿童而言成为了一个事实,那么环境供养必须是足够"好"的。

要时刻记住这一点,我们可以说有两种极端的扭曲,并且这两种扭曲与个体的成熟阶段有关联,在个体成熟的阶段,环境的失败实际上确实会使得自我的组织防御能力过度紧张:

在一个极端,自我隐藏着精神—神经症性症状的形成(因属于俄狄浦斯情结相关焦虑而形成)。此时,隐藏的疾病在于个体个人无意识里的某种冲突的问题。

在另一个极端,自我隐藏着精神病性症状的形成(分裂、解离、现实侧滑、人格解体、退行和全能的依赖,等等)。此时,被隐藏的疾病在于自我结构中。然而,社会交往因素的必然参与性却不取决于下面这个问题的答案:隐藏的疾病是精神—神经症性的,还是精神病性的?事实上,性格障碍还有其他因素在起作用,比如个体在童年早期对于起初一切都很好,或者足够好的正确觉知,以及后来一切都不那么好了。换句话说,在某个特定时期,或者发展的某一阶段,自我—支持的实际失败使得个体情绪发展被停滞了。个体对这一扰乱的反应代替了单纯的成长。由于促进性环境的失败,个体成熟过程变得抑制了。

假如这一性格障碍的病因学理论是正确的话,那么就会导致性格障碍在其形成初期的某种新的陈述。这一类型的个体会裹挟着两种不同的负担。当然,其中一种是不断增长的被扰乱的负担,以及在某些方面,受到阻碍或者推迟的成熟过程。另外一种负担则是希望,某种从未变得如此灭绝的希望,即环境有可能会承认并且弥补所造成个体损害的这种特定的失败。在绝大多数的个案中,父母或者家庭或者儿童的监护人会认识到这种"令人失望"的事实(通常是不可避免的),并且通过一段时期的特别管理、宠爱,或者被称之为心理照护(mental nursing)的方式,他们会发现儿童可以从创伤中恢复过来。

而当家庭没能修补它的失败时,儿童就会朝着某种有缺陷的方向发展,致力于

(1) 不顾情绪发展的抑制,而安排活着的生活,以及

(2) 一直依赖着希望的时刻,即看来似乎有可能强迫环境来实现某种治愈的时刻(因此而付诸行动)。

在这里所描述的曾经在发展过程中被伤害过的儿童的临床状态,与儿童的情绪发展的修复之间,以及与就社会化意义来说的所有状态之间,存在着这种让社会承认和补偿的需求。在儿童适应不良的背后总是存在着,在儿童每次处于相对依赖时,环境调节并适应儿童绝对需求的失败。(这种失败最初是一种养育的失败。)然后,家庭在治愈这些环境失败对儿童的影响方面又叠加了进一步的失败。再之后,由于社会接管了家庭的位置,而社会也没能成功地治愈由于养育和家庭的失败给儿童带来的影响。我要强调一下,在这一类个案中,我们可以发现最初的养育失败已然发生在这样一个时期,即儿童的发展已经使得他们有可能知觉到养育性失败的这种现实,并且能够知觉到环境不适应的本质。

现在,儿童表现出了一种反社会倾向,但(正如我所言)在发展出继发性获益之前的时期,反社会倾向总是在显示着一种希望。这种反社会倾向就很容易表现为以下两种形式:

(1) 死死地索要他人的时间、关心、金钱,等等(表现为偷窃行为)。

(2) 如果儿童能够休息、放松、崩溃和感到安全的话(表现为通过摧毁来引发强烈

的管理），期待某种程度的结构性力量和组织的再现，以及必要的"恢复"（comeback）。

基于这一性格障碍的病因学理论，我才能继续检查研究心理治疗及其相关的事情。

心理治疗的适应证

对性格障碍的心理治疗有三个目标：

（A）对被隐藏的和表现为性格扭曲的疾病进行详细探究。对此我们可能要准备一段时间，在这段时间内，治疗师要邀请个体成为一个病人，个体要变得有病而不是隐藏着疾病。

（B）迎接反社会倾向，从心理治疗师的观点来看，反社会倾向是对父母抱有希望的一种证据；把反社会倾向当作 S. O. S. 求救，当作强烈抗议，当作一种痛苦的信号来对待。

（C）精神分析既要考虑到自我扭曲，也要考虑到病人在尝试自我疗愈期间对他们本我—驱力的利用。

尝试迎接病人的反社会倾向有两个方面：

允许病人在个人的爱和可靠性方面提出要求。

提供某种相对坚不可摧的自我支持性的结构。

这就意味着，病人将会时不时地付诸行动（acting-out），而只要这种付诸行动与移情有关系，那他们就可以被处理和解释。在心理治疗中，麻烦的是与反社会性付诸行动有关的东西，这些东西是在整个治疗性机制之外的，也就是说，被卷入了社会因素的那部分东西。

关于针对隐藏疾病和自我扭曲的治疗，真正需要的是心理治疗。但与此同时，当反社会倾向一旦出现时，它无论在什么时候和以什么方式一定会参与进治疗中来。对这一部分的治疗目标是到达原始性创伤的位置。这个目标只能在心理治疗的过程中完成，或者如果心理治疗没办法进行，那么就要在对儿童所提供的专业化管理的过程中完成。

在这一工作中，治疗师的失败，或者那些儿童生活管理者的失败，将会是真实的，并且它们会以某种象征的形式来重现原初性创伤。这些失败确实是真实的，而且特别在这个过程中，病人要么退行到具有依赖性的某个相应的年龄阶段，要么就要记住这种体验。对分析师或者监护人失败的承认，使得病人能够感到恰当的愤怒而不是创伤性的感受。病人需要通过移情性创伤,来回顾在原初创伤之前获得的那种态势。(在某些个案中,有可能在初次访谈中就很快到达原初剥夺性创伤的位置。)从儿童的角度来看,只有当下的失败是一种原初环境性失败的时候,儿童对当下失败的反应才算是有意义的。当在治疗中出现的移情性失败的例子是源自于原初环境失败的重现之时,连同病人体验到了恰当的愤怒之时,这种治疗中的重现使病人的成熟过程又得到了解放;另外,我们必须要记住,病人正处于一种依赖的状态,并且需要在治疗中设置自我—支持和环境管理(抱持),同时,在下一阶段,病人需要一段时期的情绪发展,在这个时期中,病人的性格积极地发展和构建着,并且会丢弃原来的扭曲。

在治疗进程顺利的个案中,付诸行动在这些案例中仍局限在移情的范围中,或者可以通过置换、象征和投射的解释,而把付诸行动有效地带入到移情之中。有一种极端情况是常常发生在儿童家庭内部的"自然性"治愈。而另外一种极端情况是,有严重心理失常的父母的家庭,父母的付诸行动可能会使得通过解释而进行的心理治疗变得不可能,因为这一工作会被社会对儿童的偷窃或破坏行为所产生的反应中断。

对于那些中等严重程度的个案,如果心理治疗师能够理解病人付诸行动的意义和重要性,那么这种付诸行动是可以被管理的。可以这么说,反社会倾向的儿童之所以付诸行动,是为了不选择变得绝望。在绝大部分时间里,病人对于纠正原初创伤是绝望的,因此他们活在一种相对抑郁或者解离的状态之中,而这只是掩盖那些一直以来令人恐惧的混乱状态。然而,当病人开始尝试建立某种客体关系时,或者欲将心力贯注于某个人时,他们就开始表现出某种反社会倾向,这是一种强迫行为,或者宣称要求(偷窃),或者是通过破坏性行为来激活更加严苛的,甚至是报复性的管理。

在每个个案中,假如心理治疗要成功的话,病人必然要在治疗师的见证下度过一个或者多个这样有明显反社会行为的窘迫阶段,可惜的是,恰恰正是在这些窘迫点,心理治疗被中断也是再常见不过了。然而,反社会倾向的个案脱落治疗,未必就一定是因为反社会行为不能被容忍,而是(很可能是)因为那些负责个案的人(治疗师)不知道这些付诸行动的阶段是本来就会有的,并且这些行为也是可以有积极价值的。

在严重的个案中,这些处于管理或治疗中的付诸行动阶段表现出了极大的困难,以至于法律(社会)会接管这些病人,而与此同时心理治疗就被中止了。社会的报复代替了怜悯或同情,而这个个体停止了痛苦,也停止了成为一个病人的机会,相反,他们就会变成有迫害妄想的罪犯。

我的意图是想让大家注意到性格障碍的积极因素。当那些尝试着调节某种程度反社会倾向的个体没能达成性格障碍时,这表明了一种精神病性崩溃的倾向。性格障碍则表明个体的自我结构能够约束住阻碍成熟过程的力量,以及在儿童个体与其家庭互动中的异常情况。有性格障碍的人格总是更容易崩溃而进入到偏执状态,躁狂抑郁状态,精神病或者精神分裂状态,一直到继发性获益成为了某种特点为止。

总而言之,对性格障碍治疗的概括可以用这样一个陈述来开始,即这类治疗与其他心理障碍的治疗是一样的,也就是说,如果有可能的话,是可以做精神分析的。那么,性格障碍的精神分析一定要考虑以下的注意事项:

(1) 精神分析可能会成功,但是分析师必须要期待着发现在移情中的付诸行动,并且必须理解这一付诸行动的意义所在,同时能够赋予其积极的价值。

(2) 分析有可能会成功,但会很困难,因为隐藏的疾病有精神病性的特点,所以病人必须要在开始好转之前先得病(精神病,精神分裂样疾病),而分析师所有的资源都将被需要用来处理原始性防御机制,而这些原始性防御机制正是这些病人的特点。

(3) 分析也有可能会随后成功,但是当付诸行动不能被限定在移情关系之中的时候,病人就会被逐出分析师所能触及的范围,这是因为社会对病人反社会倾向的反应所致,或者是因为法律法规的运作所致。鉴于社会反应的可变性,性格障碍结局的变数也非常的大,可以从粗暴的报复行为,到表达社会给病人晚一些社会化机会的意愿。

(4) 在很多情况下,通过某一个阶段或几个阶段的专门管理(宠爱),或者通过特别的个人照护或某个爱孩子的人的严格管控,初期的性格障碍是可以被治疗的,并且可以在儿童的家庭中得到成功的治疗。对这一点的延伸是,通过专门设计的团体管理来提供儿童自己家庭无法给予的特殊管理方式,可以对初期或早期的没有心理治疗的性格障碍进行治疗。

(5) 等病人来到治疗中的时候,他们可能已经有过明显的被修正过的反社会倾向,以及因继发性获益而养成的更坚硬的态度,在这样的案例中,无法产生精神分析的提问。那么此时治疗的目标应该是通过理解这个人来提供稳固的管理,并且在法院指令对他们进行行为矫正之前要为他们提供这样的治疗。假如这一步是可以实现的话,那么就可以进一步对病人进行个人心理治疗了。

最后,

(6) 性格障碍个案可能会以诉讼案件出现,并且伴有以缓刑命令为代表的社会反应,或者被工读学校或刑罚机构拘留。

恰好早期被法院判拘留管理,被证实对病人的社会化具有某种积极的影响。这再一次契合了通常发生在病人家庭中自然治愈的一致性；对病人而言，社会如何反应已经成为了它的"爱"的实践证明，那就是说社会愿意心甘情愿地"抱持"病人未整合的自体，并且以坚决的态度面对病人的攻击性（来限制躁狂性发作的影响），同时适当地且有控制地以牙还牙。最后这点是最棒的，因为很多经受过剥夺的儿童，从未获得过令人满意的管理，而且在少年拘留所的严格管理制度之下，很多焦躁不安的经受剥夺的反社会儿童，从难以教育的状态变得可以接受教育了。这里的危险之处在于，因为焦躁不安的反社会儿童在一种专制的氛围中茁壮成长，这有可能会培养出一些独裁者，并且甚至可能让教育家们认为，儿童每分每秒都处于严格的纪律管控氛围之下，对于那些正常儿童也是一种很好的教育性治疗，但是，其实并非如此。

关于女孩子们

广义上说，所有这一切对男孩们和女孩们来说是同等适用的。然而，在青春期阶段，在这两种性别当中，性格障碍的本质有着必然的区别。比如说，青春期的女孩会倾向于通过卖淫这一行为来展示她们的反社会倾向，同时，这种付诸行动的多种危害之一就是会造成非婚生子。在卖淫活动中存在着继发性获益。一方面是，女孩发现她们通过卖淫是在对社会作贡献，然而她们却无法通过其他任何方式对社会作出贡献。她们会发现许多孤独的男人，这些男人们想要一段关系而不是性，并且也准备为此买单。而这些女孩们本质上也是孤独的，通过卖淫获得了与如她们一样孤独的男人建立关系的机会。对已经开始体验到卖淫继发性获益的青春期反社会女孩的治疗，面临着无法逾越的困难。或许在这样的背景之下，对她们进行心理治疗的想法根本没什么意义。在许多这样的个案中，一切都已经太迟了。最好放弃对治愈卖淫者的任何尝试，而是转而专注于为这些女孩儿提供食物和避难所，以及保持健康和清洁的机会。

临床实例

常见类型的案例

一个处于潜伏期后期的男孩（初访时十岁）正在由我进行精神分析性治疗。他的焦躁不安和容易暴怒的表现在非常早期的时候就开始了，也就是在他出生后不久和八个月断奶之前很长一段时间开始的。他的母亲是个神经质的人，而且一生中多多少少有点抑郁。他是个小偷,而且习惯于攻击性暴怒发作。对他的分析性治疗进展顺利,在一年内每日一次的分析中,许多直截了当的分析工作被完成了。然而,由于他与我的关系发展得很好,他变得非常兴奋,他爬出了咨询室并上了屋顶,还用水淹了咨询室,同时还制造了很大的噪音,使得治疗不得不停止。有时候他也让我处于危险之中;他还闯入了我在咨询室外的汽车里,没有使用车钥匙,而是通过使用电动自启动按钮开走了我的车。与此同时,他再度开始偷窃,并且在治疗设置之外变得有攻击性,于是他被少年法庭判送工读学校,那个时候正是精神分析治疗的关键时期。或许我已经变得比他强大许多,所以我撑过了这个阶段,并且也有了机会去完结这个分析。但结果是,我不得不放弃这个治疗,因为他被强迫离开了治疗。(这个男孩确实做得相当的不错。他成为了一个货车司机,这刚好适合他的焦躁不安。在回访这个个案的时候,我们得知他已经做这份工作十四年了。他结了婚并且有了三个孩子。他的妻子和他离婚了,那之后他一直和他的母亲保持联系,而我们也是从他的母亲那里获得了这些详细的回访细节。)

三个治疗进展顺利的案例

一个八岁的男孩开始了偷窃行为。他在两岁的时候经历了某种相对的剥夺(在他自己良好的家庭环境中),在这个时期他的母亲怀孕了,而他出现了病理性的焦虑。父母已经成功满足了男孩的特殊需要,并且他的疾病几乎就已经要成功地自愈了。在这很长时间的工作中,我通过让他们理解他们自己正在做的一些事情来帮助他们。当男孩八岁的时候,在一次治疗性的咨询中,我得到了一次机会让这个男孩与他所经历过的剥夺在感受上相联接了,并且他回到了与他婴儿期好妈妈的客体关系中。随着这一切的发生,男孩的偷窃行为停止了。

一个八岁的女孩因为偷窃行为来找我。在她四到五岁的时候,她在自己环境良好的家庭里经历了某种相对剥夺。在一次心理治疗性咨询中,她回到了婴儿早期和好妈妈的联接中,与此同时,她的偷窃行为消失了。她也会尿床和到处大小便,而这一较少发生的反社会倾向表现持续了一段时间。

一个十三岁的男孩,在离他良好的家庭比较远的公立学校上学,他到处偷东西,还用刀削床单,并且通过找其他男孩的麻烦,以及在厕所墙上写淫秽标语让学校感到头疼,等等。在一次心理治疗性咨询中,他告诉我,在他六岁要去寄宿制学校的时候,他曾经经历过一段难以忍受的痛苦时期。我安排这个男孩(三个孩子中的老二)被允许在他自己的家里有一段"心理照护"的时期。他把这段时间用作了退行的阶段，并且随后就去了走读学校。后来他去了离自己家很近的一所寄宿制学校。在他与我的一次访谈之后，他的反社会症状突然停止了，而且回访表明他生活得还不错。他现在已经进入大学了，并且正在让自己成长为一个男人。关于这个个案，这样说尤其正确，那就是病人带来了对他自己问题的理解，而他所需要的是被承认的事实，而且需要父母，以象征的方式，尝试去弥补过去养育环境的失败。

评论

在这三个可以给予帮助的案例中，继发性获益都还没有成为个案的特点，我作为精神科医师的基本态度是，让每个个案中的儿童能够陈述所经历相对剥夺的特殊领域，让这一点被接纳为真正的且真实的这一事实，能够让儿童返回到那个裂隙，并且重新与好客体建立起关系，而这种关系曾经被阻滞了。

一例介于性格障碍与精神病之间的边缘性个案

一个男孩已经在我的照护下有好些年了。我只见过他一次，而我大部分的联系都是在危急时刻通过与他母亲的交流而进行的。很多人尝试着直接地去帮助这个现在已经二十岁的男孩，但是他很快就会变得不合作。

这个男孩智商很高，而且所有他允许教他的老师都说，他可以成为格外优秀的演员、诗人、艺术家、音乐家，等等。他没在任何一个学校里面长期待过，仅仅通过自学就已经使得他保持领先于同龄人了，他在青春期的早期，通过辅导他朋友们的学校作业来与他们保持联系。

在潜伏期，他住院了并被诊断为精神分裂症。在住院期间，他承担起了对其他男孩的"治疗"，但却从不接受自己作为病人的角色。最终他逃离了医院，并且有很长一段时期没有上学。他会躺在床上听悲伤的音乐，或者把自己锁在屋子里，以便没人能接近他。他不断威胁说要自杀，其原因主要是与激烈的谈情说爱有关。偶尔，他会组织个派对，而派对会无限期地进行，并且有时候他还会破坏物品。

这个男孩和他的妈妈住在一个狭小的公寓里，而他始终让妈妈处于持续的担忧状态中，同时，没有任何有出路的可能性，因为他不会离开，他不愿意去学校或者医院，而且他也足够聪明地按照他想要做的去行事，同时他从不让自己变成罪犯，因此也使得自己免于受到法律的管制。

有好多次，我通过让这个妈妈与警察、缓刑服务和其他的社会服务取得联系来寻求帮助，而当最终他说他愿意去某个语言学校的时候，是我在"暗地里操纵"使得他这么做的。他在同龄人群体中被证实是大大领先的，而校长也因为他的杰出给予了他极大的鼓励。但是他却提前离开了那个学校，并且获得了一所好的表演学院的奖学金。此时，他觉得他有个形状不好看的鼻子，并且最终他说服了妈妈为他付了手术费，让一个整形科大夫把他向上翘的鼻子调整为挺直的鼻子。随后他又发现了他不能取得成功的其他原因，但他仍然不给任何人机会来帮助他。这一切仍在继续，目前他住在一家精神病医院的观察病房，但是他肯定会找到方法离开这里，并且会再次留在家里。

在这个男孩早期的经历中，找到了他性格障碍中的反社会那部分形成的线索。事实上，他是在不愉快地开始后很快失败的一段婚姻关系的产物，而且他的父亲在与妻子分开后很快就变成了一个偏执狂。这场婚姻很快就变成了一场悲剧，而且注定了失败的结局，因为男孩的妈妈结婚时还没能从她丧失非常热爱的未婚夫的悲痛中恢复过来，同时她还觉得，她的未婚夫是被她嫁给的这个男人，也就是成为男孩父亲的这个男人的粗心所杀害的。

这个男孩本可以在早期的年龄阶段得到帮助，或许是六岁，也就是他第一次见精神科医师的时候。他本可以引领着精神科医师来了解他被相对剥夺的素材，而且精神科医师本可以告知他母亲的个人问题，以及他母亲与他的关系中存在着矛盾的原因。但相反的是，这个男孩却被放在了精神病医院的病房中，从那时起，他便僵化成了一个性格障碍的个案，变成了一个强迫性地逗弄（tantalizes）他的妈妈、他的老师和他的朋友的人。

我没打算在这个简短的案例介绍中来描述一个接受精神分析治疗的个案。

仅仅通过管理而治疗的案例数不胜数，包括在被剥夺的时候，那些以这样或那样的方式被收养的儿童，或者被寄养出去的儿童，或者被带到像心理治疗机构和个人诊所那样的咨询室中的儿童。在这个类别里，描述一个个案可能会给人错误的印象。确实有必要的是请大家关注这样的事实，初期的性格障碍总是能被成功地治疗，尤其是在家庭中和在各种类型的社会团体中被治愈，更何况做心理治疗呢。

尽管如此，正是与为数不多的个案进行了密集的精神分析工作，为属于其他类型心理障碍的性格障碍问题的解决带来了曙光,而且正是不同国家的精神分析团队,为这个问题的理论陈述奠定了基础,并开始向其他专业性治疗团队解释,这些精神分析团队已经做过了什么,使得对性格障碍者的预防或治疗工作经常取得成功。

(唐婷婷 翻译)

20. 在你受理范围内的精神疾病[①](1963)

从20世纪初开始,把精神病学从停滞状态中解救出来的尝试与日俱增。把对精神疾病患者的照护和治疗从机械性的约束和阻止的方法转变为一种人性和人道的方法,一直就是精神科医师所面临的一个巨大任务。于是,就出现了动力心理学(dynamic psychology)在精神病学中的应用。关于精神疾病的心理学,恰恰是精神分析师和基于动力心理学而进行工作的那些人所感兴趣的内容,同时,这个工作范围也包含了许多社会工作者。我的任务是,在精神疾病与个体情绪发展阶段之间找到这种联接,今天我会平铺直叙,而不会停留在某一点上提供我这一主题细节方面的确实证据。

首先,我必须就精神科医师对精神障碍的分类学提醒一下大家。我会概括性地谈一下源自大脑躯体性异常的精神障碍,我们知道,大脑是一种电子装置(器官),心智依赖大脑进行功能运作。大脑这个电子装置可能在各种状态和方式中出现错误,其原因可能是遗传性的、先天性的,由于传染性疾病,因为肿瘤,或者由于诸如动脉硬化之类的退行性病变。另外,某些一般的躯体障碍也会影响这一电子装置,诸如黏液性水肿,以及与更年期相关的内分泌失调。尽管这些问题都很重要,但是为了直接讨论那些属于心理学方面的、心理动力学方面的和情绪不成熟方面的精神障碍,我们必须先搁置这些器质性方面的考虑。

我也不得不理所当然地认为你们具备以下知识:躯体疾病对精神状态的影响,以及躯体疾病的威胁性。罹患了癌症或者心脏疾病,肯定会影响一个人的精神状态。而此时此刻,只有关于这些影响的心理学才是我们所关注的对象。

那么,精神疾病分类学首先要包括以下三种类型:

---

① 在伦敦给社工协会(Association of Social Workers)做的演讲,并于1963年被社工协会发表于杂志《改变需要的新思考》(New Thinking for Changing Needs)。

(a) 伴有继发性精神障碍的大脑疾病。

(b) 影响精神状态的躯体性疾病。

(c) 真正的精神障碍,即并不是源自于大脑或其他躯体性疾病的精神障碍。

由此,我们开始把精神障碍分成了精神—神经症和精神病。你不能直接得出结论说,精神—神经症必然比精神病的严重程度更轻。在这一点上,术语"疾病"(ill)需要被检查一下。让我引用我的朋友 John Rickman 近期提出的定义来说明:"精神疾病(mental illness)的问题在于,你找不到任何一个能够忍受你的人。"换句话说,社会对于"疾病"这个术语的含义是有所贡献的,当然,某些精神—神经症患者也是极其难于相处和忍受的。然而,他们通常是无法确定的。这就表明了一种困难,我稍后将会谈到这一点。

健康就是情绪的成熟,是个体人的情绪成熟。精神—神经症与处于儿童学步期的个体状态有关,与积极或消极的家庭供养有关,与潜伏期运作于个体精神中张力的缓解抑或加剧的方式有关,与个体本能驱力在青春期各个阶段改变后的重组有关,也与抵抗个体幼儿期最终达成的蓝图所带来的焦虑的新的防御组织有关。

精神—神经症这个术语,被用来描述在俄狄浦斯情结阶段,也就是在体验到了三个完整的人之间的关系那个阶段开始生病的那些人所罹患的一类疾病。起源于这些关系的各种冲突,导致了一些防御性对策的产生,如果这些防御性对策以某种相对僵化的状态被组织起来的话,那么这就称得上是精神—神经症这个诊断了。这些防御已经被前人罗列过,并且清晰地陈述过。显然,从某种程度上,或许是极大程度上,这些防御的建立和变得固执的方式,取决于个体在其达成三角人际关系阶段之前的历史状态,而这一三角人际关系是指作为三个完整的人之间的关系。

现在,精神—神经症涉及压抑,以及被压抑的无意识,即无意识的某个特殊方面。然而,无意识通常是一个人自体最富饶区域的宝藏库,被压抑的无意识是个容器,其中(就精神的经济性来说付出了巨大的代价)容纳了那些无法忍受的东西,以及超出作为自体和个体经验中起调节作用的那部分个体能力所能应对的东西。无意识本身是有可能在梦中被触及的,同时无意识可能从根本上对人类个体的最重要的经验有所贡献;相比之下,被压抑的无意识则并不可以被自由地加以使用,而仅仅是作为一种威胁,或者是作为某种反向形成的来源而表现出来(例如,多愁善感表明了被压抑的恨)。所有这些都是动力心理学的素材资料。压抑(repression)属于精神—神经症的机制,正如人格的分裂属于精神病的机制一样。

精神—神经症性疾病确实可以表现得很严重。另外,因为被压抑的无意识实际上属于精神分析师的工作领域,所以这类疾病常常让社会工作者感到绝望。相比之下,正如我将要设法展示的那样,有一类被命名为精神病(psychosis),或者疯狂(madness)的疾病范围,为社会工作者提供了更多的工作余地,而这在一定程度上可能是因为此类精神障碍给予了精神分析师很少的工作余地,的确是这样,除非精神分析师在恰当的时刻走出他的角色,并且他们自己也成为一名社会工作者,否则他们与精神病患者可以工作的余地仍然不会有多少。(随着我的继续深入,这个主题会逐步地展开。)

正如我所说的那样,在精神—神经症当中,其中一个防御机制与退行有关系。我们发现,罹患这类疾病的人会放弃生殖器性欲,并且退作为完整的人之间的三角人际关系,并且也发现,他们会占据并停滞在人际关系的某个位置上,而这个位置属于在他们的人际关系事态发展中异性恋和同性恋发展阶段之前的生命发展位置。从某种程度上来说,这些使用了退行性防御的固着点,取决于个体在更早期发展阶段所经历过的好和坏的体验,当然也取决于与这些早期发展阶段有关的,并且相一致的好或坏的环境因素。

精神病(psychosis)可以被看作是这样一类疾病,即与更早期发展阶段中的体验有更多的关系,而不是与导致压抑性防御的人际关系水平的张力有关系。在极其严重的案例中,个体从来就没有经历过真正的俄狄浦斯情结,这是因为个体太过陷在更早期的发展阶段之中,以至于真正的、有血有肉的三角关系从未成为一种现实。

当然,你会找到一些案例,这些案例可以被用来说明,存在着常态的俄狄浦斯情结与陷在早期情绪发展阶段的精神病的一种混合状态。然而,我们不需要在此考虑这些混合型案例,在这里我们正在试着用一种简单方式,来陈述一种极端复杂的情况。

那么,精神—神经症属于那些围绕着相对正常人的各种焦虑和冲突而组织起来的各种防御,而这些相对正常的人,无论如何都是那些已经抵达了俄狄浦斯情结阶段的人。在精神分析的治疗中,分析师使得压抑的量减少变为可能,而且在治疗的最后,人际关系得以更充分地表达和体验,同时前性器期的性欲成分也减少了。

219 除了精神—神经症之外,所有其他的精神疾病,都属于在童年早期和婴儿期的人格构建问题,同时伴随着环境性供养在其促进个体成熟过程功能方面的失败或成功。换句话说,非精神—神经症的那些精神疾病对社会工作者而言是有价值的,因为社会工作与其说是关注个体的有组织性防御,还不如说是关注个体没能成功获得的自我—力量,或者没能达成的人格整合,而防御的形成需要这些发展成就。

现在，我可以更加快乐地返回到精神疾病类型的分类学上了，因为我认为我可能已经向你传递了这样一个理念，即疯狂（madness）属于你受理的范围，这就像是精神—神经症属于传统弗洛伊德学派分析师的受理范围一样。另外，疯狂与日常生活是有关联的。在疯狂者当中，我们没有发现压抑，而是发现了与人格构建和自体分化相反的过程。这才是疯狂的素材资料，也正是我主要试图描述的内容。在成熟过程（本身也是一种遗传）中的失败，当然通常是与病理学的遗传因素相关联的，但关键问题在于，这些失败与促进性环境的失败有着极大的关系。由于环境因素在疯狂（madness）的病原学中有着特殊的意义，你将会发现，正是因为这一点，社会工作者才得以介入。在这里，基本假设是，个体的心理健康在婴儿照护和儿童照顾的领域中被抑制了，而婴儿照护和儿童照顾二者都可以再次出现在社会工作者的个案工作之中。在精神—神经症的心理治疗中，由于这类疾病的本质是一类各种内在冲突（也就是，完整整合过的人格和"客体—关联性"自体内部冲突）的障碍，那么这些源自于婴儿照护和儿童照顾的现象，以被称之为移情性神经症的方式而出现。

那么，让我们回到我尝试在精神病学的分类学中建立的疾病类型，而不是精神—神经症。假如我可以使用两个极端的理念，把精神—神经症作为一个极端，而把精神分裂症作为另一个极端的话，那么从我所要陈述的角度来看就会更加简单。然而，我不能这么做，因为还有情感障碍（affective disorders）这类问题的存在。精神—神经症与精神分裂症之间的整个区域，完全被抑郁症这个术语所覆盖了。当我谈到两个极端之间区域的时候，我真正的意思是说，在这些障碍的病因学当中，抑郁症的起源点介于精神—神经症的起源点与精神分裂症的起源点之间。我的用意也是说，存在着很大程度的重叠，没有非常清晰的区分点，而且对于精神疾病来说，按照躯体医学中分类学的特征方式，把各种精神问题贴上各种障碍的标签，似乎它们就是某种疾病了，这种做法是极其错误的。（当然，这里我并没有包括脑部疾病这些伴随着继发性心理影响的真正躯体性疾病。）

抑郁症的组成是精神障碍中一个非常宽泛的概念。在精神分析的发展史中，就抑郁性疾病的心理学已经做了很多的阐述，并且也已经把抑郁与基本健康状态，也就是哀悼的能力和担忧的能力联系在了一起。因此，抑郁症的范围是从接近正常状态到接近精神病性状态都包含在内的。在接近正常状态这一端的抑郁症，是那些意味着个体是成熟的，并且意味着某种程度的自体整合性的抑郁性疾病。在这里，正如精神—神经症那样，更需要的是精神分析师，而不是社会工作者，但是有一件事情对于社会工作者来说是重要的,也就是,抑郁症的发病率有上升的趋势。在不做任何心理治疗的情况下,在允许抑郁症自行发展的基础上,社会工作者可以做大量的工作。这里所需要的是对个体进行评估,当一个人的过去经历可以证明他的人格整合度能够承受抑郁性疾病的压力时,那么在这种抑郁症的发展过程之中,某种类型的内在冲突正在进行修通。概括地说,这种抑郁性疾病中的冲突,与个体调节和适应他们自己的退行和摧毁性冲动的个人任务有关。当某个所爱之人死去时,哀悼过程属于个体内部的修通过程,而由于伴随着爱的摧毁性想法和冲动,个体便产生了对所爱之人的死亡负有个人责任的感受。接近正常状态这一端的抑郁症,基于这种在哀悼中更加明显的模式而形成,这与另外一端接近精神病状态的抑郁症相比较的区别在于,这一端的抑郁症有着很高程度的压抑,而且这种压抑过程要比哀悼的过程(从被压抑的意义上来说)发生在一个更加无意识的水平上。

从精神分析师的立场来看,这类抑郁症的心理治疗与精神—神经症的治疗并没有什么不同,除此之外,前者在移情中,最大功效的动力学在基于最初的婴儿与母亲之间的两人关系当中。在对抑郁症的治疗中,分析师的治疗性最重要的那个部分,就是他能够在一段时期中幸存下来,在这段时期中病人的摧毁性想法主导了整个治疗情境。我在这里再说一次,那些能够见证某个抑郁的人去经历整个抑郁症发展过程的社会工作者,正在做的心理治疗性工作,仅仅是通过他们作为一个人而继续存在,并幸存下来。

与这类反应性抑郁症同属一类的抑郁性疾病是与更年期有关的一些疾病,以及与建设性和创造性贡献机会缩减有关的其他类型的疾病。

221　在这种抑郁症分类中的另一个极端,就是精神病性抑郁,这类疾病有一些关联的特征与精神分裂症有联系。在精神病性抑郁症中,或许有某种程度的人格解体(去个性化),或许有某种程度的非真实性感受。此时,精神病性抑郁也与丧失有关,但是与反应性抑郁症的丧失相比较,这种丧失的特征具有一种更加模糊不清的性质,而且往往源自于个体发展中更加早期的阶段。例如,精神病性抑郁的丧失可能与嘴巴的某些方面有关,当分离发生在一个更早期的阶段时,也就是早于婴儿已达成的某种情绪发展阶段,这个达成的阶段指的是够提供婴儿处理丧失的装备之时,此时从婴儿的立场来看,嘴巴的某些方面丧失的同时也就失去了母亲和乳房。几个月之后,同样是母亲的丧失也将成为一种客体的丧失,而这将不是作为主体的某个部分的附加元素的丧失。

因此,把抑郁症的形式分为两种类型是必要的:反应性抑郁症和精神分裂性抑郁症。在精神分裂性抑郁症的一些极端案例中,其临床表现非常类似于精神分裂症,而实际上,在任何一种形式的精神疾病与其他形式的精神疾病之间可能并不存在清晰的分界线。同时,在个体疾病的发展过程中,任何疾病的混合类型和相互转化类型都一定是可以预期的。而相互转化类型常发生在同一个体的精神—神经症性表现与更多的精神病性疾病之间(例如,强迫性神经症崩溃后进入了激越型抑郁症的某一阶段,随后又恢复为强迫性神经症,等等)。精神疾病是一种不像肺结核,或者风湿热,或者坏血病那样的疾病。精神疾病是在个体的情绪发展阶段中介于成功和失败之间的一些妥协模式。因此,(精神)健康是情绪的成熟,是相应年龄阶段的情绪成熟;而精神不健康(mental ill-health)的背后总是存在着某种情绪性发展的停滞。走向成熟的倾向持续存在着,而正是这一走向成熟的倾向,在个体没有任何帮助可获得的情况下,它赋予了个体走向痊愈和自我疗愈的动力。如果能够提供一种促进性环境以恰好地调节和适应个人成熟阶段的即刻需求,那么正是这一走向成熟的倾向给了成熟过程能够赖以出现的支持。正是在这一点上,社会工作者可以开始以一种建设性的方式参与其中。事实上,社会工作者拥有着精神分析师无法使用的力量,因为精神分析师的工作被限定于解释移情性神经症中幼稚的意识元素,而这在精神—神经症的治疗中才是恰当的。

让我再次强调一下,精神疾病(mental illnesses)并非是躯体医学的疾病(diseases);精神疾病是在个体的不成熟与实际的社会反应之间的一些妥协形式,它们既是有帮助的,也是具有报复性的。从这个角度来看,即使病人的疾病基本保持不变,但精神不健康者的临床表现也会随着环境性态度的变化而变化;比如,一个十三岁的女孩在家里通过拒绝食物而正在走向死亡,但是在另一个环境中则是正常的,甚至是快乐的。

在接近精神分裂性抑郁症的终点,超越了精神分裂性抑郁症的精神疾病则是真正的精神分裂症。这里所要强调的是,关于人格构建的某些失败。我会把这些人格构建失败的形式列出来,但首先必须要澄清的是,即使那些非常严重的精神分裂症个案,它们在临床上也可能存在着一个人格功能正常运作的区域,以至于不够谨慎小心的治疗师可能会被欺骗。这种复杂情况将会被放在假自体这个术语之下进行讨论。

为了理解精神分裂症类型的疾病(schizophrenia-type illness),我们有必要检验一下情绪成熟性过程,因为正是成熟性过程在情绪发展的早期阶段承载和支持着婴儿和幼儿。在这个早期,当如此多的发展任务正在开始,却一个也没有完成的时候,我们用术语成熟和依赖来描述两种发展趋势。环境是必要的,同时逐渐变得没那么必要了,因此我们可以谈及双重依赖,正在转变为单纯的依赖。

环境并不会让婴儿成长,也无法决定婴儿成长的方向。当环境足够好的时候,它能够促进成熟性过程。为了让成熟过程发生,环境性供养会以一种极其微妙的方式调节自身,以便使其适应源自于成熟事实的不断变化着的需求。这种对不断变化着的需求的微妙适应只可能由一个人来提供,而且这是一个暂时没有其他心事需要贯注的人,也是一个能够"与婴儿发生认同"的人,以便使得婴儿的需求如同是通过一个自然过程而被觉察和满足一样。

在一种促进性环境中,婴儿这个人投入到完成各种各样的等级任务中去,其中有三个等级任务可以被描述为:

整合(integration);

个性化(personalization);

客体—关联(object-relating)。

整合很快变得复杂起来,而且过不了多久就涉及了时间的概念。整合的反转过程是瓦解(disintegration)的过程,而这通常是一个用来描述某种精神疾病的术语:人格的瓦解。相对程度比较轻的整合反转过程是分裂(splitting),而恰恰是"分裂"这个特征,描述了精神分裂症的特征,精神分裂症就是因此而得名的。

个性化通常是一个被用来描述某种成就的术语,即精神与躯体之间达成了某种紧密关系的成就。弗洛伊德说,自我本来就是建立在身体—功能运作(body-functioning)的基础之上的;自我本质上是一个身体—自我(body-ego)(也就是说,自我不是智力的问题)。在当下的语境中,我们正在审视这一成就,即在每个独特的个体身上存在着精神和躯体之间的结合。有时,精神—躯体疾病(psycho-somatic disease)差不多就是一种精神—躯体联接的应激状态,此时个体正在面临着精神—躯体结合被打断的危险;精神—躯体联结的打断会导致各种各样的临床状况,我们把这些临床征象命名为"人格解体"(去个性化,depersonalization)。此处,我们在依赖的婴儿中再次看到了发展的反转是一种状态,即我们认为这种状态是一种精神疾病,并称之为人格解体,或者隐藏在人格解体背后的是一种精神—躯体障碍。

如果我们去检验客体—关联,以及本能生命的话,我们会发现同样的事情。婴儿逐渐变得能够与一个客体联接,并且能够把客体的想法与对母亲整个人的知觉联合在一起。这种关联一个客体的能力仅仅是由于足够好的母性适应才会发展起来的;这方面的理论是复杂的,我已经尝试着在另一篇文章里(Winnicott,1951)阐述这种复杂性了。这种能力无法仅仅通过成熟过程而得到发展;母亲足够好的适应性是必备的条件,而且它一定要持续存在一段足够长的时期,另外,这种关联客体的能力也可能部分或者全部丧失。起初,关系是指与主观性客体的关系,而从主观性客体出发到发展和建立起关联到客观知觉性客体的能力是一段漫长的旅程,而这种客观知觉性客体是被允许单独存在的,这是一种超出个体全能控制的存在。

在这一领域发展的成功与一个人感受真实性的能力是紧密相连的;然而,这必须与在这个世界中感受到真实性和感受到世界是真实的观点一致。必须要承认的是,与精神分裂症患者相比而言,正常人是无法获得在这个世界的某种现实感受的,而精神分裂症患者的某种现实感受是在他们与主观性客体相联接的,一种绝对私密的世界中所感受到的。对于正常人来说,唯一可以产生这种现实性质感受的途径是在文化领域。与趋向于成熟性客体—关联相对立的过程是现实感丧失(现实解体,de-realization)和与(共享)现实联接的丧失,这里又一次出现了描述精神疾病的术语。

对这一切的补充,则是完整的精神疾病分类学,使抑郁症复杂化的偏执性和迫害性成分,一旦它们被纳入到人格内部,就会带来疑病症的状态。在这里不可能谈及对此的描述,因为偏执本身并不是一种精神疾病,但偏执是抑郁症或精神分裂症的一种并发症。在最后的分析中,使抑郁性疾病复杂化的迫害性成分的起源,会把病人和分析师带到还一直未被个体接纳的口欲期施虐性状态,同时其结果是形成了病人关于心身疾病性自体的想象性概念。然而,可能存在着偏执的某种更加深层次起源,这或许与单元自体(a unit self)的整合和建立有关系,这个单元自体就是:我是(I AM)。

在这里,就引入了真自体和假自体的概念。很有必要把这个概念引入进来,以便试着去理解在大多数精神分裂型疾病的案例中,所呈现出来的那些令人迷惑的临床现象。被呈现出来的是假自体,目的是用于适应个体环境中各个层面的期待。事实上,顺从性自体或假自体是我们在健康人当中称之为有礼貌的、健康人格的社会适应性方面的一种精神病理性版本。我在另一篇文章里(Winnicott,1952)描述了假自体的起源点,这与婴儿在关联到客体的过程中出现了母亲不那么足够好的适应有关联。

在这种病理性形式下,个体最终会毁灭假自体,并尝试着重新主张(reassert)真自体,尽管这可能与生活在这个世界中,或者与生活本身并不相容。精神崩溃常常是一种"健康的"信号,因为这意味着个体还有使用可获得环境的能力,目的是要重新建立一种基于真实感受的存在。自然而然地,这样的策略绝非总能成功,而我们发现一种顺从的,并且或许是有价值的假自体,通过拒绝每一个显而易见的益处来摧毁良好的前景,仅仅是为了获得一种真实感这一被隐藏起来的益处,这对社会而言是非常令人困惑的。

另一种类型的疾病,即精神变态(psychopathy),一定要描述一下。为了做到这一点,我们必须循着另外一种思路,并且有必要审视一下涉及依赖性的个体情绪成长。

以我陈述这些事情的方式,大家会观察到,对精神疾病而言,没什么地方是与发展的不成熟无关的,或许伴随着某种扭曲,这种扭曲是个体为了自我治愈的目的而使用环境的尝试。

就依赖而言,我们可以这么陈述,依赖有两个极端作为对照和一个中间区域。在一个极端,依赖需求被充分满足了,儿童达成了与完整的人之间的人际关系,并且是足够健康或成熟的,能够承受和处理各种冲突,而这些冲突都是个人的,并属于个体自己的精神现实,也就是说,这些冲突存在于个人的内在世界当中。

在这里发生的疾病被称作精神—神经症,并且是根据个人组织性防御的僵化程度来衡量的,这些防御是组织起来应对个人梦中的焦虑的手段。

在依赖的另一个极端,是住精神病院类型的精神疾病,即精神病,其病因学与环境的失败有关联,这种失败是指在双重依赖阶段没能成功地促进成熟过程。"双重依赖"(double dependence)这个术语意味着在那段时期,必要的供养是完全处于婴儿的知觉和理解能力范围之外的事情。失败在这里指的是处于一种匮乏状态(privation)。

在两个极端之间,是在成功之上的失败,就其本身而论,当失败发生之时,儿童可以知觉到是环境的失败。对这样的儿童而言,足够好的环境供养曾经是存在过的,但是随后被中止了。属于理所当然在足够好的环境下成长儿童的持续性生活(going-on-living)被替换为对环境失败的一种反应,而这种反应打断了持续性生活的感觉。对于这一种态势,我们称之为剥夺(deprivation)。

这就是反社会倾向的起源点,无论何时,当他们感到抱有希望的时候,就是开始吸引住儿童的时候,但此时儿童也会强迫性地参与反社会的获得,直到有人承认并尝试纠正环境的失败。在儿童过去的历史中,环境失败真的发生过,而且关于儿童基本需要的某种显著适应不良也真的存在过。具有讽刺意义的是,那些不得不向社会表述,并且反复表述这种要求和主张的儿童,我们却把他们称之为适应不良的儿童。

这种反社会倾向轻微的临床表现自然是非常普遍的,因为在某种程度上,父母通常肯定不能满足儿童哪怕是一些基本的需要；不过这些轻微的适应性障碍，会借由父母和儿童在家庭内部一起生活而得到修正。然而，把儿童击败（自我支持的失败）的更加严重的例子是，让儿童产生了反社会的倾向，并且导致发生了性格障碍和行为不良。当防御变得僵化而坚固，并且被彻底幻灭时，被这样的方式所影响的儿童，注定要变成精神病患者，而且会专门从事暴力或偷窃行为，或者两种兼而有之；另外，从事反社会行为的技能提供了继发性获益，结果则是儿童丧失了变得正常的驱力。但在许多案例中，如果治疗在较早阶段就介入，即在继发性获益让事情变得更复杂之前就介入，我们一直有可能发现，在儿童的反社会倾向表现中存在着某种向社会的呼救，呼吁社会环境承认所犯下的过失，并且呼吁社会为儿童重新构建一种环境，而这种环境正如在环境发生了不适应之前那样，儿童的冲动性行为再一次是更加安全而可被接受的。

精神病学的领域一直就被覆盖在这种心理方式中，依据个体的情绪发展理论，我有可能转到对精神疾病的描述上，以此作为对寻求帮助的回应。我们需要承认的是，有些案例是超出了治疗受理范围的。如果我们尽全力给予那些我们不能帮助的人以帮助，那么我们就可能会濒于枯竭。除此之外，我确实知道精神科医师和精神分析师持续不断地把这种案例转介给精神病学的社会工作者来照护，这没什么其他更好的理由，仅仅是因为他们自己对这些案例做不了什么工作。我也会这么做。这么做有什么意义呢？

好了，依我之见，为何你可能要接受你本来的位置，这是有原因的。首先，我想请大家注意 Clare Winnicott's(1962) 关于代理机构功能（agency function）的陈述。举例来说，你代表了精神健康法案（the Mental Health Act），或者是内政部（Home Office），或者是社会对这些被剥夺儿童的真诚的关心，实际上这确实会把你放在一个对每个案例而言都很独特的位置上。这会给到你特殊的工作范围，特别是对于那些并非是精神—神经症的精神疾病患者而言，以及对于那些展现出反社会倾向的早期案例而言，尤其如此。

就婴儿—照护而言，你的功能是合情合理的，是可以经得起检验的，这就是促进性环境，是对成熟过程的促进。整合在这种工作连接中是至关重要的，你的工作在很大程度上是在抵消着处于个体中和家庭中，以及当地社会团体中的那些瓦解性力量。

我认为每一个社会工作者都是治疗师，但又不是那种以作出正确且时机恰当的解释来阐述移情性神经症的心理治疗师。如果你喜欢做这种工作的话，那就去从事这份工作吧，不过你更重要的功能是某种类型的治疗，这常常是在对环境供养相对失败的纠正过程中,由父母所承担的工作。那么这样的父母做了什么呢?他们扩展了一些父母亲的功能,并且保持了一段时间,事实上一直保持到儿童使用并耗尽这些功能,并且准备好了从这种特殊照护中获得释放的时候。一旦对这种特别照护的需要已成为过去,那么特别照护就会变得令人厌烦了。

例如,认为个案工作是提供一个人类的篮子。来访者把他们所有的鸡蛋都放到这个篮子中,这个篮子就是你(和你的代理机构)。他们是在冒险,而他们首先一定要试探你,要看看你是否能够证明你的敏感性和可靠性,或者你是否具备能让他们重复过去创伤体验的能力。在某种意义上,你就是一只煎锅,你通过油煎过程上演向后倒退,以至于到最后你真的把煎鸡蛋恢复了原状。

婴儿照护几乎可以用抱持(holding)这个术语描述,抱持在一开始非常的简单,而随后稳步地变得极其复杂,之后抱持还一直持续着,还是完全一样,是一种抱持。换句话说,社会工作者的工作是建立在促进个体成熟过程的环境供养之基础上的。它是简单的,但同时又如环境供养一样复杂,因为这种环境供养很快就变为了婴儿—照护和儿童—照顾。它甚至会变得更加复杂,因为它继续这种供养来代替家庭照护和小社会单元的照护。它常常有它自己的目标,而不是指导个体的生活或者发展,但它能使得在个体内部工作的某种倾向成为可能,以便导致一种基于成长的自然演变。其实是情绪发展被延迟了,以及也许是被扭曲了,然而,在适当条件下,能够导致成长的力量此时也就导致了发展纠结的解放。

你所遇到的其中一个困境可能需要被拿出来单独作特别的考虑。我指的是那些出现了临床疾病的来访者,因为他们在你和你的照护中找到了那种可靠的环境,对于他们而言,那其实是一种邀请他们精神崩溃的环境。在行为不良(与剥夺有关的反社会倾向)的领域中,这意味着当来访者从你这里获得了自信,他们随之就会借用你的能力强有力地表现出偷窃或破坏的行为,这一切是由你的代理机构的功能所支持着的。在疯狂(精神病)的领域中,所发生的事情则是,你的来访者使用你的特别供养,目的是变得精神崩溃,或者变得失去控制,或者变得以某种属于婴儿时期的(退行到依赖期)方式进行依赖。这时候,来访者真的发疯了(go mad)。

在以上这种情形中,治愈的萌芽就出现了。这是一个需要你(治疗师)帮助的自我疗愈过程;而在一些案例中,这种办法是有效的。要不是你在设置中已经展现出,你有能力在一个有限的专业范围内提供供养,来访者的病情缓解是不可能的。尽管如此,你可能也会发现,我们很难区分开以下两种胡乱随意的(willy-nilly)精神崩溃:那些不能等待好的条件出现而进行的精神崩溃,以及那些只是不能维持已经获得,或似乎已经获得的整合和情绪成长成就而进行的精神崩溃。不过,通常情况下,对二者作出区分也不是不可能的。

你将会明白,为什么我先谈精神—神经症和被压抑的无意识。总的来说,压抑不能被环境性供养所缓解,无论多么有技巧和稳定的环境供养都无法缓解压抑。这时,就需要精神分析师了。

然而,更多的精神病性或疯狂的障碍的形成都与环境性供养的失败有关,而且通过新的环境性供养,他们是可以被治疗的,有时候可以被成功地治愈,这可能就是你要做的精神病学社会工作,个案工作。你会发现,那些在你的工作中你自己所提供的东西,可以通过以下的方式来描述:

> 你把你自身应用于个案。
>
> 你逐渐认识到作为你的来访者会有什么样的感受。
>
> 在你职责的有限范围内,你变得可靠起来。
>
> 你的自我行事体现出专业化。
>
> 你把你自己与来访者的问题关联起来。
>
> 你接纳被来访者在其生命中作为一个主观性客体的位置,与此同时,你仍然保持脚踏实地(保持你的现实性)。
>
> 你接纳爱,甚至是陷入爱的状态中,你不退缩,也不把你的内在反应付诸行动。
>
> 你接纳恨,并且用自我力量而不是报复来满足来访者对恨的需求。
>
> 你能容忍你的来访者表现出没有逻辑、不可靠、怀疑、混乱、不负责任、无聊、卑鄙,等等,等等,并且把所有这些令人不愉快的事情看作是来访者痛苦的症状。(在你私人生活中,同样是这些情况会让你对此保持疏远。)
>
> 当你的来访者发疯了、瓦解了、穿着睡衣跑到了大街上、尝试自杀行为,并且或许自杀了的时候,你并不恐惧,你也不会被罪疚感击倒。如果有谋杀威胁到了你的生命安全,你一定会打电话向警察求助,这样做不仅仅是在帮助你自己,也是在帮助来访者。在所有这些紧急情况中,你认识到这些都是来访者在向你求助,或者是他们在绝望地哭泣,因为他们感到失去了获得帮助的希望。

在所有这些方面,在有限的职业范围里,你是一个深深地卷入了各种情感感受的人,然而同时,你还能保持住一种分离的能力,因为你知道,你对于来访者患病的事实是没有责任的,而且你也知道,你能改变危机情况的力量也是有限的。如果你能抱持住这种情况,很有可能危机就会自行缓解,随后他们就会因为你而达成某种发展性成就。

(唐婷婷　翻译)

21. 由婴儿成熟过程谈精神障碍①(1963)

我的目标是遵循弗洛伊德一般论点中的主要趋势,也就是,为了精神—神经症的病因学,我们必须要着重于俄狄浦斯情结,因此,我们必须着重于属于幼儿学步时期(toddler age)的三个人之间的人际关系。我确实非常相信这个理论。我基于这个理论已经工作四十年了,而且我相信,也如绝大多数精神分析师相信的那样,精神分析性技术的培训应该在能够被经典精神分析技术治疗的那些相关案例中完成,也就是说,技术的设计要精确到这样的地步:对精神—神经症的分析。

作为分析师学员的督导师,当实习分析师做了一个好案例的时候,我们发现我们自己做的也是最好的,确实是这样,好的分析只能在一个好的案例中完成。假如案例是一个不好的(精神—神经症病人),我们就不能辨别,学生在学习我们手艺的基本技术的努力中,他们究竟是学得好还是学得不好。

可获得案例的各种类型

然而,我们都知道,在我们的临床实践工作中,一旦我们拥有了分析师的资格,我们就不太可能把我们的临床工作只限制在为精神—神经症病人提供分析的范围之内了。从一开始,随着我们工作开展得越来越深入和越来越彻底,我们在我们治疗的精神—神经症病人中发现了精神病性(我可以使用这个术语吗?)成分。向前跳跃到我的论点,我们的精神—神经症病人的前性器期固着(pregenital fixations)有时候结果证明它们原本就待在那里,不单单是由于属于俄狄浦斯情结本身的焦虑而在防御中所组织的退行现象。

---

① 本文是1963年10月,在Pennsylvania医院的研究所为费城精神病学协会所作的Dorothy Head纪念演讲。

在一开始，我们总是不能作出一个正确的诊断。一些反应性抑郁最后的结果要比我们开始预想的更加严重；特别是歇斯底里，随着分析的继续进行，它们最终也倾向于表现出精神病性特征。而且还有一个十分现实的棘手难题是假性人格（as-if personality）——我个人称之为假自体（False Self），这个假自体对外界表现得很好，但是我们的治疗一定要绕到其背后而识破它，并触及曾经被否定过的那些崩溃物（the breakdown）。在这些假自体的案例中，我们的治疗会使那些在社会上成功的病人进入疾病状态，有时候我们必须要把他们留在疾病状态中一段时间；谁知道，如果没有我们的治疗，他们会不会变得更糟糕——也许他们会自杀，或许他们会变得更加成功，但有一点是确定无疑的，即他们将会对自己和世界越来越感到不真实。于是，作为心理治疗师也会碰上这样的事情，我们被邀请真诚地治疗精神病性病人，而我们可能会把他们作为研究性案例来接受他们。但是，我们能做什么呢？我们能对这些精神病性病人使用（经典）精神分析的技术吗？

精神分析技术的扩展应用

如果我们能接受精神障碍病因学理论中的一个变化，我个人相信我们能够这样做。我们将不一定能产生治愈的结果，但是至少我们将能够感到我们正在为病人做着实实在在的工作。

深化解释性工作

假如我要以一种简短陈述的方式提出我的观点，那么就存在着一个比较大的复杂问题需要我来克服，这个问题就是，由于对心理机制知识的了解和应用越来越多，使用经典技术是有可能把治疗性工作做得越来越深入的。我将只是简短地谈论一下关于精神分析工作的这种扩展，但是在此我并不想解释我的意思是什么。

通过精确地选择精神—神经症案例，无论以什么方式和什么时机，当病人进入移情性神经症的时候，只要去解释矛盾两价性冲突，那么经典精神分析就能够被完成。（现实的情况是，这种典型神经症类型的案例越来越少了，至少在英国是这样的，因为似乎看起来，好像这种类型的病人靠他们自己通过阅读和通过吸收普遍的文化趋势，诸如公开表达的小说、戏剧，以及对古典绘画的现代再评价等文化形式，他们自己就已经完成了这个工作(Shakespeare,Leonardo da Vinci,Beethoven,etc. etc.)。

那么,我们轮到谈谈对于抑郁症的分析了。由于诊断了抑郁症,我们理所当然就承认了病人已经达成了自我组织结构和力量。抑郁症的分析涉及对内射(introjection)这个心理机制的理解和内在精神现实的理论,(在病人的幻想中)定位于腹部或头部,或者定位于某种方式或者自体内部的其他地方。丧失的客体被吸收进入了这些内在地方,并遭受着恨,一直到恨被消耗殆尽;然后,从哀悼或抑郁症中恢复就发生了,这是哀悼中的一种自发性恢复,通常也是反应性抑郁症中的一种自发性恢复。这种理论的扩展导入到了实践中的发展,而这种发展起源于对内在世界现象的研究。抑郁症的最后阶段可能是,以一块黑色排泄物的通畅排泄而出现的,或者是通过外科手术移除了一个肿块而出现的,或者是在一些梦的形式中以一种象征性形式达到了这个目的而出现的。

位于内部的个人精神现实

抑郁症和疑病症的精神分析于是便导致了基于整个躯体功能运作之研究的理论性扩展,这些躯体功能运作包括内脏的大肠,以及内射和投射都变成了心理机制,这些机制都起源于吸收和排泄的想象性精细加工。

在这里,弗洛伊德,Abraham和克莱茵为临床实践中的分析师打开了一个新的世界。分析的技术并没有受到影响。

分析师现在被卷入了一类不仅仅是针对恨和攻击的研究,而且还有针对这些情感在病人的内在精神现实中所产生结果的研究。这些情感结果可能被贴上标签称之为良好的元素和迫害性元素,而在这个不容易接近的内在世界中,这些元素需要得到管理,而事实上心境抑郁变成了一个临床特征,其表明了对全部内在现象的一种暂时性的烟雾遮蔽;而从抑郁状态的恢复变成了一种小心翼翼的和精心控制的烟雾升起,在这种情况下,充满内心世界的那些良性和迫害性元素能够被容许安全地会面和争辩。

投射和内射机制

现在,解释性工作的一个新领域被开放了,其原因是内在精神现实和外在(或共享)现实中的各种元素的相互交换。这就形成了个体对世界的关系的一个重要方面,而且不得不承认，这个方面与以本我—功能运作（id-functioning）为基础的客体关系相比较，有同样的重要性。

此外，在疑病症与各种迫害性因素的妄想之间的临床替代性选择，变成了一个容易控制的概念，代表了同样的事情被内射和投射的各种形式，换句话说，试图去控制个体的个人内在世界中无法控制的迫害性元素。

从这里起，分析师如果被限制在经典技术之内，只能发现他们对良性和迫害性内在因素起源的解释方法，即它们的起源决定于各自的本能需求方面满足和不满足的体验。

关联到客体

以同样的方式，分析师在他对个体关联到客体的解释中走得更加深入。存在着此类关联客体的原始性面向，这些原始性面向包括客体的分裂，以便可以回避掉矛盾两价性，以及还有人格本身的分裂来配合客体的分裂。同样地，使本能驱力与部分客体的关联，或者除了部分客体之外，那些不能被构想出来的东西导致了未经加工过的报复性恐惧感，这种恐惧会使个体从关联到客体的状态中撤离。所有这些事情都能够在分析性材料中被看到，特别是当病人正在应对精神病性材料的时候，以及病人是一个"边缘性"案例的时候。

假如病人已经对这一类的解释准备好了的话，我们必须要设法把全部这些事情纳入到一个人能理解的范围之内，使用经典精神分析性技术，以便可以作出解释。

病人自我的状态

在我所展示的这个阶段，作为一个临床医师，你可能正在感受到某种张力。我希望你是这样的，因为这是有原因的，试述如下。

此时此刻，问题确实出现了：什么状态是病人的自我？在那里依赖于自我—支持的是什么东西？分析师如何知道智力达到了什么程度——而不是感受到——由这类解释在特定时刻才能激发出反应来？如果解释是不能被理解的，那么，无论是什么原因，病人都会感受到绝望，并感受到被攻击、被摧毁，甚至被湮灭了。

从这里开始，我们才能转入对自我心理学的研究，转入对自我—结构和自我—力量，或自我功能的僵化和灵活，以及对自我—依赖的评估。

处于照护中的婴儿

有可能在边缘性个案的分析中，我们能够在某种程度上做一些所谓的越来越"深入"的解释，但是，在这样做的情况下，我们正在变得越来越远离作为一个婴儿病人的事态了。因为，婴儿就是处于照护中的一个婴儿，一个依赖性存在，一开始还是绝对依赖的；要讨论一个婴儿，但同时又不去讨论婴儿—照护和母亲，这是不可能的事情。

婴儿—照护和心理健康

这就直接导向了我的论题，那就是，我认为当我们在婴儿期早期（也就是，处于照护中的婴儿，处于绝对依赖期）与更加原始性精神障碍之间作出直接的联接时，我们遵循了弗洛伊德的宗旨，而这些原始性精神障碍都属于精神分裂症这一类障碍之下的疾病分类。精神分裂症病人的病因学没有把我们带回到俄狄浦斯情结阶段（在发展中，这个阶段还从来没有恰当地和完整地达成过），却把我们带回到了二元关系（two-body relationship）的位置，这是位于父亲或其他第三者出现之前，婴儿与母亲的关系阶段。

事实上，我们探索到了婴儿关联到部分—客体（part-objects）的生命发展阶段，并且此阶段的婴儿是依赖的，但他们还没有能力知道自己是依赖的。关于摆脱了精神病性疾病的个体心理健康之路，正是在婴儿成长和婴儿—照护的极早期阶段，经由婴儿和母亲一起铺下的。

婴儿期的自我

在婴儿出生后头几周和几个月的婴儿情绪成长（在后期阶段被巩固）中，究竟发生了什么主要的事情？

主要发生了以下三件事情：

整合，

个性化，

与客体相关联。

婴儿的自我非常地强壮,但是之所以强壮,是由于足够好的母亲提供了她自己的自我—支持,足够好的母亲能够把她自己的整个自体,投入到去适应婴儿各种需求的养育活动中,并随着婴儿需要她适应越来越少的亲近而逐渐地离开这个位置。没有母亲的这个自我—支持,婴儿的自我就不能成形、就是虚弱的,非常容易被瓦解,以及不能沿着成熟过程的发展线而发展和成长。

精神障碍的实质

精神疾病通常被用这样的语言来描述,即其表明了在病人试图建立这些和其他婴儿期位置的某一部分发生了特定的失败。人格变得"瓦解",病人"丧失了把精神安住在身体中的能力",和丧失了接受他们的皮肤—边界的能力,以及病人变得"不能关联客体"。他们在与环境的关系中"感到不真实",以及他们"感到环境是不真实的"。

问题在于:精神病学家在多大程度上可以认为这样的陈述是公平的?即,他们正在处理的精神障碍,准确地说是每一个健康婴儿的生命特征性成就的相对失败。

我个人观点的来源

我这种考虑发展的方式源自于几类经验的汇总。对于我这部分经验,我作为一个儿科医师已经有过很多的机会去观察婴儿和他们的母亲,并且特别要强调的是,我已经获得了无数个母亲对她们婴儿生命方式的早期阶段的描述,而这些描述都是母亲在脱离与婴儿亲密接触之前所做的。(如果我还有时间的话,我将会与早产儿进行工作,但这显然是不可能了。)然后,我已经做过个人分析,这种分析把我带回到了我自己婴儿期已经忘记了的领域。紧随着的就是我接受了精神分析的训练,以及我的基础训练个案把我带到了展现在病人梦和症状中早期婴儿的心理机制中。儿童分析给了我从儿童角度看待婴儿期的观点。

然后,我碰到了对结果证明是边缘性人格的病人进行分析的情况,或者我分析的病人最后结果是与他们心智中疯狂的部分相遇并改变了它们。恰恰是与边缘性病人一起工作,一直把我(无论是我喜欢还是不喜欢它)带到了早期人类的环境,在这里,我的意思是说个体的早期生命,而不是说最早期婴儿的心智机制。

临床例证

〔周一治疗的特征,是在我正报告案例讨论会之前的一次治疗中,我的一个年轻女性病人拎着一大包日用杂货就来了。她已经发现我的咨询室隔壁有一个食品杂货商店,她对这些日用杂货非常满意。在她声称她自己贪婪的移情中,她逐渐发现了与我的关系,这是一种自然而然的发展。她曾经甚至说,来做分析就是来吃一顿饭。在报告她的神经性厌食症之前,她花了很长时间为此准备,而她的神经性厌食症是和对真正的好烹调和好服务的一餐饭的极端力比多化(libidinization)相交替出现的。〕

在周二的治疗中,X女士躺在长椅上,跟往常一样,用一块小毛毯从脖颈到脚趾头覆盖住自己的身体,她面向着我侧身躺着。(在与她的分析中,我坐在躺椅的一侧,但与躺椅的垫子处于同一水平。)什么也没有发生。她没有感到焦虑,我也没有感到焦虑。我以一种不连贯的方式谈论了一些事情,但没有发展出任何谈话主题。在治疗快要结束时,X女士很满足地走了,并且她很享受这次治疗。

在分析过程中,这是伴随着非常稳定性发展的一次分析,而且我绝不会感到茫然,尽管我不知道,而且也不可能知道,在这次治疗中究竟发生了什么事情。

在接下来的一天,即周三的治疗中,X女士像往常一样用小毯子盖住自己的身体,只是这一次她谈了很多话,有一半话是对似乎没有什么材料供分析而表达抱歉。我们对跳马比赛(horse-jumping)运动有一个交谈,因为碰巧了,我们两个人分别看了同一场跳马比赛的电视实况转播。我自然地参与了这个谈话,不知道发生了什么事情。她说,英国人仅仅是让马自由跳跃,而当跳跃障碍物成功的时候,由于经常能够成功,只说明了这是一匹非常好的马。另一方面,德国人精于算计,包括计算马在每一次跳跃障碍物之前要跑多少步。最后浮现出来的话题是,在跳马比赛中最让她印象深刻的是驯马。

现在,我在这里竖起了我的耳朵,因为我知道X女士曾经获益于精神分析师的训练。她曾经与一个人做了几年治疗,最后发现这个人根本未接受过精神分析师的训练,在冒险进行第二次分析之前,她做了大量的调查,最后选择我做了她的第二个治疗师。我发现她对我相当地了解,一旦她决定与我做分析,她等候了相当长的时间,而没有再去找其他任何人。

所以,现在的全部治疗时间是四十五分钟,关键工作在最后的几分钟之内完成,这与平常她在治疗中表现的一样。

现在,她报告了一个关于画家的梦,一个星期前她告诉了我这个画家的工作。他的画作确实非常好,而且他还没有被公认。在梦里,她去买了一幅画,也许是她在原作展览上看到的其中一幅,但是,他现在已经画了许多幅了,并且做了一些改变。他的原作画与儿童作的那些画很相像。但是,所有后来画的画都被估价过,而且都很精致,艺术家甚至可能不记得原画了。她甚至描绘了其中一幅,但他回忆不起来了。

当我说这个梦还在继续谈论跳马比赛技术、训练的事情和自发性丧失的主题时,她立刻明白了这个梦确实就是那样,而且她感到很高兴。她已经精细加工了这个主题。这是一个早期承诺和实用性技术最后导致了一种成品的主题。

这就打开了昨天治疗的全部想法,即她继续所说的主题一直是重要的和确实是关键的。在当天晚上,她一直在思考这个主题,而现在她回忆起来了。这就是在治疗中所发生的事情。

在之前的分析中,她曾经很快就达到过她今天与我在这次分析中所达到的位置。然而,之前的那个治疗师并不能让事情按照本来面目发展。例如,当她安静地躺下来的时候,那个治疗师可能会告诉她要端坐起来,或者他可能使用一些其他的技术程序,而她很快就失去了与她内心中已经开启了的过程的关联。她花了好几年的时间才认识到,恰恰是那个治疗师的技术并不能适合她自己这种类型的个案,她最终发现那个治疗师并不是一个受过训练的分析师。而且,如果他是一个受过训练的分析师,那么他可能也不会一直满足她的那些精神病性病人的需求(尽管事实上她并不是与许多精神分裂症病人病得一样严重,她一直知道,且承认,并设法去寻求帮助)。

在昨天安静的治疗中,她已经到达了这个位置,并通过了一个内在的困境。一方面,她终归会如释重负地发现,她与我的分析开始也是很好的,但也会失败;发现这将也是坏的,而且治疗将会在自杀行为中结束,但是,那就是她从体验中所知道的内容,她能够变得麻木了,并主动回避这些她所期待的体验中的痛苦。甚至,她能够通过在这里提前知道真相而体验到了力量。

在治疗中发生了这样的事情:她开始知道了分析并不是在通常的方式中走向失败,而且也知道了她将会走在前面,并承担着所有的风险,以及容许各种感受发展出来,然后也许要遭受和经历深刻的痛苦。通过这种方式,她发现了这次周二的治疗是非常令人满意的一次治疗,而且她感激涕零。

因为她有了特别的领悟,她现在继续做着她有时候做和能做到的事情,而且在对恐惧的特点是瓦解（disintegration）的病人的治疗中分析师所起的作用方面，她给予了我一个有用的提示和启发。她指出了，这种类型的病人绝对需要分析师是无所不能（全能）的。在这一点上，他们与精神—神经症患者是不一样的。他们需要分析师知道并告诉他们，他们在恐惧什么。其实他们自己一直以来是知道的，但是，关键的事情是分析师必须要知道，并且需要分析师把他们所恐惧的事情说出来。病人可能会说和做一些事情，来推迟分析师的觉察和理解的时机，为的是更进一步地测试分析师在不被告知的情况下能看到和理解病人问题要点的能力。

同时，我们增加一些解释，分析师必须要接管的恰恰是病人自己的无所不能和无所不知的需求，以便病人可以减轻崩溃感和碎裂感，并且能够体验到更加严重程度的瓦解或湮灭感。

作为一个推论，精神分裂性病人（schizoid patient）是很容易上当受骗的人。任何一个人都可以站出来，作为一个冒牌的医生，一个信仰——治疗师，一个野蛮的分析师——他（或她）只能说：我知道你像什么和我能治愈你，而且病人一定会轻信这些话。这是第一个阶段，而说这些话的人可能完全没有受过训练，事实上有可能就是个无知的傻瓜，或者就是一个江湖医生。然后，就到了测试阶段，这个阶段病人就会又一次被幻灭了，并且撤回到了又一次绝望的状态，病人对这种绝望状态是那么的熟悉，以至于它几乎是非常受病人欢迎的。为了让病人顺利通过第二个阶段，分析师必须要接受训练，或者必须掌握一种结构性理论，拥有成熟的人格，以及拥有对病人和治疗稳定的态度。有一些分析师可能不喜欢他们工作的这个面向，因为这里最不提倡的就是聪明。

接下来一天周四的治疗，X女士迟到了一刻钟，这在她以往的分析中是非常罕见的现象。汽车没能准时到达，但X女士说这不是一个令人满意的解释，因为她已经梦到了今天的治疗她迟到了。这时我解释道，有些事情已经变化了，所以在她与我和分析的关系中现在表现出了矛盾两价性。她表示同意我的解释，并说道，事实上她特别急切地想来做治疗，因为她对最近几天的分析确实感到非常的高兴。显然，一定有其他的一些因素与她想来做治疗的愿望相对抗着。

在治疗中所发生的事情是预先对各种困难进行新的陈述。这将终归会发现，她可能是极度贪婪的。我们讨论了这个问题，并且我解释道，这意味着在她的胃口欲望中存在着一个强迫性元素。（我们已经对此工作过了。）当她达到了全力对我提出要求，并且要我负所有责任的时候，我要把握住对她所知道内容的分析是很困难的。在这里偷窃终于出现了,在周一那天的治疗中,我记得,她借走了一本书。

另一方面,我指出了这一点,通过给予了我分析师在分裂样病人的分析工作中一个有用的提示和启发,她昨天在分析中已经立刻付讫了。

我们有了足够的可获得的材料,这些材料与吃掉分析师有关系(隔壁的食品杂货店,等),而且我对我没有解释在这些早期阶段中的口欲施虐而感到很高兴,因为明显的解释(现在变得可以接受了)是来自具有反社会倾向的强迫性贪婪。这其实与剥夺有关系。

依赖的婴儿

为了重新构建(reformulating)婴儿期的经验,我发现我必须要以依赖为依据来谈及,而事实上,我现在对所有关于早期心理机制的陈述有所质疑,因为这些所谓的早期机制并没有考虑到,婴儿其实从一开始就卷入到母亲的行为和态度中了。

遗传的倾向

这就把我带到了对婴儿早期的陈述。在婴儿期,成长过程属于婴儿,而且是各种遗传倾向的总和,这就包括了成熟的过程(maturational process)。成熟的过程只是对处于促进性环境(facilitating environment)中的个体婴儿起作用。对促进性环境的研究几乎与对个体成熟过程的研究从一开始就具有同等的重要性。成熟过程的特征是一种朝向整合(integration)的驱力,这种整合最终意味着随着婴儿的成长一些事情变得越来越复杂。促进性环境的特征是一种适应(adaptation),一开始几乎是百分之百的适应,在一种等级的剂量中依照婴儿新的发展需求逐渐朝向去适应(de-adaptation),这种新的发展需求是婴儿朝向独立的逐渐变化的那些部分。

当促进性环境是足够好(这总是意味着,有一个首先献身于婴儿—照护工作的母亲,逐渐地,而且只能是逐渐地,重新确定自己作为一个独立的人)的时候,那么成熟过程本身就会发生变化和发展。其结果就是,婴儿人格达成了某种程度的整合,首先是在自我—功能(母亲的适应)的保护下,然后适时地,基于婴儿自己的能力就会出现越来越多的发展性成就。

正如我曾经说过的,在生命早期的几周、几个月、几年期间,婴儿也变得有能力关联客体了,婴儿的精神(灵魂)能够安住在他们自己的身体和身体功能运作中了,然后婴儿体验到了一种"我是"(I AM)的感觉,为迎接之后的所有来客做好了准备。

个体基于成熟过程的这些发展构成了心理健康。如果我们想要理解精神分裂症性类型的人格紊乱的话,我们必须要注意的恰恰是上述这些成熟过程的相反或逆转的情形。

技术的改良

接下来我要叙述的重要事情是,当我们正在治疗的个案是边缘性案例的时候,我们需要对技术进行改良。因为治疗的基础是经典技术,所以在精神—神经症的精神分析中理所当然的事情就变成了技术改良的基石。

在精神分析中,设置是理所当然的。分析师自己必须要守规矩,让他们自己在每次的分析当中始终关注病人的兴趣,除了专注于移情性神经症各种细节的本质特征之外,忽略掉所有事情。分析师要相信病人,而且当存在欺骗的时候,分析师要相信病人有着为什么要欺骗分析师的动机。

当精神—神经症性病人涉及这些事情的时候,分析师知道他们正在分析性设置中查找早已经在过去体验过的那些可靠元素。精神—神经症病人有能力相信基于体验的分析,而他们的怀疑源自于他们的矛盾两价性(ambivalences)。

在这里一直所说的精神—神经症的一切对于抑郁症而言也是正确的,除非这些抑郁症个案有精神分裂样特征被包含在内。

当一位精神分析师正在与精神分裂样的病人(可以称之为精神分析,或者不称之为精神分析)工作时,那些富有洞察力的解释就变得不太重要了,而且对自我—适应性设置(ego-adaptive setting)的维护就很有必要了。这种设置的可靠性就是一种直接的原始性体验,而不是在分析师的技术使用中能够记得起来和重新活现的一些东西。

依赖的风险

依赖呈现出一种形式,这种形式非常像处于母婴关系中的婴儿那样,在治疗中,病人可能需要花很长时间才能到达依赖的位置,因为病人必定要进行无数次的测试,之所以这么长时间的测试,那是因为病人在之前的(依赖)体验中变得非常的谨慎和机警。我们可以很好地理解，对于病人来说，处在依赖状态是一件非常痛苦和可怕的事情，除非一个人实际上就是一个婴儿，而且必须要退行到依赖状态的风险确实是非常大的。相比之下，分析师死掉的风险还不如以下这件事情的风险那么大，即分析师会突然就不能相信病人的原始性焦虑的现实性和急迫性，而这种原始性焦虑是一种对瓦解的恐惧，或者对湮灭的恐惧，或者对永无止境坠落的恐惧。

抱持功能

你会发现，分析师正在抱持着病人，而这通常采取了一种在言语中传递的形式，在恰当的时机发生的某些事情显示了分析师知道并理解最深层的焦虑，而这种焦虑是正在被体验着的，或者是正在等待着被体验的。间或抱持必须采取一种躯体的形式，但我认为这仅仅是因为在分析师的理解中存在着一个延迟，而这个理解可以被分析师用来言语化正在发生的事情。有时候你身边带着一个耳朵有问题的孩子，抚慰的言语是没有用的。也许有时候精神病性病人需要躯体性保持，但最终将会是理解和共情，因为这些是必需的。

技术的对比

对于精神—神经症个案，分析师必须要解释爱和恨，因为它们出现在了移情性神经症中，而这就意味着把正在发生着的事情带回到了病人的童年期。这就涉及了病人与客体的关联。

对于抑郁症个案，分析师必须要在病人伴随着爱的攻击中幸存。反应性抑郁症（reactive depression）非常像精神—神经症，也需要解释移情。但是，抑郁症还需要分析师有能力幸存下来，这就会给病人提供足够的时间，让他们对自己内在现实中的各种元素进行重新装配（reassemble the elements），因此他们的内在分析师也幸存下来了。这是一种能够被做到的工作，因为抑郁症意味着自我—力量，而我们所说的抑郁症这个诊断意味着，我们认为：如果给定的时间足够，病人能够应对罪疚和矛盾两价性，并且能够接纳个人攻击性驱力，而不至于发生人格的碎裂（disruption of the personality）。

在对精神分裂性病人（*schizoid* persons）的治疗中，分析师需要知道关于根据所呈现出材料可能作出解释的所有情况,但是,他必须要有能力节制住自己想去做解释性工作的欲望和冲动,因为在这种情况下作出解释是不合适的,而此时病人的主要需求是不那么聪明的自我—支持,或者是抱持。这种"抱持"(holding),就像是在婴儿—照护中母亲的工作一样,要不言而喻地承认和认可病人想要瓦解,停止存在和永远坠落的倾向。

适应和本我—驱力的满足

在这里产生误解的根源是这样的理念(有些分析师具有的):在对精神分裂性病人的治疗中和在婴儿—照护中,"适应的需要"(adaptation to need)就意味着去满足各种本我—驱力(id-drives)。在这种设置中,满足本我—驱力还是挫折本我—驱力其实都不是问题。更重要的是还要有其他事情发生才行,而这些事情的本质就是要给予病人的自我处理过程以自我—支持。只有在自我能力充足的情况下,本我—驱力,无论是被满足还是被挫折,都会变成个体的经验。

总结

构成精神分裂症性精神疾病的过程是早期婴儿成熟的过程,但是,是向相反方向的过程。

(赵丞智　翻译)

22. 青少年住院补充性照护密集心理治疗[①] (1963)

青春期(Adolescence)是健康成长中的一个阶段,意味着一个人要成年了。青春期包含了个体的青春发育期(puberty)这个阶段。青春期还包含了少男和少女的社会化(socialization)阶段。在这里,术语"社会化"(socialization)并不意味着顺应(adaptation)和随大流(conformity)。在健康状态下,个体变成了一个成熟的成年人,这就意味着他们不需要牺牲太多的个人冲动,就能够与父母——形象(parent-figures)和社会的某些方面发生认同,或者他们自己在本质上没有反社会的需要。在健康的状态下,少男和少女变得有能力负责任了,而且变得有能力帮助去维持、修改,甚或完全改变上一代遗留的风格和模式。作为成年人,他们最终必然会向下一代传递遗留的风格和模式,这就是人类永恒的历史长河。

因此,青春期是每一个少男和少女成长过程中所要经历的一个阶段。在我们的理论思考和实践工作中,我们必须要把这一点牢记在心中,特别是当我们在处理其他问题的时候:那些碰巧发生在青春期或年轻成年人年龄组的少男和少女所罹患的精神疾病。

青春期概况

青春期本身是一段暴风骤雨的时期。在这个时期中,抗争混合着依赖,甚至有时候是极端的依赖,这就使青春期的景象看起来似乎是疯狂和混乱糟糕的。父母们,那些急需孩子跨越这个阶段的父母们,发现他们在面对自己的角色时感到很困惑。他们

[①] 1963年10月美国马萨诸塞州贝尔蒙市麦克林医院(The McLean Hospital)的康复大楼正式开业之际,举行了"个体和社区:当代视角下的康复"临床研讨会,本文是在这个临床专题研讨会上所作的演讲之一。

可能会发现他们自己为孩子付出了金钱，而他们的孩子却在嘲笑他们。或者，他们可能会发现他们自己必然会被孩子当做无用的人，因为青少年往往是去找他们的阿姨和叔叔们，甚至是陌生人寻求友谊和建议。在那些有成员缺席或患疾病的家庭中，社会的某些方面一定会接管家庭功能。另外，这是一种复杂的情况，因为青少年已经拥有了可自由支配的成年人的力量和技能。一位男孩，在他四岁时曾苦苦挣扎于俄狄浦斯冲突中，他梦到了他的父亲死去了，但现在他已经十四岁了，已经拥有了杀死自己的能力。现在，自杀就是一个问题。他能获得一些药物。一位女孩，在其四岁时与她的母亲认同了，并且也嫉妒她妈妈的怀孕能力，她梦到了有人在夜间进入了自己的房间偷窃，或梦到她的妈妈死了。现在，她已经十四岁了，能够怀孕了，或者她能够去卖淫了。青春期女孩可以怀孕，尽管她还没有发展到为她所爱的人生一个孩子的阶段，或者她还没有发展到有能力献身去照顾婴儿的阶段。尽管你可能不需要这样的提醒，但是这些现象仅仅是在提醒你，青春期本身是这个世界中很不容易的事情(参见 Winnicott, 1962)。

如果我们同意，青春期男孩有其攻击性驱力的特殊问题(以及女孩也间接地有这个问题)，那么我们也将会同意，这个问题随着发展会像热核物理学反应那样向着恶化的方向变化。我们绝大多数人都相信，不会存在局部战争，因为任何战争都会变成全面战争，而全面战争是不堪设想的。在这里，我们不得不就战争本身赋予的杀人执照功能，对战争的"价值"进行评估。我把"价值"放在引号中，因为我猜想任何一个人都憎恨战争，并祈求和平；但是，作为精神病学家或社会心理学家，我们被迫要去衡量永久和平对社区的精神健康所产生的效应。永久和平理念的效应对除了情绪成熟之外的任何事情都会产生一种严重的紧张感，而情绪成熟是一种相当罕见的成就。一般来说，青春期能够把它的全部攻击聚集于竞争性或危险性运动中吗？社会不会对那些危险的运动进行压制，并且使这种不体面的甚至是反社会的运动变得平静吗？我们还不知道这个宽泛问题的答案是什么，但是，我们确实知道，一场局部战争及其带来的全部巨大灾难，过去常常对个体紧张感的缓解起到积极的作用，能够使偏执狂保持他们的潜在能力，并且能够使那些在和平占优势的情境中并不能总是感到真实的人们获得一种真实感。特别是那些男孩子们，当轻松平静的生活带来去个性化(depersonalization)的威胁时，暴力行为会使他们感受到真实的存在。

你们可能会坚持认为这些都是青少年发展过程中固有的问题，你们也可能会发现去说明这些重要问题的方式，如果这些问题仍然属于发展中的困难，那么孩子自己的家庭就能够解决它们。你们的机构在某种程度上有组织地代替了家庭的功能,这通常就足以令人满意了,但还是不能完全地承受住在很长一段时期内照顾一个有病的家庭成员所带来的特殊张力和负担。

继续我对青少年概况的描述,为了简洁的缘故,我武断地规定:对于青少年只有一种治愈方法,那就是随着时光的流逝,等待青少年成长进入成年状态。当青少年似乎在遭受着精神疾病的时候,我们一定不能尝试去治疗他们。我使用了一个短语"青春期忧郁"(adolescent doldrums)来描述,在岁月中的那几年,每个个体除了等待和在不能意识到发生了什么的情况下继续等待之外,没有别的出路。在"青春期忧郁"阶段,孩子们不知道他们是同性恋者、异性恋者,还是自恋者。他们还没有确立身份,也还没有确定的生活方式,因此他们还不能塑造未来,也不能弄清楚为了毕业考试而努力学习的意义何在。他们还没有能力在不丧失自己个人身份认同的情况下去向自己父母的形象认同。

还有,青少年有着一种虚假解决问题的方法,即强烈的不宽容和不妥协。如果作为成年人的我们不提供虚假的解决问题的方法,那么我们就对青少年的发展有所贡献了,但是,如果我们提供了虚假的方法,那么相反,我们就会遇到局部的挑战,就要处理由这些挑战而产生的青少年的紧急需要。我们期待青少年目中无人的独立与退行到依赖的情况交替出现,此时我们必须坚持住,为争取时间而拖延,而不是为他们提供转移注意力和治愈的方法。

青春期的疾病

自然地,我们会发现在青少年这个发展阶段中的全部心理障碍:

真正的精神—神经症。

歇斯底里,伴随着隐藏在不远处却有可能产生混乱的精神病,但这种精神病从来也不会清晰地表现为疯狂。

情感性精神障碍,其基础是抑郁症。包括:

躁狂性—抑郁性摆荡。

躁狂性防御(对抑郁症的否认或否定)。

兴奋性、偏执性和疑病性并发症。

假自体人格,在各种考试期间有崩溃的威胁。

精神分裂样群组障碍。这组障碍包含了一般成熟过程和整合的崩解。临床征象包括与现实联接的丧失,去个性化(人格解体),分裂,以及身份认同感的丧失。

我们发现我们自己正在处理这些心理障碍,而患有这些障碍的病人是正处在成长的青春发育期,并且已经到达了青春期的青少年。很难从这个正常发展阶段中分辨出哪些是疾病状态;也很难知道这些个案是否需要为他们提供照护性和管理性治疗,或者心理治疗。粗略地说,我们向那些对治疗有需求的病人提供心理治疗,或者为那些在帮助下很容易就理解心理治疗是有意义的病人提供心理治疗;此时,我们要密切注意那些机构性照顾或特殊精神照护变得很有必要的时刻,这必然是因为治疗已经使病人到达了一个位置,在这个位置上崩溃变得具有了建设性。对于那些没有领悟力的青少年病人,我们要设法提供照顾或精神照护,并期望他们最终能够表现出退行的现象;而我们可以等待为一些个案增加心理治疗的机会出现。

如果在这种新型的医院病房中,我们的治疗意图是促进照护和心理治疗的互动,那么这就正好会为病人准确地提供了他们真正所需要的东西,并且也真正地会为他们提供那些很难提供的东西。为什么说是很难的呢？简单地说:不仅仅是因为那些做照护的人员和做治疗的人员会变得彼此相互嫉妒,双方都看不到对方的价值,而且还因为一些病人很容易就在这两组专业人员之间培养出分裂来。这种现象通常都会由病人父母之间的张力反映出来,而我们在这种置换的形式中看到了病人(在无意识的幻想系统中)对允许父母结合在一起的恐惧。

我们对那些患有各种各样这类障碍的少男和少女的管理或照护可以说的内容有很多。让我挑选一件想特别提及的事情。那就是青少年将会出现自杀行为。管理委员会(Management Committees)必须要学习,让他们自己对青少年的自杀行为和逃学行为有所认识和宽容,以及对青少年偶尔表现出的如同凶杀者一般的疯狂性爆发行为和对某些事情的摧毁及破窗行为有所认识和宽容。被这些人为灾难所威胁到的精神病学医师们,对他们所负责照护的其他剩下的社区也无法尽其所能了。同样的情况也适用于被反社会倾向的病人所困扰的精神病学专家们。当然,对现实的摧毁是没有什么帮助的,而预防现实摧毁或自杀行为正是我们的工作目标;但是,真正需要的是对人类精神障碍发生的预防,而对人类行为进行机械性约束是没有什么价值的。这就意味着,将会出现预防的失败,因为人类对于他们自己能做什么和愿意做什么是有局限性的。

你们也许已经注意到了,我一直没有考虑我那初步的分类学,这是一个重要的分类组,我称之为"反社会倾向",这可能会导致少男和少女出现行为不良,以及最终会变成反复犯罪者(惯犯)。

"反社会倾向"是一个有用的术语,因为它把这个类型的精神障碍与正常态联接在一起,与事实真相的开端,即对剥夺的反应,联接在一起。这一反社会倾向可能会变成某种毫无益处的强迫性冲动,于是我们就会给孩子贴上行为不良的标签。

这一类心理障碍并不能归到精神—神经症和情感性障碍的分类中,也不能归入精神分裂症这一分类中;这恰恰是一类很容易与青少年固有的成长综合征相关联的心理障碍。特殊的管理问题属于这个领域中的工作。我不能在这里展开这个主题,但主题思想是在儿童中的反社会倾向代表了一种与剥夺性创伤的修复相关的(无意识)希望(Winnicott, 1956)。

成熟过程与病理性过程的相互作用

现在,我要谈谈摆在我们所有从事预防和治疗工作的人员面前的巨大困难。在个体成长的这个阶段,要想做出健康和正常的诊断,以及要想从中区分出精神病性障碍,确实是一件非常困难的事情。青春期改变了精神病性疾病的形态。

这里有二十个青少年。他们有着孤立的人格,但他们松散地组织在一起,因为他们有着共同的兴趣:流行音乐,扭腰舞,爵士乐,某种穿着方式,某种设法回避则不诚实的忧郁状态。在任何团体的边缘位置,都会有一个企图自杀的抑郁性男孩或女孩。现在整个团体都显示出了一种抑郁的心境,而且都会"跟随"那个企图自杀的成员。另一个团体成员无缘无故地打破了一扇玻璃窗户。现在,所有团体成员又会跟随这个打破玻璃窗户的成员。另一个团体成员,连同一些附近的人,闯入了商店,偷拿了一些香烟,或者做了一些违法的事情。此时,所有的团体成员又会跟随着这个违法者。

然而,我们可以说,总的来说,组成这个团体的男孩和女孩都将会安然度过危机,而不会发生自杀行为,不会发生谋杀行为,不会出现暴力行为,也不会有偷窃行为。

换句话说,对我而言,那些处在忧郁阶段的青少年,似乎在使用那些位于团体边缘位置的患病个体,来使他们自己潜在的症状有机会转变为现实。现在让我举一个例子来说明一下诊断和管理的问题。

一个男孩个案的记录

我想说的是一位男孩子的个案，他在八岁的时候首次被转诊给我。在这个年龄阶段，有可能会看到他有一种有组织的委屈或不满的感受，这种感受可以追溯到他童年早期管理的阶段，并且与他母亲长期患有的严重精神疾病有关系。他在那个阶段也尝试过治疗，但治疗没有成功，部分原因是由于其母亲的疾病。这个男孩子在其十五岁的时候又一次被送到我这里。在这个年龄阶段的咨询中，他能够给我一个与他的暴力性攻击相关的关键性线索。事实上，他一直处于企图杀死他父亲的危险中。对这个孩子的启蒙来自于一种梦的形式，而他用一幅绘画呈现了这个梦。这幅绘画表现了他的一只手伸向了他女朋友的一只手。在梦中，这两只手之间是一个玻璃做的屏障。他所恐惧的暴力与企图突破他与现实世界之间的屏障有关系，这个屏障变得越真实，他的本能就越是被卷入到客体—关联中去。

我把这位男孩子转介给了一位同行，这位同行掌管着一家精神病院，他认可我对这个孩子所作出的精神分裂症的诊断。这个孩子在医院受到了很好的对待和处理，不久他就能够适应融入社区的生活了。一个值得注意的事情是，他临时找到了一个收容所而远离了他妈妈的严重精神疾病。毋庸置疑，这个孩子所发生的快速变化主要是由于他发现了一个替代性的家，然而这个替代性家并不能长期持续存在。不久之后，他便被安置在精神病院，他能够切断他与其特别女友的联接，而他是极度依赖那个女友的。在他进入医院之前，他常常被发现在与他女友长时间谈话之后会哭泣，电话和电线代表着在梦中他自己和女孩之间一样的玻璃屏障。由于他与女孩之间的这些事实，他能够感受到他那非常强烈的爱和依赖。他一直需要这个女孩来代替他那患病的妈妈。在他放弃了对这个女朋友的依赖之后，他的情况有所改善了，而且他变得更加容易与团体中的其他成员和全体职员相处了。

这里举出了关于这个男孩子的案例，似乎他在这个演讲中这一时刻被送入这家医院①是很贴切的。这恰恰说明了治疗工作的困难性。在医院中，这个男孩能够使用极好的职业治疗和艺术治疗部门的治疗。他安顿下来便在雕塑和绘画方面进入了一种

---

① 美国马萨诸塞州贝尔蒙市麦克林医院。

非常具有创造性和原创性的状态。他所做的每一件作品都具有非凡的意义。所以，当精神病性和接近精神病性的病人能够在康复中心的某个部门从事原创性工作时，通常证明他们是能够有深刻回报的。麻烦在于这个男孩进步和改善得太快了，以及他是那么地享受他与这个世界所建立的新关系，而这个世界是他在这个小社区中形成的，所以医生便改变了对他的诊断。现在，他们诊断他是歇斯底里，并且有些反社会倾向，认为他的家庭环境这一外在因素是他患病的主要原因。因此，这个男孩就被允许出院了，但在出院之前医生还没给他找到一所好学校，在这样的学校这个男孩的所有困难都应当是可以坦白地与校长进行沟通的。然而，在进入新学校几个月之后，这个男孩又开始表现出了一些症状，因此他又被送去了医院；这一次他变得具有暴力和破坏行为，而且不能安顿下来进行创作了。现在他又符合精神分裂症的诊断了；他很快就从学校退学了，现在他的父母正在设法通过安排他进行无期限周游世界的旅行，来处理这种困难情境，以期望等他旅行结束返回家庭的时候，他将会摆脱困境而长大成人。到那个时候，他当然可能会陷入更加严重的困境和障碍中，甚或可能会做出伤害其他人的行为。

我用这个治疗不成功的个案来例证这样的事实，即成功的康复部门能够改变病人的临床征象，并且似乎也能够让病人获得康复，其结果是病人不再符合其原初诊断。你们和这里的治疗部门将会意识到这些危险，而且也不会轻易就被欺骗了。例如，你们将不会被杰出的艺术作品所欺骗，那些艺术作品确实意味着病人的潜在健康，但它们并不代表精神健康本身。

总结

一些青春期的特征一直被勾勒性地描述着，而这些特征与处在青春发育期患有精神病性疾病孩子们的症状学之间的关系也一直被讨论着。我给出了一个案例，举例说明了一些困难，这些困难属于对这个年龄组病人管理方面的困难，也属于康复机构的供养方面的困难，而这些康复机构都是由今天参加这个会议的人员正式开创和运作的。

（赵丞智　翻译）

23. 婴儿照护,儿童照顾和精神分析设置中的依赖①(1963)

对于依赖(dependence)这个理念并没什么新的发现,它不是发生在个体生命的早期,就是出现在精神分析性治疗刚开始时所发展出的移情力量当中。我感到可能需要时不时重申的是,这两种依赖情况之间的关系。

我无须引用弗洛伊德的话。病人对分析师的依赖常常是大家已知的,并且是完全被公认的事情,例如,这种情况表现于,分析师不太愿意在一个月或两个月的夏日长假期间,接待一位新病人。分析师无疑是害怕病人对中断会见的反应将可能涉及心理深处的变化,而这些变化还没能来得及在分析中探讨。我将就这一主题的发展作为讨论的开始。

有个年轻的女病人,不得不在我可以与她开始工作之前等待上几个月,而随后我只能一周见她一次;然后,只是当我由于出国需要离开一个月的时候,我开始为她提供每天一次的治疗。她对分析的反应是积极的,进展也很迅速,而且我发现这个独立的年轻女性,在她的梦里,变得极其依赖。在其中一个梦中,她梦到有一只乌龟,但是它的壳很软,以至于这个动物是没有防卫能力的,也因此必然会遭受痛苦。所以,在这个梦里,她为了让这只乌龟免于即将到来的难以忍受的痛苦,便杀死了它。这只乌龟其实就是她自己,同时这个梦也表明了她有自杀倾向,而她来做治疗的目的也是为了治愈这种倾向。

麻烦的是,她还没有时间在分析中处理她对我将要离开的反应,因此她便做了这个自杀的梦,随后尽管用一种隐蔽的方式,她在临床上表现出了躯体性疾病。在我离开之前,我刚好有了点时间,但仅仅能够使她感受到在躯体反应与我的即将离开之间,

---

① 本文 1962 年 10 月在波士顿精神分析协会的会议上宣读,首次发表于《美国精神分析杂志》44,pp. 339-44。

有着某种关联。我的即将离开,重新激活了她自己婴儿时期的某些创伤性发作片段,或一系列的发作性片段。用某种语言来说,就仿佛我曾经抱持着她,随后我又变得全神贯注于一些其他的事情,以至于她感受到被湮灭了。这是她自己对此的解释。通过杀死她自己,在她感到依赖和脆弱的时刻,她将会获得对自己被湮灭的控制。在她健康的自体和身体中,有着她想活下去的全部强烈的渴望,同时她也一直携带着她的整个生命记忆中,曾经在某些时刻所怀有的完全想死去的渴望;那么现在,躯体疾病就犹如这种完全想死去的渴望在身体器官上的定位一样。一直到我能够向她解释发生了什么之前,她对此都感到很无助,而自那个解释之后,她便感到了有所轻松和宽慰,并且才变得能够让我离开了。另外,她的躯体疾病也变得不那么有威胁了,并且开始恢复健康,当然部分原因也是由于得到了适当的治疗。

如果需要解释一下的话,这可能表明了低估移情性依赖的危险性。令人惊奇的事情是,一个解释可以带来改变,而我们只能假设,用一个深入的方式去理解,并且在正确的时机作出解释,是一种可靠的适应性形式。例如,在这个案例中,病人变得能够应对我的缺席,因为(在某一水平上)她感觉到了,现在她没有被湮灭掉,而是以某种积极的方式被一种现实保留而存在着,这种现实就是她成为了我所关心的客体。在稍后的某个时候,在更加完全的依赖中,言语性解释将会是不充分的,或者可能是会被免掉的。

你可能已经观察到了,从这样一个分析中的片段开始,我可以从以下两个方向中的任何一个进入分析。其中一个方向会把我们带向针对丧失反应的分析,而这也是在精神分析训练中我们所学习的主要部分。另一个方向会把我们带向我希望在本文中讨论的内容。后者的方向把我带向了在我们当中所拥有的理解,这些理解使我们认识到,我们必须要避免在刚刚开始一个分析之后就离开病人。这是一种对病人自我脆弱性的觉察,即对自我力量对立面的觉察。我们用不计其数的方法去满足病人的需要,因为我们知道病人的感受是怎样的,或多或少我们可以在自己身上找到与病人相当的那些部分。我们自身所拥有的那些可以投射的东西,其实在病人身上是可以找到的。所有这一切都静默无声地进行着,而病人通常对我们做得好的那部分一直是不知道的,但是对事情出错时我们所起的作用这个部分却变得有所觉察。恰恰是当我们在这些方面失败的时候,病人就会对这种事件的不可预测性产生反应,并且会在他持续存在的连续性中遭受一次打断。我特别希望在这篇论文的后面部分,在讨论 Zetzel(1956)在日内瓦大会的文章时,继续谈一谈这个观点。

我的总体目标是,把精神分析性移情中的依赖,与婴儿及儿童发展和照护的各个阶段中的依赖联系起来。你将会发现,我正在被牵扯进试图去评估外在因素价值的事情当中。我可以被允许这么做,而同时不被认为是回到了过去四十多年精神分析在儿童精神病学中所代表的立场吗?精神分析代表的是个人因素,其机制涉及了个体情绪发展,导致个体防御组织的各种内在张力和应激,以及把精神—神经症性疾病作为精神内在紧张证据的观点,而精神内在紧张是基于各种威胁个体自我的本我驱力的。但是正是在此处,我们返回到了自我脆弱性的阶段,也就因此返回到了依赖的阶段。

　很容易就能明白,为什么精神分析师一直都不太情愿去描绘环境性因素的作用呢?因为那些想要忽略或者否认精神内在张力重要性的人,他们在儿童精神病学中主要强调的就是坏的外部因素是造成儿童疾病的原因,这一点一直是很明确的事实。然而,如今精神分析已经稳稳地建立了,而我们也有能力去检验无论是好的,还是坏的外部因素了。

　如果我们能接纳依赖的观点,那么我们其实已经开始检验外在因素了,而实际上,当我们谈到分析师必须被训练的时候,我们正是在谈正统的精神分析训练所必需的,恰恰就是一个外部的因素,也就是说要有足够好的分析师。这一切是不证自明的事实,然而我仍然发现有那么一些人,他们要么就是从不提及这一外部因素,似乎它真的很重要,要么就是总在谈论这个外部因素,而忽略了过程发展中的内部因素。正如Zetzel在最近一次研讨会中谈到的那样:首先,弗洛伊德认为所有的神经症性病人在童年时期都有过性创伤,而且随后他发现他们都曾有过愿望。然而,之后的几十年间,许多的精神分析论文却认为并不存在类似真实的性创伤那样的东西。如今,我们也不得不考虑到这种情况。

　在对外部因素仔细和谨慎的检验中,迄今为止,我努力把分析师的人格、认同病人的能力、技术贮备等等,与儿童照护的各种各样的细节联系在一起,然后,以一种更加具体的方式关联到一种特殊状态,即贯穿于怀孕的后期阶段和婴儿生命的第一个月这一短暂的时空里,母亲是处于这种特殊状态中的(可能父亲也是如此,但是他很少有机会来展示这一点)。

　正如我们所知的精神分析那样,它完全不像儿童照护。实际上,那些向他们的孩子解释无意识的父母必定会经历磨难。但是在我正在提及的我们作为分析师的这一部分工作之中,没有一样不与婴儿或儿童的照护相关联着。

　在我们的这一部分工作中,我们实际上可以从以下情况中学习到要做什么:为人父母、一直为人子女、观察养育小婴儿的母亲或怀孕的母亲,把父母的失败与之后患病儿童的临床状态联系起来。虽然我们知道精神—神经症性疾病并非由父母所致,我们也知道,没有足够好的父母或母亲的照护,儿童的心理健康是无法建立起来的。我们还知道,与某种矫正性环境体验并不能直接治愈病人一样,坏的环境也不会直接导致不健康的人格结构。我会在本文的最后再次谈到这一点。

现在,我想重新回到讨论我的那个临床材料的片段。在分析的早期阶段,这个病人在她梦的材料中,曾一度以脆弱和时常受到伤害的生物来象征她自己,而现在她已经梦到了有着柔软外壳的乌龟①。你可能已经注意到了,这就表明了病人要走退行到依赖这条道路的情况势必会发生。这个病人曾经在某个分析师那里,沿着常规精神分析的线路被分析了好几年,一旦在分析中病人的退行现象威胁到了要见诸行动的地步,而且涉及了对分析师的依赖,那么那个分析师就不允许她退行。因此,她对整个分析进程中的这个部分太过熟悉和有所准备了,尽管她当然也需要和其他人一样,能够从日复一日或分分秒秒间的治疗中得到非常恰当的常规性解释。

如果我稍稍进一步阐述这个分析性片段中的解释性问题,我认为我可以展现出这两件事情是如何互相交织在一起的:精神内在机制和依赖,这显然就会涉及环境及其行为。

在这个案例中,我有很多材料来解释病人对我离开的反应,解释依据是一种口欲期的施虐,其源自于被愤怒强化了的爱,而这种愤怒是针对我的愤怒,以及针对她生命中那些曾经离她而去的所有其他人的愤怒,包括让她断奶的母亲。我完全可以根据病人告诉我的情况来权衡和调整而进行解释,不过那样我就成了一个作出了好解释的坏分析师了。由于分析性材料一直呈现给我的方式,我本应当是一个坏分析师。在我们的分析性工作中,我们始终在评估和再评估病人的自我力量。分析性材料一直以一种表明病人知道,她可以信任我不会去唐突地使用这种信任的方式呈现着。她对所有的药物、所有的疾病,以及轻微的批评都是高度敏感的,而我应当预料到,她对我在估量她的自我力量时所犯的任何错误也会是非常敏感的。在她人格中的某些核心部分非常容易地就感受到湮灭的威胁;当然,临床上她变得坚强,且极其独立,防御良好,同时伴随着徒劳无用感和存在的不真实感。

实际上,她的自我功能无力容纳和调节任何强烈的情绪。憎恨、兴奋、恐惧——每

---

① 顺便说一下,她也可能会梦见自己是一匹必定被射中的马,或者可能会梦见被踢出一架飞机。

一种情绪都像外来物体一样,不加区别地被分离而单独存在着,而且所有情绪都太容易逐渐变得集中并局限于某个身体器官,使得这个器官发生痉挛,并同时通过对其生理功能的歪曲而倾向于摧毁它自身。

做退行性和依赖性梦的原因,主要与她发现了我没有使用全部临床材料来进行解释有关,但我却把呈现出的每一个材料都储备在记忆中了,并且等待在合适的时机使用它们,同时我对自己目前为迎接她即将到来的依赖所做的准备而感到满意。对病人来说,这个依赖性阶段将是非常痛苦的,而且她也知道这一点,同时也会伴随着自杀的风险,但是,正如她所说的那样,除此之外别无他法。这就存在着另外一种可能的途径,假如她的分析师无法满足她的依赖性需求,以至于退行变成了一种治疗性体验,那么她就会崩溃而进入到心身疾病的状态,这将会产生大量的对照护性养育的需求,那就不能产生真正具有影响的洞见或精神照护。分析师需要知道的是,为何病人宁可杀死他们自己,也不愿意活在被湮灭的威胁中。

通过用这样的方式来考虑这一部分的材料,我们达到了一个点,在这一点上我们可以同时进行正在讨论的精神分析和对依赖性需求的满足。与每次治疗的一般内容相关的一系列"好的"解释,将会引起病人的愤怒或兴奋,而这种做法对于帮助这个病人处理这些极其强烈的情绪体验显然是不可能的。因此,从我所呈现出的这种"去解释与不成熟分离相关的那些事情"这一分析性程序的意义来看,这种"好的"解释可能是有害的。

在一次治疗性谈话过程中,我们计划着未来,并讨论她所患疾病的本质,以及继续治疗必然会面临的危险,我说:①"那么,现在是你自己的疾病,而我们可以看出身体的疾病暗藏着对我离开的极端反应,尽管你对这种情况还无法达到一种直接的感觉性意识。因此,你可以说是我造成了你的疾病,这正如当你还是个婴儿时,是其他人造成了你的疾病,而你是可以感觉到愤怒的。"她说:"可是我并不愤怒啊。"(实际上,现在她把我放在了一个理想化的位置上,而且倾向于找到一个治疗她身体的医生作为那个迫害者。)于是我说:"其实出路就在那里,为你的恨意和愤怒敞开大门吧,但是,似乎愤怒却拒绝沿着这条道路消失掉。"

病人告诉我,引起非常迅速而不随意地朝向依赖发展的主要原因是这样的做法,我容许事情顺其自然,并且想看看每时每刻将会发生什么。实际上,这种模式一直是,

---

① 我显然是被她呈现材料的方法的智力水平影响了。

她每次治疗的开始几乎就像是一次社交性访问。她会躺下来，并展现出她对她自己和她周遭环境非常清晰的理智性觉察。我参与了这一全部过程，并且有许多的沉默。在每次治疗临近结束的时候，她会非常出乎意外地想起一个梦来，随后她会得到我对这个梦的解释。她用这种方式所呈现的梦并非是晦涩难懂的，而梦中的阻抗通常存在于先前四十五分钟的治疗性材料中，而且那些材料并不能很好地被解释。能够一直被梦到、被记住，以及被呈现出来的这些表现，都仍然是在具有一定的自我力量和自我结构功能范围之内的事情。

因此，这个病人在一定的阶段之内将会对我非常地依赖；希望就在于，为了她的缘故，也为了我的缘故，这种依赖将会被保持在移情的范围之内，以及被保持在分析性设置和每次治疗的范围之内。但是，我们是如何预先知晓这种情况的呢？我们是如何能够针对我们所关心的进行必要的评估，从而作出这种程度的诊断呢？

就儿童照护来说，我想通过着眼于儿童宠爱阶段（the phases of spoiling），来举例说明自我功能的退行。在这个阶段中，父母会发现孩子时不时地需要父母的宠爱，也就是说，健康的父母是不会因为他们自己的焦虑而去宠爱他们的孩子的。这样的宠爱阶段，会促使许多孩子在没有任何医生或儿童辅导诊所的帮助下顺利地过这个发展阶段。我们很难给出一个听起来就很寻常的个案，而当父母照顾他们自己孩子的时候，其实在家庭生活中这些事情都是很普遍的经历。儿童发展中有一段时间里面，或许会是几个小时，几天或者几周，在一种特殊的情景之中，儿童会被当作比他们实际上真正的年龄更小的孩子来对待。有时，当儿童撞自己的头或者割破自己手指的时候，这种事情就发生了；他瞬间就从四岁的孩子变回到了两岁，并且尖叫着，同时把头埋在妈妈怀里安慰自己。随后用不了多久，或者是睡醒一觉之后，他又再次长大了，甚至表现得比他自己的实际年龄更成熟。

这里有一个两岁的男孩（Winnicott, 1963）。在他二十个月大的时候，母亲又怀孕了且感到非常焦虑，这时男孩对母亲的焦虑有着很严重的反应。在怀孕期间变得极其焦虑是这个母亲模式的一部分。这个男孩子停止了使用盆碗之类的容器，而且也停止了使用言语，同时他向前发展的进程也被阻滞了。当新婴儿出生时，他对新婴儿没有敌意，但是他想要如同新婴儿一样让母亲为他洗澡。在母亲哺乳新婴儿时，他开始吮吸拇指，而他在这之前并没有过这个特征。他特别要求父母迁就他，需要睡在父母的床上好几个月。他的说话功能也被延迟了。

父母用一种令人满意的方式满足了他所有这些变化和要求，但是邻居却说他们是在溺爱这个男孩。最终,男孩从他的退行或退缩的状态中脱离了出来,而父母在孩子八岁的时候终于完成了对他的宠爱阶段,那是在他经历了从父母那里偷钱的阶段之后①。

据我所知,在儿童精神病学中,这是一个常见类型的个案,尤其是在私人执业中,经常会看到孩子因为表现出一些症状就被父母带来就诊,其实这些症状在儿童咨询中可能被认为是无足轻重的。在我的儿童精神病学取向中,已经认识到类似的个案不会立刻让人想到需要精神分析,这已经成为了很重要的一部分;有专家认为应该支持这些父母去管理他们孩子的幼稚和无知。当然,当父母正在对患病的儿童进行心理照护的时候,有些专家可能应该在其位置上提供精神分析性帮助;但是如果不能提供父母亲的供养来满足心理照护的需求,那么通过精神分析来治疗这类个案就会是一件可怕的事情。没有父母亲的心理照护,精神分析师做精神分析的时候一定会发现,病人不但会梦想着被分析师照料和进入分析师的家庭里面,而且事实上他们也需要被分析师接纳。

这种情况的必然结果就是,当对儿童进行传统精神分析成功的时候,分析师就要承认儿童父母的家庭、亲戚关系、帮助者和朋友等人在治疗中起到了将近一半的作用。我们无须公开承认这一切,但是当我们构建理论的时候,我们需要对病人的这些依赖问题持以一种诚实的态度。

现在我要谈到更早期的母婴关系。关于这个问题已经有人写了大量的文章了。我希望能引起你们对这个部分的注意,即在生命最初婴儿极大程度的依赖阶段中,母亲所起的作用。尽管我相信读者是能充分意识到这些问题的,我仍然希望再次仔细复习这些有争议的主题,以便使这些主题可以被探讨。

在这里,我想引用 Zetzel(1956)写的文章。我不需要列举所有线索,来对移情这个非常有价值的现代概念的理解进行回顾了。我只想摘取她在自己文章里谈到我的工作的一些段落。她写道:"其他分析师,例如温尼科特医师,认为精神病(psychosis)的主要原因在于严重的创伤性体验,特别是发生在婴儿早期的剥夺(deprivation)。根据这个观点,在治疗的移情情景中,意义深远的退行现象提供了一个再次满足原始性需要的机会,而这些原始性需要未曾在恰当的发展性水平上被满足过。Margolin 和其他人......"

---

① 弗洛伊德小姐在一篇发表在 *Menninger Bulletin*(1963)上的文章中已经谈及了自我功能退行的主题。

能够有这个机会,让我把我对这个主题的态度开始进行这样的描述,对我来说是一件很有价值的事情,这是一个非常重要的主题,因为事实上精神分析正在发展的其中一个领域就在于对边缘性个案的治疗,以及在于尝试形成精神病性疾病的理论,特别是关于精神分裂症病理的理论。

首先,我是否能够把精神病的主要原因归之于严重的创伤性体验,部分原因归之于婴儿早期的剥夺性体验呢?我很明白这就是我给他人的印象,而且在过去的十年间,我也已经改变了我呈现观点的方式。然而,在此我仍然有必要做一些纠正。我已经明确地陈述过,在精神病性疾病的病因学中,以及特别是精神分裂症(除了那些遗传因素起作用的精神分裂症)的病因学中,必须要注意的是,在整个婴儿照护过程中所发生的失败。在某一篇文章中我甚至还这样陈述过:"精神疾病是一种环境缺陷性疾病"(environmental deficiency disease)。Zetzel使用"严重的创伤性体验"(severe traumatic experiences)这个术语,这个术语意味着有些糟糕的事情发生了,而这些事情从观察者的角度来看是一些坏事情。我所提到的这种缺陷是一些基本供养的失败——就像是我要离开病人去美国一样,那时我的病人还没有准备好如何应对她对我的离开所产生的反应。在其他文章中,我已经非常细致地探索过构成基本供养缺陷的各种环境失败类型。其要点在于,这些失败都具有不可预测性;它们无法被婴儿使用投射的方式来解释,因为此时婴儿的发展还没有达到使用投射机制所需的自我结构那个阶段,同时这些失败导致了持续性存在(going-on-being)被打断的个体发生了湮灭。

而那些心理健康的母亲,实际上确实避免了在照顾婴儿过程中这种类型的失败。

在"原初母性贯注"(Primary Maternal Preoccupation)的标题之下,我所指的是生育婴儿的女性身上所发生的巨大的变化,而依我看来,无论这一现象应该叫什么名字,它对婴儿的幸福安康(well-being)是必不可少的。之所以必不可少是因为,没有"原初母性贯注"现象,就没有一个人能充分地与婴儿认同,以至于不能准确地了解婴儿的需求,这样的话基本适应性供养就会丢失。大家将会理解到,我指的不仅仅是对那些涉及本我—驱力(id-drives)满足的适应。

基本环境供养量,能够促进婴儿在生命的最早几周和几个月里至关重要的成熟性发展,而任何早期适应性供养的失败,都是会妨碍整合性进程的创伤性因素,恰恰是这种整合性进程带来了个体持续存在着的自体的建立,也带来了一种精神—躯体存在(psychosomatic existence)的达成,并且带来了关联客体能力(capacity for relating to objects)的发展。

所以，我的观点总结性陈述如下：

(i) 我们发现的那些冲突，它们对个体而言是真实和个人的，以及也是相对摆脱了环境决定因素的，它们都存在于精神—神经症性疾病中。个体需要在其幼儿学步期发展得足够健康，才能达到罹患精神—神经症性疾病的条件，更不用说在这个阶段要达到健康了。

(ii) 个体心理健康的基础在其生命早期阶段就已经被奠定了。这涉及：

(a) 各种成熟性过程，它们是一种遗传倾向，以及

(b) 如果成熟性过程要变得切实可行，所需要的各种环境性条件。

这样的话，早期基本环境性供养的失败就会打乱成熟性过程，或者阻滞成熟性过程对个体儿童情绪性发展有所贡献，同时，正是这种成熟性过程、整合，等等的失败，构成了我们称之为精神病（psychotic）的不健康现象。这种环境性供养的失败（匮乏，privation）并不是通常所指的"剥夺"（deprivation）这个词，因此这里我需要纠正 Zetzel 谈到我的工作时所用的"剥夺"那个词。

(iii) 在形成这一观点的过程中，在中间位置上存在着一个复杂的事实，在那个位置上，环境性供养起初是良好的，后来却失败了。环境供养已经容许自我组织成功地在相当大程度上有所发展了，然后它却在个体能够建立起一个内在环境之前，也即是说，在个体变得能够独立之前的某个阶段，又失败了。这才是我们通常所说的"剥夺"（deprivation），而剥夺其实并不会导致精神病；但它会导致个体朝向一种"反社会倾向"的状态发展，而这又可能转而迫使儿童产生性格障碍，并最终变成一个行为不良者（delinquent）或者一个不断犯罪的人（recidivist）。

所有这些过于简单化的陈述需要被进一步地详细阐述，而我已经在其他地方给出了这些详尽阐述，但此刻无法把它们都集中到这篇文章中。然而，我希望能简单地提及，这种态度在我们对精神障碍的思考方式中所产生的一些影响。

(i) 首先，是在精神病的范围中，而不是在精神—神经症的范围中，我们必然期待发现自愈（self-cure）的例子。有些环境碰巧发生的事情，也许是一段友情，也可能会提供一种对基本供养失败的矫正，随后有可能会解开在某些或其他方面阻滞成熟过程的束缚。无论如何，有时候是那些在儿童精神病学意义上病得极其严重的儿童，才得以能够通过快餐式的心理治疗开始其成长的过程，然而，在对精神—神经症的治疗中，人们总是希望能够提供精神分析性治疗。

(ii) 其次，只有矫正性体验是不够的。当然，没有哪个分析师会打算在移情中提

供矫正性体验,因为这是一个自相矛盾的说法;移情的所有细节都经历了病人无意识的精神分析过程,并且移情的发展取决于解释,而这些解释通常与呈现给分析师的材料有关。

当然,良好精神分析技术的实践,其本身可能就是一种矫正性体验,例如,在精神分析中,一个病人可能第一次从另外一个人那里得到了充分的关注,尽管这种关怀将会被稳定地建立起的五十分钟的一次治疗所限制;或者,病人可能第一次与能够保持客观存在的某个人建立了联系。诸如此类等等。

但即使如此,只有矫正性体验是绝对不够的。对于我们某些病人的情况好转来说,什么才可能是足够的呢?最终,病人使用的是分析师的失败,通常是一些相当小的失败,也许这些失败是被病人诱使和操纵而发生的,或者是病人产生了妄想性的移情成分(Little, 1958),而我们必须要容忍处于一种受限情景中的误解。起作用的因素是,病人现在开始对分析师的失败感到憎恨了,而这种失败起初是作为一种环境性因素出现的,是处于婴儿无所不能的控制领域之外的,而现在它们却在移情中上演了。

所以,最终我们通过失败而取得了成功——我们以病人所需要的方式失败了。这种成功之道与想通过矫正性体验而达成自愈的简单理论之间存在着很大的差距。通过这样的方式,如果病人退行的需求能够被分析师满足,那么退行就能够造福于自我,并且会转变成某种新的依赖,而在这种新的依赖中,病人能够把恶劣的外部因素重新带回到他们无所不能的控制领域之中,以及带回到被投射和内射机制所管理的领域之中。

最后,关于我在前面提到的那个病人,我一定不会在儿童—照顾和婴儿—照护的治疗方面表现出失败的,一直会到治疗后来的某个阶段,到那时候她将会用她过去成长史所决定的方式使我失败。我所害怕的是,经由我自己所制造的一个月的出国体验,我可能已经过早地失败了,并且可能已经与她婴儿期和幼儿期所经历过的那些不可预测的各种因素汇合到了一起,所以我现在可能真的让她生病了,正如在她婴儿期不可预测的外部因素确实让她生病了一样。

(唐婷婷 翻译)

参考文献 I

本书中直接涉及的图书与论文

Abraham, Karl (1916). 'The First Pregenital Stage of the Libido.' *selected Papers of Karl Abraham.* (London: Hogarth, 1927)
 (1924). 'A Short Study of the Development of the Libido, Viewed in the Light of Mental Disorders.' *ibid*.
Ackerman, N. (1953). 'Psychiatric Disorders in Children-Diagnosis and Aetiology in our Time.' In: *Current Problems in Psychiatric Diagnosis*, ed. Hoch and Zubin. (New York: Grune & Stratton)
Aichhorn, A. (1925). *Wayward Youth.* (New York: Viking, 1935)
Balint, M. (1951). 'On Love and Hate.' In: *Primary Love and Psycho-Analytic Technique.* (London: Hogarth, 1952)
 (1958). 'The Three Areas of the Mind.' *Int. J. Psycho-Anal.*, 39.
Bion, W. (1959). 'Attacks on Linking.' *Int. J. Psycho-Anal.*, 40.
 (1962a). 'The Theory of Thinking'. *Int. J. Psycho-Anal.*, 43.
 (1962b). *Learning from Experience.* (London: Heinemann)
Bornstein, B. (1951). 'On Latency.' *Psychoanalytic Study of the Child*, 6.
Bowlby, J. (1958). 'Psycho-Analysis and Child Care.' In: *Psycho-Analysis and Contemporary Thought*, ed. J. D. Sutherland. (London: Hogarth)
 (1960). 'Separation Anxiety.' *Int. J. Psycho-Anal.*, 41.
Burlingham, D., and FREUD, A. (1944). *Infants without Families.* (London: Allen & Unwin; New York: Int. Univ. Press)
Erikson, E. (1950). *Childhood and Society.* (London: Imago; New York: Norton) (1958). *Young Man Luther.* (London: Faber)
 (1961). 'The Roots of Virtue.' In: *The Humanist Frame*, ed. J. Huxley. (London: Allen & Unwin)
Fenichel, O. (1945). *The Theory of Neurosis.* (New York: Norton)
Ferenczi, S. (1931). 'Child Analysis in the Analysis of Adults.' In: *Final Contributions to Psycho-Analysis.* (London: Hogarth, 1955)
Fordham, M. (1960) Contribution to Symposium on 'Counter-Transference'. *Brit. J. med. Psychol.*, 33.
Freud, A. (1936). *The Ego and the Mechanisms of Defence.* (London: Hogarth, 1937)
 (1946). *The Psycho-Analytical Treatment of Children.* (London: Imago)

(1953). 'Some Remarks on Infant Observations.' *Psychoanalytic Study of the Child*, 8.

(1963). 'Regression as a Principle in Mental Development.' *Bull. Menninger Clinic*, 27.

Freud, S. (1905a). *Three Essays on the Theory of Sexuality. Standard Edition*, 7.

(1905b). 'On Psychotherapy. *Standard Edition*, 7.

(1909). 'The Analysis of a Phobia in a Five-Year-Old Boy.' *Standard Edition*, 10.

(1911). 'Formulations on the Two Principles of Mental Functioning.' *Standard Edition*, 12.

(1914). 'On Narcissism.' *Standard Edition*, 14.

(1915). 'Some Character-Types met with in Psycho-Analytic Work.' *Standard Edition*, 14.

BIBLIOGRAPHY I

Freud, S. (1917). 'Mourning and Melancholia.' *Standard Edition*, 14.

(1920). *Beyond the Pleasure Principle. Standard Edition*, 18.

(1926). *Inhibitions, Symptoms and Anxiety. Standard Edition*, 20.

(1937). 'Analysis Terminable and Interminable.' *Standard Edition*, 23.

Gillespie, W. (1944). 'The Psychoneuroses.' *J. ment. Sci.*, 90.

Glover, E. (1949). 'The Position of Psycho-Analysis in Great Britain.' *British Medical Bulletin*, 6.

(1956). *On the Early Development of Mind.* (London: Imago)

Greenacre, P. (1958). 'Early Physical Determinants in the Development of the Sense of Identity.' *J. Amer. Psychoanol. Assoc.*, 6.

Guntrip, H. (1961). *Personality Structure and Human Interacton.* (London: Hogarth)

Hartmann, H. (1939). *Ego Psychology and the Problem of Adaptation.* (London: Imago, 1958)

(1954). Contribution to Discussion of 'Problems of Infantile Neurosis'. *Psychoanalytic Study of the Child*, 9.

Hoch, P., and ZUBLN, J. (1953). *Current Problems in Psychiatric Diagnosis.* (New York: Grune & Stratton)

Hoffer, W. (1955). *Psychoanalysis: Practical and Research Aspects.* (Baltimore: Williams & Wilkins)

James, H.M. (1962). 'Infantile Narcissistic Trauma.' *Int. J: Psycho-Anal.*, 43.

Klein, M. (1932). *'The Psycho-Analysis of Children.* (London: Hogarth)

(1935). 'Contribution to the Psychogenesis of Manic Depressive States' In: *Contributions to Psycho-Analysis, 1921-1945*. (London: Hogarth)

(1940). 'Mourning and its Relation to Manic Depressive States.' *ibid.*

(1946). 'Notes on Some Schizoid Mechanisms.' In: *Developments in Psycho-Analysis*, ed. J. Riviere. (London: Hogarth)

(1948). *Contributions to Psycho-Analysis, 1921-1945.* (London: Hogarth)

(1961). *Narrative of a Child Analysis.* (London: Hogarth)

Kris, E. (1950). 'Notes on the Development and on Some Current Problems of Psychoanalytic Child Psychology.' *Psychoanalytic Study of the Child*, 5.

(1951). 'Opening Remarks on Psychoanalytic Child Psychology.' *Psychoanalytic Study of the Child*, 6.

Laing, R.D. (1960). *The Divided Self*. (London: Tavistock)

    (1961). *The Self and Others*. (London: Tavistock)

Little, M. (1958). 'On Delusional Transference (Transference Psychosis).' Int. J. Psycho-Anal., 39.

Menninger, K., et al. (1963). *The Vital Balance*. (New York: Basic Books)

Monchaux C. DE (1962). 'Thinking and Negative Hallucination.' *Int. J. Psycho-Anal.*, 43.

Ribble, M. (1943). *The Rights of Infants*. (New York: Columbia Univ. Press)

Rickman, J. (1928). *The Development of the Psycho-Analytical Theory of the Psychoses, 1893-1926*. Int. J. Psycho-Anal. Suppl. 2. (London: Baillière)

Searles, H.F. (1959). 'The Effort to Drive the Other Person Crazy — An Element in the Aetiology and Psychotherapy of Schizophrenia.' *Brit. J. med. Psychol.*, 32.

    (1960). *The Nonhuman Environment*. (New York: Int. Univ. Press)

Sechehaye, M. (1951). *Symbolic Realisation*. (New York: Int. Univ. Press)

Strachey J. (1934). 'The Nature of the Therapeutic Action of Psycho-Analysis.' *Int. J. Psycho-Anal.*, 15.

Wheelis, A. (1958). *The Quest for Identity*. (New York: Norton)

Wickes, F.G. (1938). *The Inner World of Man*. (New York: Farrar & Rinehart; London: Methuen, 1950)

Winnicott, C. (1954). 'Casework Techniques in the Child Care Services.' *Child Care and Social Work*. (Codicote Press, 1964)

    (1962). 'Casework and Agency Function.' *ibid*.

Winnicott, D.W. (1936). 'Appetite and Emotional Disorder.' *Collected Papers*.

    (1941). 'The Observation of Infants in a Set Situation.' *ibid*.

    (1945). 'Primitive Emotional Development.' *ibid*.

    (1947). 'Hate in the Counter-Transference.' *ibid*.

    (1948). 'Reparation in Respect of Mother's Organized Defence against Depression.' *ibid*.

    (1949a) *The Ordinay Devoted Mother and her Baby*. Nine Broadcast Talks. Republished in: *The Child and the Family*. (London: Tavistock, 1957)

    (1949b). 'Birth Memories, Birth Trauma, and Anxiety.' *Collected Papers*.

    (1949c). 'Mind and its Relation to the Psyche-Soma.' *ibid*.

    (1951). 'Transitional Objects and Transitional Phenomena.' *ibid*.

    (1952). 'Psychoses and Child Care.' *ibid*.

    (1953). 'Symptom Tolerance in Paediatrics: A Case History.' *ibid*.

    (1954a). 'Withdrawal and Regression.' *ibid*.

    (1954b). 'The Depressive Position in Normal Emotional Development.' *ibid*.

    (1954c). 'Metapsychological and Clinical Aspects of Regression within the Psycho-Analytical Set-up.' *ibid*.

    (1956a). 'Primary Maternal Preoccupation.' *ibid*.

    (1956b). 'The Antisocial Tendency.' *ibid*.

(1958). *Collected Papers: Through Paediatrics to Psycho-Analysis.* (London: Tavistock)

(1962). 'Adolescence.' *The Family and Individual Development.* (London: Tavistock, 1965)

(1963). 'Regression as Therapy Illustrated by the Case of a Boy whose Pathological Dependence was Adequately Met by the Parents.' *Brit. J. med Psychol.*, 36.

Zetzel, E. (1956). 'Current Concepts of Transference.' *Int. J. Psycho-Anal.*, 37.

参考文献 II

D. W. WINNICOTT 1926 – 1964 年期间著作

Editorial Note. This bibliography details the complete list of Winnicott's writings. Items are listed under year of first publication. An earlier date in brackets refers to the time of first *presentation*. Republications and translations of articles are listed under year of first publication and are not repeated. *Reviews* are included whenever possible. There are others whose data are not available. Figures in heavy type are volume numbers. The bibliography is divided into two sections: Section A is books only and Section B is the complete bibliography.

M. M. R. K.

Section A

Clinical Notes on Disorders of Childhood. (London: Heinemann, 1931)
The Child and the Family: First Relationships. (London: Tavistock, 1957) includes:
    A Man Looks at Motherhood (1949)
    Getting to Know your Baby (1944)
    The Baby as a Going Concern (1949)
    Infant Feeding (1944)
    Where the Food Goes (1949)
    The End of the Digestive Process (1949)
    The Baby as a Person (1949)
    Close-Up of Mother Feeding Baby (1949)
    Why Do Babies Cry? (1944)
    The World in Small Doses (1949)
    The Innate Morality of the Baby (1949)
    Weaning (1949)
    Knowing and Learning (1950)
    Instincts and Normal Difficulties (1950)
    What About Father? (1944)
    Their Standards and Yours (1944)
    Young Children and Other People (1949)
    What Do We Mean by a Normal Child? (1946)
    The Only Child (1945)

Twins (1945)
Stealing and Telling Lies (1949)
Visiting Children in Hospital (1951)
On Adoption (1955)
Frst Experiments in Independence (1955)
Support for Normal Parents (1944)
The Mother's Contribution to Society (1957)

The Child and the Outside World: Studies in Developing Relationships. (London: Tavistock, 1957)

includes:
Needs of the Under-Fives in a Changing Society (1954)
The Child's Needs and the Role of the Mother in the Early Stages (1951)
On Influencing and Being Influenced (1941)
Educational Diagnosis (1946)
Shyness and Nervous Disorders in Children (1938)
Sex Education in Schools (1949)
Pitfalls in Adoption (1954)
Two Adopted Children (1953)
Children in the War (1940)
The Deprived Mother (1940)
The Evacuated Child (1945)
The Return of the Evacuated Child (1945)
Homc Again (1945)
Residential Management as Treatment for Difficult Children (1947)
Children's Hostels in War and Peace (1948)
Towards an Objective Study of Human Nature (1945)
Further Thoughts on Babies as Persons (1947)
Breast Feeding (1945)
Why Children Play (1942)
The Child and Sex (1947)
Aggression (1939)
The Impulse to Steal (1949)
Some Psychological Aspects of Juvenile Delinquency (1946)

Collected Papers: Through Paediatrics to Psycho-Analysis. (London: Tavistock; New York: Basic Books, 1958)

includes:
A Note on Normality and Anxiety (1931)
Fidgetiness (1931)
Appetite and Emotional Disorder (1936)
The Observation of Infants in a Set Situation (1941)

Child Department Consultations (1942)

Ocular Psychoneuroses of Childhood (1944)

Reparation in Respect of Mother's Organized Defence against Depression (1948)

Anxiety Associated with Insecurity (1952)

Symptom Tolerance in Paediatrics: a Cas History (1953)

A Case Managed at Home (1955)

The Manic Defence (1935)

Primitive Emotional Development (1945)

Paediatrics and Psychiatry (1948)

Birth Memories, Birth Trauma, and Anxiety (1949)

Hate in the Counter-Transference (1947)

Aggression in Relation to Emotional Development (1950)

Psychoses and Child Care (1952)

Transitional Objects and Transitional Phenomena (1951)

Mind and its Relation to the Psyche-Soma (1949)

Withdrawal and Regression (1954)

The Depressive Position in Normal Emotional Development (1954)

Metapsychological and Clinical Aspects of Regression within the Psycho-Analytical Set-Up (1954)

Clinical Varieties of Transference (1955)

Primary Maternal Preoccupation (1956)

The Antisocial Tendency (1956)

Paediatrics and Childhood Neurosis (1956)

The Child, the Family, and the Outside World. (Harmondsworth: Penguin Books, 1964. Pelican Book A668)

includes:

A Man Looks at Motherhood (1949)

Getting to Know your Baby (1944)

The Baby as a Going Concern (1949)

Infant Feeding (1944)

Where the Food Goes (1949)

The End of the Digestive Process (1949)

Close-Up of Mother Feeding Baby (1949)

Breast Feeding (1945)

Why Do Babies Cry? (1944)

The World in Small Doses (1949)

The Baby as a Person (1949)

Weaning (1949)

Further Thoughts on Babies as Persons (1947)

The Innate Morality of the Baby (1949)

Instincts and Normal Difficulties (1950)
   Young Children and Other People (1949)
   What About Father? (1944)
   Their Standards and Yours (1944)
   What Do We Mean by a Normal Child? (1946)
   The Only Child (1945)
   Twins (1945)
   Why Children Play (1942)
   The Child and Sex (1947)
   Stealing and Telling Lies (1949)
   First Experiments in Independence (1955)
   Support for Normal Parents (1944)
   Needs of the Under-Fives (1954)
   Mother, Teacher, and the Child's Needs (1953)
   On Influencing and Being Influenced (1941)
   Educational Diagnosis (1946)
   Shyness and Nervous Disorders in Children (1938)
   Sex Education in Schools (1949)
   Visiting Children in Hospital (1951)
   Aspects of Juvenile Delinquency (1946)
   Roots of Aggression (1964)
The Family and Individual Development. (London: Tavistock, 1964) includes:
   The First Year of Life: Modern Views on the Emotional Development (1958)
   The Relationship of a Mother to Her Baby at the Beginning (1960)
   Growth and Development in Immaturity (1950)
   On Security (Broadcast 1960)
   The Five-Year-Old (Broadcast 1962)
   Integrating and Disruptive Farsoct in Family Life (1957)
   The Family Affected by Depressive Illnese in one or both Parents (1958)
   The Effect of Psychotic Parents on the Emotional Development of the Child (1959)
   The Effect of Psychosis on Family Life (1960)
   Adolescence (1961)
   The Family and Emotional Maturity (1960)
   Theoretical Statement of the Field of Child Psychiatry (1958)
   The Contribution of Psycho-Analysis to Midwifery (1957)
   Advising Parents (1957)
   Casework with Mentally Ill Children (1959)
   The Deprived Child and How He Can Be Compensated for Loss of Family Life (1950)
   Group Influences and the Maladjusted Child: The School Aspect (1955)

Some Thoughts on the Meaning of the Word Democracy (1950)

The Maturational Processes and the Facilitating Environmmt (this volume).

Section B

1926

(1) Varicella Encephalitis and Vaccinia Encephalitis. *Brit. J. Children's Dis.*, 23.

1928

(2) The Only Child. In: *The Mind of the Growing Child* (Lectures to the National Society of Day Nurseries) cd. Viscountess Erleigh. (London: Faber)

1930

(3) Short Communication on Enuresis. *St Bartholomew's Hosp. J.*, April 1930.

(4) Pathological Sleeping (Case History). *Proc. Roy. Soc. Med.*, 23.

1931

(5) Pre-Systolic Murmur, Possibly Not Due to Mitral Stenosis (Case History). *Proc. Roy Soc. Med.*, 24.

(6) *Clinical Notes on Disorders of Childhood*. (London: Heinemann) (See Section A)

(7) Fidgetiness. In (6), (116).

(8) A Note on Normality and Anxiety. In (6), (116).

1934

(9) The Difficult Child. *J. State Medicine*, 42.

(10) Papular Urticaria and the Dynamics of Skin Sensation. *Brit. J. Children's Dis.*, 31.

1936

(11) Discussion(with R.S. Addis and R. Miller) on Enuresis. *Proc. Roy. Soc. Med.*, 29.

1938

(12) Skin Changes in Relation to Emotional Disorder. *St John's Hosp. Derm. Soc. Report*, 1938.

(13) Shyness and Nervous Disorders in Children. *The New Era in Home and School*, 19. Also in (108), (158).

(14) Notes on a Little Boy. *The New Era in Home and School*, 19.

(15) Review: *Child Psychiatry* by Leo Kanner (Baltimore, Md: Thomas, 1935; London: Baillière, 1937). *Int. J. Psycho-Anal.*, 19.

1939

(16) The Psychology of Juvenile Rheumatism. In: *A Survey of Child Psychiatry* ed. R.G. Gordon. (London: Oxford Univ. Press)

1940

(17) Children in the War (Broadcast 1939). *The New Era in Home and School*, 21. Also in (108).

(18) The Deprived Mother (Broadcast 1939). *The New Era in Home and SchooL*, 21. Also in (108).

(19) Children and their Mothers. *The New Era in Home and School*, 21.

1941

(20) The Observation of Infants in a Set Situation. *Int J. Psycho-Anal.*, 22. Also in (116).

(21) On Influencing and Being Influenced. *The New Era in Home and School*, 22. Also in (108), (158).

1942

(22) Child Department Consultations. *Int. J. Psycho-Anal.*, 23. Also in (116).

(23) Why Children Play. *The New Era in Home and School*, 23. Also in (108), (158).

1943

(24) Delinquency Research. *The New Era in Home and School*, 24.

(25) The Magistrate, the Psychiatrist and the Clinic (Correspondence with R. North). *The New Era in Home and School*, 24.

1944

(26) (with Clare Britton) The Problem of Homeless Children. *Children's Communities* Monograph No. 1. Also in: *The New Era in Home and School*, 25.

(27) Ocular Psychoneuroses. *Trans. Ophthalmological Soc.*, 44.

1945

(28) *Getting to Know Your Baby* (Six Broadcast Talks). (London: Heinemann) Also in: *The New Era in Home and School*, 26; and in (100), (158).

(29) Getting To Know Your Baby. In (28), (100), (158).

(30) Why Do Babies Cry? In (28), (100), (158).

(31) Infant Feeding. In (28), (100), (158).

(32) What about Father? In (28), (100), (158).

(33) Their Standards and Yours. In (28), (100), (158).

(34) Support for Normal Parents. In (28), (100), (158).

(35) Talking about Psychology. *The New Era in Home and School*, 26. Reprinted under the title 'What is Psycho-Analysis?' *The New Era in Home and School* (1952), 33. Also under the title 'Towards an Objective Study of Human Nature' in (108).

(36) Thinking and the Unconscious. *The Liberal Magazine*, March 1945.

(37) Primitive Emotional Development. *Int. J. Psycho-Anal.*, 26. Also in (116). Spanish trans: 'Desarrollo emocional primitivo'. *Rev. de Psicoanal.* (1948), 5.

(38) *Five Broadcast Talks* in (108).

(39) The Evacuated Child. In (38), (108).

(40) The Return of the Evacuated Child. In (38), (108).

(41) Home Again. In (38), (108).

(42) The Only Child. In (38), (100), (158).

(43) Twins. In (38), (100), (158).

1946

(44) What Do We Mean by a Normal Child? *The New Era in Home and School*, 27. Also in (100), (158).

(45) Some Psychological Aspects of Juvenile Delinquency. *The New Era in Home and*

School, 27. Also in (108) and as 'Aspects of Juvenile Delinquency' in (158).

D(46) Educational Diagnosis. *Nat. Froebet Foundation Bull.* No. 41. Also in (108), (158).

1947

(47) The Child and Sex. *The Practitioner*, 158. Also in (108), (158).

(48) Babies Are Persons. *The New Era in Home and School*, 28. Reprinted as 'Further Thoughts on Babies as Persons' in (108), (158).

(49) Physical Therapy of Mental Disorder. *Brit. med. J.*, May 1947.

(50) (with Clare Britton) Residential Management as Treatment for Difficult Children. *Human Relations*, 1. Also in (108).

1948

(51) Children's Hostels in War and Peace. *Brit. J. med. Psychol.*, 21. Also in (108).

(52) Obituary: Susan Isaacs. *Nature*, 162.

(53) Pediatrics and Psychiatry. *Brit. J. med. Psychol.*, 21. Also in (116).

1949

(54) Sex Education in Schools. *Medical Press*, 222. Also in (108), (158).

(55) Hate in the Counter-Transference. *Int. J. Psycho-Anal.*, 30. Also in (116).

(56) Young Children and Other People. *Young Children*, 1. Also in (100), (158).

(57) Leucotomy. *Brit. med. Students' J.*, 3.

(58) *The Ordinary Devoted Mother and Her Baby* (Nine Broadcast Talks. Privately published). Reprinted in (100), (158).

(59) Introduction to (58). Republished as 'A Man Looks at Motherhood' in (100), (158).

(60) The Baby as a Going Concern. In (58), (100), (158).

(61) Where the Food Goes. In (58), (100), (158).

(62) The End of the Digestive Process. In (58), (100), (158).

(63) The Baby as a Person. In (58), (100), (158). Also in *Child-Family Dig.*, Feb. 1953.

(64) Close-Up of Mother Feeding Baby. In (58), (100), (158).

(65) The World in Small Doses. In (58), (100), (158).

(66) The Innate Morality of the Baby. In (58), (100), (158).

(67) Weaning. In (58), (100), (158).

(68) Review: *Art versus Illness* by Adrian Hill (London: Allen & Unwin). *Brit. J. med. Psychol.*, 22.

1950

(69) Review: *Infancy of Speech and the Speech of Infancy* by Leopold Stein (London: Methuen, 1949). *Brit. J. med. Psychol.*, 23.

(70) Some Thoughts on the Meaning of the Word Democracy. *Human Relations*, 3. Also in (163).

1951

(71) The Foundation of Mental Health. *Brit. med. J.*, June 1951.

(72) Review: *Papers on Psycho-Analysis* by Ernest Jones, 5th edn (London: Baillière,

1948). *Brit. J. med. Psychol.*, 24.

(73) Review: *Infant Feeding and Feeding Difficulties* by P. R. Evans and R. MacKeith (London: Churchill). *Brit. J. med. Psychol.*, 24.

(74) *The Times* Correspondence on Care of Young Children. *Nursery Journal*, 41.

(75) Critical Notice: *On Not Being Able to Paint* by Joanna Field (London: Heinemann, 1950). *Brit. J. med. Psychol.*, 34.

1952

(76) Visiting Children in Hospital (Two B.B.C. Broadcasts, 1951). *Child-Family Digest*, Oct. 1952; *The New Era in Home and School*, 33. Also in (100), (158).

1953

(77) Psychoses and Child Care. *Brit. J. med. Psychol.*, 26. Also in (116).

(78) Symptom Tolerance in Paediatrics. *Proc. Roy. Soc. Med.*, 46. Also in (116).

(79) Transitional Objects and Transitional Phenomena. *Int. J. Psycho-Anal.*, 34. Also in (116). French trans.: 'Objets transitionnels et phénomènes transitionnels'. In: *La Psychanalyse*, Vol. 5 (Paris: Presses Univ., 1959)

(80) Review: *Psycho-Analysis and Child Psychiatry* by Edward Glover (London: Imago). *Brit. med. J.*, Sept. 1953.

(81) Review: *Maternal Care and Mental Health* by John Bowlby (Geneva: W. H. O., 1951). *Brit. J. med. Psyhol.*, 26.

(82) Review: *Direct Analysis* by John N. Rosen (New York: Grune & Stratton). *Brit. J. Psychol.*, 44.

(83) Review: *Twins: A Study of Three Pairs of Identical Twins* by Dorothy Burlingham (London: Imago, 1952). *The New Era in Home and School*, 34.

(84) Review (with M. M. R. Khan): *Psychoanalytic Studies of the Personality* (London: Tavistock, 1952). *Int. J. Psycho-Anal.*, 34.

(85) (with other members of the group) The Child's Needs and the Role of the Mother in the Early Stages (UNESCO No. 9 in series 'Problems in Education'). Also in (108) and as 'Mother, Teacher and the Child's Needs' in (158).

1954

(86) Review: *Aggression and its Interpretation* by Lydia Jackson (London: Methuen). *Brit. med. J.*, June 1954.

(87) Pitfalls in Adoption. *Medical Press*, 232. Also in (108).

(88) Two Adopted Children (Talk given to Assoc. Child Care Officers 1953). *Case Conference*, 1. Also in (108).

(89) Mind and its Relation to the Psyche-Soma. *Brit. J. med. Psychol.*, 27. Also in (116).

(90) The Needs of the Under-Fives in a Changing Society. *The Nursery Journal*, 44. Also in (108) and as 'The Needs of the Under-Fives' in (158).

(91) Review: *Clinical Management of Behavior Disorders in Children* by H. and R. M. Bakwin (Philadelphia: Saunders, 1953). *Brit. med. J.*, Aug. 1954.

1955

(92) Régression et repli. *Rev. franç. psychanal.*, 19. German trans.: 'Zustände von Entrückung und Regression'. *Psyche* (1956), 10. In English, 'Withdrawal and Regression', in (116).

(93) Foreword to *Any Wife or Any Husband* by Joan Graham Malleson. (London: Heinemann)

(94) Metapsychological and Clinical Aspects of Regression within the Psycho-Analytical Set-Up. *Int. J. Psycho-Anal.*, 36. Also in (116).

(95) Childhood Psychosis: A Case Managed at Home. *Case Conference*, 2. Also in (116).

(96) The Depressive Position in Normal Emotional Development. *Brit. J. med. Psychol.*, 28. Also in (116).

(97) Adopted Children in Adolescence. (Address to Standing Conference of Societies Registered for Adoption.) *Report of Residential Conference*, July 1955.

1956

(98) On Transference. *Int. J. Psycho-Anal.*, 37. Republished 'Clinical Varieties of Transference' in (116).

1957

(99) The Contribution of Psycho-Analysis to Midwifery. *Nursing Mirror*, May 1957. Also in (163).

(100) *The Child and the Family. First Relationships.* (London: Tavistock) (See Section A.) American edition: *Mother and Child (A Primer of First Relationships).* (New York: Basic Books)

(101) Knowing and Learning (Broadcast 1950). In (100).

(102) Instincts and Normal Difficulties (Broadcast 1950). In (100), (158).

(103) Stealing and Telling Lies (1949). In (100), (158).

(104) On Adoption (Broadcast 1955). In (100).

(105) First Experiments in Independence (1955). In (100), (158).

(106) The Mother's Contribution to Society. In (100).

(107) Health Education through Broadcasting. *Mother and Child*, 28.

(108) *The Child and the Outside World. Studies in Developing Relationships.* (London: Tavistock) (See Section A.)

(109) The Impulse to Steal (1949). In (108).

(110) Breast Feeding (1945 — revised 1954). In (108), (158).

(111) Aggression (1939). In (108).

1958

(112) Twins (Broadcast 1945). *Family Doctor*, Feb. 1958.

(113) Review: *The Doctor, His Patient and The Illness* by Michael Balint (London: Pitman, 1957). *Int. J. Psylho-Anal.*, 39.

(114) Child Psychiatry. In: *Modern Trends in Paediatrics* ed. A. Holzel and J. P. M. Tizard. (London: Butterworth). Modified as 'Theoretical Statement of the Field of

Child Psychiatry.' In (163).

(115) The Capacity to be Alone. *Int. J. Psycho-Anal.*, 39 Also in (176). German trans.: 'Über die Fähigkeit, allein zu sein'. *Psyche* (1958), 12. Spanish trans.: 'La capacidad para estar solo'. *Rev. de Psicoanal.* (1959), 16; *Rev. Uruguaya de Psicoanal.* (1963), 5.

(116) *Collected Papers. Through Paediatrics to Psycho-Analysis.* (London: Tavistock; New York: Basic Books) (See Section A.)

(117) Appetite and Emotional Disorder (1936). In (116).

(118) Reparation in Respect of Mother's Organized Defence against Depression (1948 — revised 1954). In (116).

(119) Anxiety Associated with Insecurity (1952). In (116).

(120) The Manic Defence (1935). In (116).

(121) Birth Memories, Birth Trauma, and Anxiety (1949). In (116).

(122) Aggression in Relation to Emotional Development (1950-55). In (116).

(123) Primary Maternal Preoccupation (1956). In (116). German trans.: 'Primäre Mutterlichkeit'. *Psyche* (1960), 14.

(124) The Antisocial Tendency (1956). In (116).

(125) Paediatrics and Childhood Neurosis. In (116).

(126) Ernest Jones. *Int. J. Psycho-Anal.*, 39

(127) New Advances in Psycho-Analysis. Turkish trans.: 'Psikanalizde Ilerlemeler'. *Tipta Yenilikler*, 4.

(128) Child Analysis. *A Criança Portuguesa*, 17. Also, under the title 'Child Analysis in the Latency Period', in (176).

(129) Modern Views on the Emotional Development in the First Year of Life. *Medical Press*, March 1958. Republished as 'The First Year of Life' in (163). Ital. trans.: 'Il Primo Anno di Vita'. *Infanzia Anormale* (1959), 30. German trans.: 'Über die emotionelle Entwicklung im ersten Lebensjahr'. *Psyche* (1960), 14. French trans.: 'La Première année de la vie'. *Rev. franç. psychanal.* (1962), 26. Turkish trans.: 'Hayatin Ilk. Yili'. *Tipta Yenitikler* (1962), 7. Spanish trans.: 'Primeiro Ano de Vida-Desenvolvimento Emocional'. *J. de Pediatria* (1961), 7.

(130) Discussion sur la contribution de l'observation directe de l'enfant à la psychanalyse. *Rev. franç. psychanal.*, 22. In English: 'On the Contribution of Direct Child Observation to Psycho-Analysis' in (176).

(131) Psycho-Analysis and the Sense of Guilt. In: *Psycho. Analysis and Contemporary Thought* ed. J.D. Sutherland. (London: Hogartb) Also in (176).

1959

(132) Review: *Envy and Gratitude* by Melanie Klein. (London: Tavistock, 1957) *Case Conference*, 5.

1960

(133) Counter-Transference. *Brit. J. med. Psychol.*, 33. Also in (176).

(134) String. *J. Ch. Psychol. Psychiat.*, 1. Also, as 'String: A Technique of Communication', in (176).

(135) The Theory of the Parent-Infant Relationship. *Int. J. Psycho-Anal.*, 41. Also in (176). French trans.: 'La Théorie de la relation parent-nourisson'. *Rev. franç psychanal.* (1961), 25.

1961

(136) Integrating and Disruptive Factors in Family Life. *Canad. Med Assoc. J.*, April 1961. In (163).

(137) Review: *The Purpose and Practice of Medicine* by Sir James Spence (London: Oxford Univ. Press, 1960). *Brit. med. J.*, Feb. 1961.

(138) The Effect of Psychotic Parents on the Emotional Development of the Child. *Brit. J. Psychiatric Soc. Work*, 6. In (163).

(139) The Paediatric Department of Psychology. *St Mary's Hosp. Gaz.*, 67.

1962

(140) Review: *Psychologie du premier* age by M. Bergeron (Paris: Presses Univ., 1961). *Arch. Dis. Childhood*, 37.

(141) Review: *Un Cas de psychose infantile* by S. Lebovici and J. McDougall (Paris: Presses Univ., 1960). *J. Ch. Psychol. Psychiat.*, 3.

(142) The Child Psychiatry Interview. *St Mary's Hosp. Gaz.*, 68.

(143) The Theory of the Parent-Infant Relationship: Further Remarks. *Int. J. Psycho-Anal.*, 43. French trans.: 'La Théorie de la relation parent-enfant: remarques complémentaires'. *Rev. franç psychanal.* (1963), 27.

(144) Review: *Letters of Sigmund Freud 1873 – 1939* ed. E. Freud (London: Hogarth). *Brit. J. Psychol.*, 53.

(145) Adolescence. *The New Era in Home and School*, 43 Also in (163). Republished in modified form under title 'Struggling through the Doldrums', *New Society*, April 1963.

1963

(146) Review: *Schizophrenia in Children* by William Goldfarb (Cambridge, Mass.: Harvard Univ. Press, 1961). *Brit. J. Psychiatric Soc. Work*, 7.

(147) Dependence in Infant-Care, in Child-Care, and in the Psycho-Analytic Setting. *Int. J. Psycho-Anal.*, 44. Also in (176).

(148) The Young Child at Home and at School. In: *Moral Education in a Changing Society* ed. W.R. Niblett. (London: Faber) Also in (176) as Morals and Education.

(149) The Development of the Capacity for Concern. *Bull. Menninger Clin.*, 27. Also in (176).

(150) Regression as Therapy Illustrated by the Case of a Boy whose Pathological Dependence was Adequately Met by the Parents. *Brit. J. med. Psychol.*, 36.

(151) The Mentally Ill in Your Caseload. In: *New Thinking for Changing Needs.* (London: Assoc. Social Workers) Also in (176).

(152) A Psychotherapeutic Consultation: a Case of Stammering, wrongly named: 'The Antisocial Tendency Illustrated by a Case'. *A Criança Portuguesa*, 21.

(153) Training for Child Psychiatry. *J. Ch. Psychol. Psychiat.*, 4 Also in (176).

(154) Review: *The Nonhuman Environment* by Harold F. Searles (New York: Int. Univ. Press, 1960). *Int. J. Psycho-Anal.*, 44.

1964

(155) Review: *Heal the Hurt Child* by Hertha Riese (Chicago Univ. Press, 1963). *New Society*, Jan. 1964.

(156) Correspondence: Love or Skill? *New Society*, Feb. 1964.

(157) Review: *Memories, Dreams, Relections* by C. G. Jung (London: Collins and Routledge, 1963). *Int. J. Psycho-Anal.*, 45.

(158) *The Child, The Family, and the Outside World.* (Harmondsworth: Penguin Books. Pelican Book A668) (See Section A.)

(159) The Roots of Aggression (1964). In (158).

(160) The Value of Depression (1963). *Brit. J. Psychiatric Soc. Work*, 7. (Shortened version entitled: Strength out of Misery, *The Observer*, 31.5.64.)

(161) Youth Will not Sleep. *New Society*, 28.5.64. Atlas 8.

(162) Deductions drawn from a Psychotherapeutic Interview with an Adolescent. *Report of the 20th Child Guidance Inter-Clinic Conference*, 1964. National Association for Mental Health.

1965

(163) *The Family and Individual Development.* (London: Tavistock, 1965) (See Section A.)

(164) The Relationship of a Mother to Her Baby at the Beginning (1960). In (163).

(165) Growth and Development in Immaturity (1950). In (163).

(166) On Security (1960). In (163).

(167) The Five-Year-Old (1962). In (163).

(168) The Family Affected by Depressive Illness in one or both Parents (1958). In (163).

(169) The Effect of Psychosis on Family Life (1960). In (163).

(170) The Family and Emotional Maturity (1960). In (163).

(171) Theoretical Statement of the Field of Child Psychiatry (1958). In (163).

(172) Advising Parents (1957). In (163).

(173) Casework with Mentally Ill Children (1959). In (163).

(174) The Deprived Child and how he can be Compensated for Loss of Family Life (1950). In (163).

(175) Group Influences and the Maladjusted Child: The School Aspect (1955). In (163).

(176) *The Maturational Processes and the Facilitating Environment.* (This volume) (See Section A).

(177) Ego Integration in Child Development (1962). In (176).

(178) Providing for the Child in Health and Crisis (1962). In (176).

(179) From Dependence towards Independence in the Development of the Self (1963). In (176).
(180) Classification: Is there a Psycho-Analytic Contribution to Psychiatric Classification? (1959). In (176).
(181) Ego Distortion in Terms of True and False Self (1960). In (176).
(182) The Aims of Psycho-Analytical Treatment (1962). In (176).
(183) A Personal View of the Kleinian Contribution to the Theory of Emotional Development at Early Stages (1962). In (176).
(184) Communicating and Not Communicating Leading to a Study of Certain Opposites (1963). In (176).
(185) Psychotherapy of Character Disorders (1963). In (176).
(186) Psychiatric Disorder in Terms of Infantile Maturational Processes (1963). In (176).
(187) Hospital Care Supplementing Intensive Psychotherapy in Adolescence (1963). In (176).
(188) Child Therapy. In: *Modern Perspectives in Child Psychiatry.* Ed. J. Howells. (Oliver & Boyd).
(189) The Value of the Therapeutic Consultation. In: *Foundations of Child Psychiatry.* Ed. E. Miller. (Pergamon Press).
(190) The Antisocial Tendency. In: *Criminal Behaviour and New Directions in Criminal Law Administration.* (Ed. R. Slovenko. (Charles Thomas Publishing Co, U.S.A.)

译者后记

很高兴,温尼科特这本经典著作的中文版,正式和大家见面了!

非常荣幸能作为本书的主译,当我通过试译成为翻译小组的一员时,心情是难以言表的激动。首先要感谢CAPA,不仅这些年持续不断、稳扎稳打地为中国培养新一代的心理动力学治疗师,更是有心把国外经典的心理学著作带到我们身边,经过试译、选书、版权合作等一系列努力,这才促成了本书如今的出版,也让我有机会穿越时空与温尼科特老爷爷在书中进行对话。

我还挺喜欢这位老爷爷的。有人说他暖,有人说他的理论中忽略了攻击性,但我在翻译的过程中感受到的却是一个柔中带刚,看似随性,却极其有自我追求的革新理论家。他和弗洛伊德一样,一生都不断地在修正自己的理论;他没有盲目跟随任何人,但无论是对弗洛伊德、克莱茵、安娜·弗洛伊德,抑或是荣格,他始终抱着开卷有益、兼听则明的态度,同时又不断地取其精华去其糟粕;他在人性的基础上,把我们理解人类发展的视线拉回到了母—婴一体关系和母婴二元关系的位置上,又创造性地把"足够好的母亲"作为"促进性环境"中重要的一部分,同时提出了临床治疗中的主题是沟通和依赖,而不是性欲力比多的发展,并提出了照护疗法以对应经典精神分析的解释疗法,这些革命性的发现极大地丰富了精神分析的视角,形成了当代精神分析的一个新的范式。他的理论不仅仅丰富了精神分析,也同样对社会精神病学、儿科学、成人精神病学、儿童精神病学、儿童教育等学科的发展和精神卫生政策的制定者产生了极大的影响。

这位老爷爷真的是非常博学,而且还好学,他的语言时而正经,时而戏谑;时而诗意,时而医学,冷不丁还会冒出点德文或者法文,以至于我常常需要查阅各种资料、辞典、百科,请教各路达人,时而翻翻诗集,时而看看哲学。即便如此,有时候敲定一句话的翻译我还是需要去折磨一下我的审校赵丞智老师,和他唇枪舌剑争论一番,或者去CAPA群或翻译群里和小伙伴们集思广益一番,琢磨半天方才落下笔来。

没错,我不是一个人在战斗!本书如今能顺利出版,真的离不开本书的审校赵丞智老师,及其领衔的北京温尼科特学习与研究小组成员的大力支持。该小组是国际温尼科特协会(IWA)的会员机构,于 2015 年 6 月成立至今已经组织了多场高质量的温尼科特培训、文献研讨会等活动。赵老师是北京回龙观医院的精神科医师,也是 IPA 的精神分析师候选人,他先后翻译或审校了多本心理学著作,而我有幸在 CAPA 同学郝伟杰的引荐下,与赵老师共同完成本书的翻译工作,这在极大程度上保证了本书的质量,在此表示由衷的感谢!

本书的出版离不开每一位曾经为之付出过的人。借此机会感谢每一位参与翻译的译者,感谢我的 CAPA 同学严文华老师牵线搭桥并多次给予我无条件的鼓励,感谢认真严谨的编辑彭呈军老师在背后多次给予我的大力支持,感谢李孟潮老师百忙之中抽空为本书写序,感谢我的分析师和我的督导师们,感谢我的领导和所有支持我的同事们,感谢每一位 CAPA 的老师、同学以及 CSC 的战友们!

最后,我要感谢我的家人,没有他们的支持、帮助与鼓励,我不可能抽出这些时间在工作之余完成本书的翻译,作为一名心理工作者的家属,你们的内心包容而强大。

最后的最后,若有任何对本书的建议或指正,欢迎发邮件至 ttt747@163.com 联系我。

愿你我,不负时光!

唐婷婷
2017.8.10
于上海